Java 開發者的 DevOps 工具
從原始碼到生產容器的最佳實務

DevOps Tools for Java Developers
Best Practices from Source Code to Production Containers

Stephen Chin, Melissa McKay,
Ixchel Ruiz, and Baruch Sadogursky 著
楊新章 譯

O'REILLY

目錄

前言

當我們在 2017 年開始撰寫 *Continuous Delivery in Java* 這本書時，Abraham Marín-Pérez 和我都知道 DevOps 將成為我們書裡的重要部分。從那時起，Java 開發人員認識和理解操作概念的重要性只增不減。隨著雲端和容器等技術、以及可觀察性（observability）和網站可靠性工程（site reliability engineering, SRE）等支援概念的興起，我們其中絕大多數的人不再「只是」開發人員；我們現在經常要負責應用程式的設計、交付和執行。因此，開發人員擁抱 ops 會是有意義的事，反之亦然。

DevOps 並不是新的詞。它已經被使用了 15 年左右。該概念最初基於**敏捷基礎架構**（*agile infrastructure*），該基礎架構源自於 2008 年多倫多的 Agile Conference，在此會議中 Patrick Debois、Andrew Clay Shafer 和其他許多人討論了傳統系統管理方法所面臨的一些挑戰。能夠對基礎架構進行「程式設計」的願望意味著軟體工程在這個領域上一直存在著影響力。在 2009 年 O'Reilly Velocity 會議上，John Allspaw 和 Paul Hammond 發表了他們的著名演講，題目為「每天 10 次部署：Flickr 的開發和營運合作（10 Deploys a Day: Dev and Ops Cooperation at Flickr）」，這鞏固了開發人員與營運人員協作的重要性。

我在 Ambassador Labs 的日常工作中看到越來越多的組織開始建構平台，以使開發人員能夠將他們的想法和程式碼快速地投入生產並呈現在客戶面前。兩個最重要的目標是快速且安全地獲得回饋，並且沒有發生當機或安全性事件。在我看來，這些平台是開發人員和營運人員有效協作的產物。

我們從 Nicole Forsgren、Jez Humble 和 Gene Kim 博士收錄在必讀書籍 *Accelerate*（IT Revolution Press，2018 年）中的研究得知，高效能組織具有較高的部署頻率、較低的改革啟動時間、更小的改革失敗率、更短的回復生產問題的平均時間。所有這些因素都受到您的平台、流程和人員的影響。開發人員必須像營運人員一樣思考，營運人員也必須接受開發原則。這一切都與共享所有權有關，而這將從共享的理解開始。這本書將幫助您發展這種共享的理解。

作為一名開發人員，在過去的十年中，您無疑一直在使用版本控制來儲存和管理您的應用程式碼。像 GitOps 這樣的現代 DevOps 實務往前更進一步，將應用程式和基礎架構程式碼以及配置都儲存在版本控制中。因此，學習本書前幾章中所介紹的版本控制系統技能非常重要。

微服務（microservice）的興起給開發人員帶來了很多機會，同時也帶來了很多挑戰。其中一些挑戰可以透過使用適當的技術來緩解。容器（container）和相關的排程（scheduling）框架，像是 Kubernetes，有助於以標準化和自動化的方式來封裝（packaging）和執行微服務。

當然，您還需要瞭解這些「原生雲端」技術對持續整合和持續交付實務的影響。從套件管理到保護工件及部屬，本書的作者在引導您完成所有相關步驟這方面做得非常出色。

我很幸運能直接從所有作者那裡學習。我已經數不清有多少次我參加 DevOps 會議時和人群四處遊蕩著，只為了看到 Baruch 獨特的大禮帽在人群中緩慢地移動著，或者撞見一個穿著皮夾克的摩托車手，才意識到那是 Stephen。從那時起，我就知道很快我就會全神貫注在有關持續交付和 Java 生態系統的有趣對話中。

作為 Melissa 在 JFrog 工作的一部分，我也密切關注她關於建構和保護容器的教導。在 Jfokus 2021 現場（而且出乎意料地！）看到她獲得 Java Champion 認可是一個美好的時刻。Ixchel 長期以來一直在 Java 和 JVM 領域具有指導性的影響力。自從我在 2013 年第一次參加 JavaOne 以來——在那裡我看到她與 Andres Almiray 共同討論多語言 JVM 的未來——我從她那裡學到了很多東西，這讓我成為了一個更好的開發人員。

多年來，我還有幸與 Ana-Maria Mihalceanu（她編寫了第 8 章）一起參與幾個小組討論，最近討論的主題包括容器、Kubernetes、和 Quarkus。我總是喜歡聽她談論新技術對 Java 平台的營運影響，而且在我離開討論後通常都會有一堆新工具要來進行研究。

無論您是對 DevOps 領域陌生的 Java 程式設計老手，還是熱衷於想要善用您所擁有的容器和雲端知識的程式設計新手，我知道您將會從本書中學到很多東西。那您還在等什麼呢？坐下來，拿起你最喜歡的飲料（也許是一杯 Java 咖啡？），並準備在和 Java 開發人員的 DevOps 工具相關的所有層面上升級吧。

— Daniel Bryant
Ambassador Labs DevRel 負責人
Java Champion
2022 年 3 月

序

這本書完成於一個發生巨大變化的時代，當時世界正被一個世紀以來最大的流行病所顛覆。然而，隨著軟體產業採用 DevOps 和雲端原生開發來應對軟體交付的加速步伐，這項工作的需求孔急。

我們組織這本書的方式是讓主題按照生命週期、複雜性和成熟度的順序來排列，但 DevOps 是一個夠寬廣的旅途，您可能會發現某些章節比其他章節更適合您專案的需求。因此，我們將這些章節設計成讓您可以按照任何順序開始閱讀，並可以專注於需要專業知識、範例和最佳實務來提升您的知識的那些特定主題。

我們希望您喜歡閱讀這本書，就像我們喜歡撰寫它一樣。我們有個請求，希望您能與朋友或同事分享您的新知識，以便我們都能成為更好的開發人員。

本書編排慣例

本書使用下列的編排方式：

斜體字（*Italic*）

表示新的術語、URL、電子郵件地址、檔名和副檔名。中文用楷體表示。

定寬字（`Constant width`）

用於程式列表，以及在段落中參照的程式元素，例如變數或函數名稱、資料庫、資料型別、環境變數、敘述和關鍵字。

定寬粗體字（**`Constant width bold`**）

表示應由使用者親自輸入的命令或其他文字。

定寬斜體字（*`Constant width italic`*）

表示應換成使用者提供的值的文字，或由上下文決定的值的文字。

這個圖案代表提示或建議。

這個圖案代表注解。

這個圖案代表警告或注意。

使用範例程式

我們提供了補充資料（程式碼範例、習題等），您可以到 *https://github.com/devops-tools-for-java-developers* 下載它們。

如果您有技術上的問題或程式碼範例問題，請寄電子郵件到 *bookquestions@oreilly.com*。

本書旨在協助你完成工作。一般來說，你可以在自己的程式或文件中使用本書的程式碼而不需要聯繫出版社取得許可，除非你更動了程式的重要部分。例如，使用這本書的程式段落來編寫程式不需要取得許可。但是將 O'Reilly 書籍的範例製成光碟來銷售或發布，就必須取得我們的授權。引用這本書的內容與範例程式碼來回答問題不需要取得許可。但是在產品的文件中大量使用本書的範例程式，則需要我們的授權。

我們會非常感激你在引用它們時標明出處（但不強制要求）。出處一般包含書名、作者、出版社和 ISBN。例如：「*DevOps Tools for Java Developers* by Stephen Chin, Melissa McKay, Ixchel Ruiz, and Baruch Sadogursky (O'Reilly). Copyright 2022 Stephen Chin, Melissa McKay, Ixchel Ruiz, and Baruch Sadogursky, 978-1-492-08402-0.」。

如果你覺得自己使用範例程式的程度超出上述的允許範圍，歡迎隨時與我們聯繫：*permissions@oreilly.com*。

致謝

如果沒有家人和朋友支持我們的奉獻精神，以及對於這個主題的專注支持，這本書是不可能完成的。當我們投入熱情來努力將這本書完成時，他們幫忙照顧了我們所愛的人和我們的健康，也因此我們才得以涵蓋整個 DevOps 和 Java 生態系統所需的廣泛內容。

此外，還要特別感謝 JFrog 的執行長 Shlomi Ben Haim。當其他公司退縮並縮減預算時，Shlomi 為這本書提供了個人的支援，給予了我們自由和彈性來專注於涵蓋這個極其廣泛的主題的密集任務。

特別感謝 Ana-Maria Mihalceanu 對第 8 章，以及 Sven Ruppert 對第 7 章的貢獻。

我們要感謝我們的技術審閱者 Daniel Pittman、Cameron Pietrafeso、Sebastian Daschner 和 Kirk Pepperdine，他們提高了本書的正確性。

最後，非常感謝您，本書的讀者，您們主動的提高了您對整個 DevOps 生產線的瞭解，並成為自動化、流程和文化改進的變革推動者。

第一章

利於（或可能不利於）開發人員的 DevOps

Baruch Sadogursky

> 當你酣然熟睡的時候，
> 眼睛睜得大大的「陰謀」，正在施展著毒手。
> 假如你重視你的生命，
> 不要再睡了，你得留神；
> 快快醒醒吧，醒醒！
>
> 一威廉·莎士比亞，暴風雨

有些人可能會問，DevOps 運動是否只是一場由營運人員引發來針對開發人員的陰謀。大多數（如果不是全部的話）會這樣問的人不會期望得到認真的回應，尤其是因為他們只打算把這個問題當作是半開玩笑的話。這也是因為——無論您的出身是在等式的開發那方還是營運那方——當有人開始談論 DevOps 時，大約需要 60 秒才會有人問到「DevOps 究竟是什麼？」

您應該會認為，在這個詞出現 11 年後（在這十年內，業界的專業人士已經對它進行談論、辯論和大聲呼喊），我們應該已經得出一個標準的、嚴肅的、普遍理解的定義。但事實並非如此。事實上，儘管企業對 DevOps 人員的需求呈現指數級成長，但是任何五名隨機選出來的 DevOps 員工是否能夠準確地告訴您 DevOps 是什麼，其實是非常令人懷疑的。

所以，如果您在這個話題出現時仍然摸不著頭腦，請不要感到尷尬。概念上，DevOps 可能不容易理解，但也不是完全不可能。

但不管我們是怎麼來討論這個術語或者我們同意了它的什麼定義，有一件最重要的事情要牢記：DevOps 完全是一個被發明出來的概念，發明者來自等式的營運方。

DevOps 是 Ops 方發明的概念

我關於 DevOps 的假設可能會引起爭議，但它是可以證明的。讓我們從事實開始吧。

物證 1：鳳凰專案

Gene Kim 等人（IT Revolution）的*鳳凰專案*（*The Phoenix Project*）自近十年前出版以來已成為經典著作。它不是一本操作手冊（無論如何，至少不是傳統意義上的）。這部小說講述了一家問題重重的公司及其 IT 經理的故事，他突然被指派來實施一項已經超出預算且落後時程數個月的攸關企業成敗的專案。

如果您生活在軟體領域的話，那麼本書其餘的中心人物對您來說會很熟悉。不過，現在讓我們先來看看他們的職稱：

- IT 服務支援總監
- 分散式技術總監
- 零售銷售經理
- 首席系統管理員
- 資訊安全長
- 財務長
- 執行長

請注意到它們之間的結締組織了嗎？他們是有史以來關於 DevOps 的最重要書籍之一的主角，而且其中*沒有一個*是開發人員。即使開發人員確實有出現在故事情節中，嗯……這麼說吧，他們並沒有被特別熱情地提到。

當勝利到來時，故事中的英雄（與支持他的董事會成員一起）發明了 DevOps，把專案從水深火熱中拯救出來、扭轉了公司的命運、並榮升為企業的資訊長（chief information officer, CIO）。從此每個人都過著幸福的生活——如果不是永遠如此的話，那麼至少在兩三年內，這樣的成功故事往往會讓您安居於這個產業，之後就要重新證明您的價值。

物證 2：DevOps 手冊

最好在 Gene Kim 等人（IT Revolution）的 *DevOps* 手冊（*The DevOps Handbook*）之前閱讀**鳳凰專案**，因為後者會讓您處於非常可信的人性化場景中。要沉浸在人物的性格類型、職業困境、人際關係中並不難。使用 DevOps 的方法和原因是對一些狀況的不可避免且理性的回應，而這些狀況很容易就會導致企業崩潰。利害關係、角色和他們做出的選擇似乎都很合理。不難找出和您自己的經歷相似之處。

DevOps 手冊允許您更深入地探索 DevOps 原則和實務的概念部分。正如其副標題所示，這本書在解釋**如何在技術組織中創造世界級的敏捷性、可靠性和安全性**方面大有幫助。但這難道不應該和開發有關嗎？它是否應該如此是可以辯論的。但無可爭辯的是，這本書的作者是聰明又才華橫溢的專業人士，他們可以說是 DevOps 之父。但是，在這裡呈堂的物證 2 並不是為了讚美他們，而是為了仔細研究他們的背景。

我們從 Gene Kim 開始。他創立了軟體安全和資料整合公司 Tripwire，並擔任其技術長（chief technology officer, CTO）十多年。作為一名研究人員，他專注於研究和理解大型、複雜的企業和機構中已經和正在發生的技術變革。除了合著**鳳凰專案**外，2019 年他還合著了**獨角獸專案**（*The Unicorn Project*）（稍後我會詳細介紹）。他職業生涯的一切都沉浸在營運中。即使**獨角獸**說它是「關於開發人員」，但它仍然只是從營運人員的眼中所看到的開發人員！

至於**手冊**的其他三位作者：

- Jez Humble 擔任過的職位包括網站可靠性工程師（site reliability engineer, SRE）、技術長、交付架構和基礎架構服務副總監以及開發人員關係部副總監。他就是一個營運人員！儘管他的最後一個頭銜提到了開發，但這份工作並非和它**有關**。它是和開發人員**的關係**有關。它是關於縮小開發人員和營運人員之間的鴻溝，他對此主題進行了廣泛的寫作、教授和演講。
- Patrick Debois 曾擔任 CTO、市場策略總監和 Dev♥Ops 關係總監（這個愛心是他加的）。他將自己描述為「透過在開發、專案管理和系統管理中使用敏捷技術來彌合專案和營運之間的差距」的專業人士。這聽起來確實像個營運人員。
- 在撰寫本文時，John Willis 擔任 DevOps 和數位實務副總裁。在此之前，他曾擔任生態系統開發總監、解決方案副總裁，尤其是 Opscode（現稱為 Progress Chef）的訓練和服務副總裁。儘管 John 的職業生涯更深入地參與了開發，但他的大部分工作都與營運有關，尤其是當他將注意力集中在拆除曾經將開發人員和營運人員分開成不同陣營的高牆這件事。

如您所見，所有作者都有營運背景。這是巧合嗎？我不認為。

您還是不相信 DevOps 是由營運人員推動的？讓我們看看現在試圖向我們推銷 DevOps 的領導者吧。

用 Google 查一下

在撰寫本文時，如果您在 Google 搜尋時只是為了看看會出現什麼而輸入「什麼是 DevOps？」的話，您的第一頁結果可能包括以下內容：

- Agile Admin，一家系統管理公司
- Atlassian，其產品包括專案和問題追蹤、列表製作和團隊協作平台
- Amazon Web Services（AWS）、Microsoft Azure 和 Rackspace Technology，它們都銷售雲端營運基礎架構
- Logz.io，銷售日誌管理和分析服務
- New Relic，其專長是應用程式監控

所有這些都是非常聚焦於營運的。是的，第一頁包含一個比較偏向開發方面的公司，另一個和這個搜尋沒有直接關係。關鍵是，當您嘗試尋找 DevOps 時，您會發現大部分內容都傾向於營運。

它有什麼作用？

DevOps 是一件事物！它的需求量很大。因此，很多人會想知道，具體來說，DevOps 做了什麼、它實質上產生了什麼。與其直接回答這個問題，不如從結構上來看它，將其概念化為橫向的八字形無限符號。從這個角度來看，我們看到了一個流程循環，從編寫程式碼到建構（build）到測試到發布到部署到營運再到監控，然後再返回開始來規劃新功能，如圖 1-1 所示。

如果這對某些讀者來說看起來很熟悉，那應該是因為它在概念上與敏捷開發週期（Agile development cycle）相似（圖 1-2）。

這兩個永不結束的故事之間沒有任何深刻的區別，只是營運人員將自己嫁接到了敏捷圈的舊世界，基本上將其延伸為兩個圓圈，並將他們的擔憂和痛苦硬塞到曾經被認為只屬於開發人員的國度。

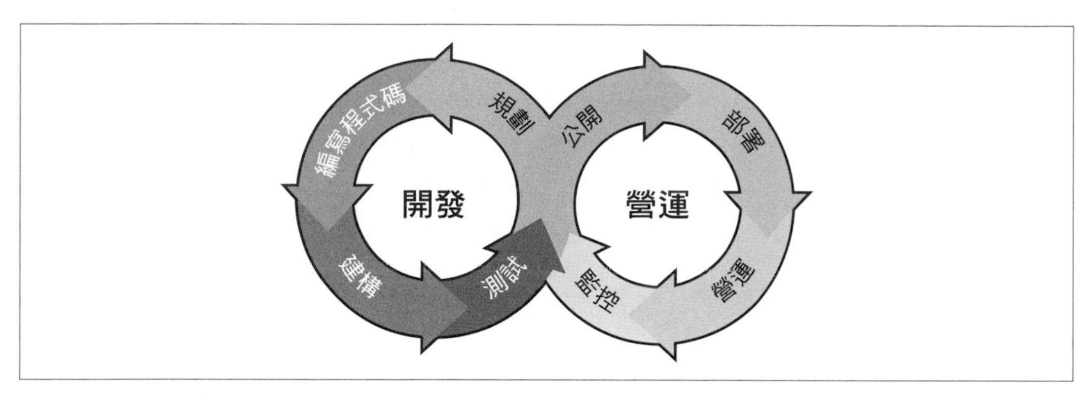

圖 1-1　DevOps 無限迴圈

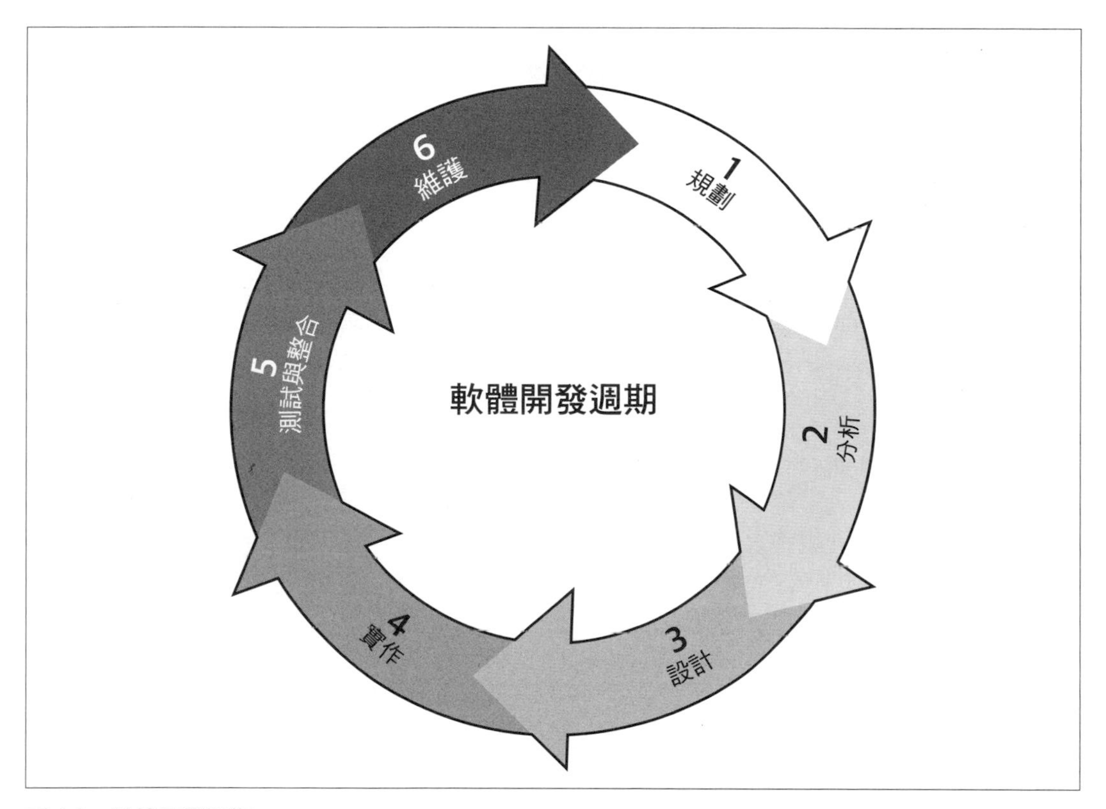

圖 1-2　敏捷開發週期

產業現狀

自 2014 年以來，DevOps 是一種被營運驅動之現象的這個事實的進一步證據，被以易於閱讀的年度資料摘要的形式出現，該摘要收集、分析和總結了來自於全球數以萬計的產業專業人士和組織的資料。「加速：DevOps 狀態（Accelerate: State of DevOps）」報告主要是 DevOps 研究和評估（DevOps Research and Assessment, DORA）的工作，是軟體行業衡量 DevOps 的位置和可能走向的那份最重要的文件。例如，在 2018 年版（*https://oreil.ly/jWjvX*）中，我們可以看到對以下問題的認真關注：

- 組織多久部署一次程式碼？
- 從程式碼提交後到在生產版本中成功執行通常需要多長時間？
- 當出現損壞或中斷時，恢復服務通常需要多長時間？
- 多少百分比的已部署變更會導致服務降級或需要修復？

請注意，所有這些都是非常以營運為中心的問題。

什麼構成工作？

現在讓我們來看看「加速：DevOps 狀態」報告和鳳凰專案是如何定義工作的。嗯，首先，有計劃的（*planned*）工作側重於業務專案和新功能，而它們涵蓋了營運和開發。內部專案（包括伺服器遷移、軟體更新和由來自已部署專案的回饋而驅動的變更）可以是廣泛的，並且可能會或可能不會比較重視在 DevOps 等式的某一方。

但是未計劃的（*unplanned*）活動，例如支援升級和緊急中斷呢？它們很偏向營運，編寫新功能的程式碼、錯誤修復和重構也是如此——這些都和怎麼透過讓開發人員參與 DevOps 的故事來簡化營運人員的生活相關。

如果我們不關心部署和營運，那麼我們的工作是什麼？

顯然的，DevOps 並不是開發人員曾經（或正在）要求的東西。這是一項讓其他人更加努力工作的營運發明。假設這個事實成立，讓我們思考一下，如果開發人員站起來說：「你的營運問題是你的，而不是我們的。」時會發生什麼呢。好吧。但在這種情況下，向叛逆的開發人員詢問他們對「完成」的定義是正確和恰當的。他們認為需要達到什麼標準才能說「我們把工作做得很好，現在我們的部分已經完成了」？

這不是一個輕率的問題，我們可以尋找一些資源來尋找答案。其中之一是軟體工藝宣言（Manifesto for Software Craftsmanship）（*https://oreil.ly/mTAUe*），雖然它不完美且經常受到批評，但它提出了應該能夠激勵開發人員的四個基本價值觀，一起來看看它們：

精心製作的軟體

: 是的，品質確實很重要。

穩定的附加價值

: 這點不會有異議。當然，我們希望提供人們需要、想要、或會想要的服務和功能。

專業人士社群

: 概括地說，誰會反對這件事呢？業內同行之間的熱情讓他們在專業上關係更緊密。

具有生產力的伙伴關係

: 協作（collaboration）當然是這個遊戲的名稱。開發人員並不反對品質保證（quality assurance, QA）、營運或產品本身。所以，在語境中，這只是對每個人都要友善（只要其他團隊不開始規定他們的工作應該是什麼）。

究竟是什麼構成了「完成」？

利用到目前為止我們已經建立的東西，我們可以有把握地說，我們需要產出簡單、可讀、可理解且易於部署的程式碼。我們必須確定非功能性要求（例如，效能、生產量、記憶體耗用量、安全性、隱私等）已經被滿足了，我們應該努力工作以避免產生任何技術包袱，如果幸運的話，可以在此過程中擺脫一些包袱。我們必須確保所有測試都已通過，我們有義務與 QA 團隊保持高成效的關係（當他們高興時，我們就高興）。

有了高品質的程式碼，加上積極的團隊領導和同儕審查之後，一切都應該會很好。透過定義了價值和附加價值標準的產品團隊，可以牢固地建立基準。透過他們的回饋，產品負責人可以幫忙確定這些基準是否已經達成（或未達成）以及達成了多少。對於優秀的軟體開發人員已經「完成」了他們需要做的事情這件事來說，這是一個很好的縮圖定義。它還展示了如果沒有營運人員的參與並與營運人員進行清晰溝通的話，就永遠無法充分衡量（甚至知道）什麼叫做「做得好」。

對抗？

所以是的，儘管*可以*證明 DevOps 確實不是開發人員所追求的東西，但同樣可以證明它的無限實踐對每個人都有好處。不過仍然有一些頑固分子；那些想像開發人員和 QA 測試人員之間具有競爭甚至對抗關係的人。開發人員在他們的創作上努力工作，然後覺得 QA 團隊幾乎就像駭客一樣，只為了證明一些事情而不斷地挖掘，直到發現問題為止。

這就是 DevOps 諮詢的用武之地。每個盡職盡責的開發人員都希望為自己的產品感到自豪。發現缺陷可能看起來像是批評，但實際上它只是來自另一個方向的認真工作而已。開發人員和 QA 人員之間良好、清晰、開放和持續的溝通有助於加強 DevOps 的好處，但它也清楚地表明每個人最終都在朝著同一個目標努力。當 QA 人員發現錯誤時，他們所做的只是要幫助他們的開發人員同事編寫出更好的程式碼、成為*更好的*開發人員。這個營運端的一些人和開發端的另一些人之間互動的例子展現了兩個世界之間的不同與區隔的有用的模糊性。他們的關係必然是共生的，並且再一次的會沿著無休止的連續活動進行，其中一方會通知另一方是為了所有人的共同利益。

比以往任何時候都多

對 DevOps 日益增長的需求既來自外部力量，也來自軟體公司本身。這是因為作為生活在 21 世紀世界的人們，我們的期望，我們*所有的*期望，持續地迅速變化著。我們越依賴不斷改進的軟體解決方案，我們會花在資訊和溝通的差距，以及開發人員和營運人員之間的延誤上所浪費的時間就越少。

以銀行業為例。十年前，大多數主要銀行都有相當適宜的網站。您可以登錄查看您的帳戶、您的報表和最近的交易。也許您甚至會開始透過銀行提供的電子服務來進行電子支付。雖然這些服務很好並且提供了一定程度的便利，但您可能仍然需要去（或者，至少感覺去會更舒服）當地的分行來處理您的銀行事務。

當時不存在的是如今天這樣完全數位化的體驗——包括行動應用程式、自動帳戶監控和警報、以及足夠的服務，使一般的帳戶持有者越來越普遍地在線上進行*所有事情*。您甚至可能不在乎您是否會再次看到實體分行的內部，甚至不*知道*那個分行在哪裡！更重要的是，銀行正在透過整合和關閉實體分支機構來應對這些迅速變化的銀行習慣，並為客戶提供將銀行業務轉移到線上領域的激勵措施。在 COVID-19 危機期間，這種情況進一步加快，當時分支機構的訪問僅限於預約服務、受限的入內訪問、以及更短的訪問時間。

因此，10 年前，如果您的銀行網站因為 12 小時的維護而停機，此時銀行正在部署一個更好、更安全的網站，您可能還可以從容應對。如果能產生更高品質的服務，那麼十幾個小時又算什麼？您不需要全年無休的線上銀行服務，此外，當地分行也可以隨時可以為您服務。但今天，情況並非如此。半天的停機時間是無法被接受的。本質上，您希望您的銀行**始終**保持開放和可用，這是因為您（以及全世界）對**品質**的定義已經改變，而這種變化比以往任何時候都更需要 DevOps。

容量和速度

推動 DevOps 增長的另一個壓力是儲存和處理的資料量。這是合乎邏輯的。如果我們的日常生活越來越依賴於軟體，那麼軟體所產生的資料量顯然會大幅增加。2020 年時，整個全球資料圈（datasphere）達到近 10 皆位元組（zettabyte）。而十年之前，只有 0.5 皆位元組。到 2025 年時，據合理估計（*https://oreil.ly/hvghC*）它將以指數方式膨脹到超過 50 皆位元組！

這不僅僅關乎 Google、Netflix、Facebook、Microsoft、Amazon、Twitter 等龐然大物，以及其他變得越來越大、越來越好的公司，因此需要處理大量的資料。這一預測證實，越來越多的公司將進入巨量資料（big data）世界。隨之而來的是對資料負載大幅增加的需求，以及從提供給定生產環境的精確副本的傳統模擬伺服器（staging-server）環境的離開。這種離開是基於這樣一個事實，也就是維持這種配對的方案在大小或速度方面上都不再可行。

過去那種所有東西都可以在投入生產之前進行測試的日子是快樂的，但這已經不可能了。那些軟體公司沒有 100% 信心的東西已經也將會越來越多地投入生產。這應該引起我們恐慌嗎？不用。快速發布和保持競爭力的必要性應該會激發創新和創造力，以最佳方式來執行受控的翻轉、測試程序和更多的生產**內**測試（in-production testing）——現在稱之為**漸進式交付**（*progressive delivery*）。這伴隨著功能旗標和可觀察性工具，例如分散式追蹤（distributed tracing）。

有些人將漸進式交付等同於爆炸裝置的爆炸半徑。這個想法是，當我們部署到生產環境中時，應該會發生爆炸。因此，要優化此類部署，我們所能期望的最好的就是盡量減少人員傷亡，盡可能減小爆炸半徑的大小。這一直是透過提高伺服器、服務和產品的品質來實現。如果我們同意品質是開發人員會關心的問題，並且它的成就是開發人員對「完成」這個詞的定義的一部分，那麼這意味著**在開發的完成時刻和接下來營運的生產時刻之間不會有停頓或脫節**。因為一旦發生這種情況，我們就會循環回到開發中，在其間修復錯誤、恢復中斷的服務等等。

完成了

也許越來越清楚的是，從營運環境中產生的期望和需求必然推動了我們進入 DevOps。因此，對開發人員的期望和要求的增加並不是來自營運人員對他們的開發人員同事的仇恨，也不是剝奪他們睡眠的陰謀的一部分。相反的，**所有**這一切，所有 DevOps 所代表的，是對我們不斷變化的世界以及它們對軟體行業全面施加的變化的現實政治（realpolitik）商業反應。

事實是，每個人都有新的責任，其中一些需要專業人員（當然是來自許多部門）**隨時**準備回應，因為我們的世界是一個不間斷的世界。這是另一種說法：我們對「完成」的舊定義已經過時了！

我們的新定義是**網站可靠性工程**（*site reliability engineering, SRE*）。這個 Google 創造的術語透過彌合開發人員與營運人員之間任何揮之不去的感知差距，而永遠的將兩者結合在一起。雖然 SRE 的重點領域可能由 DevOps 等式的一方或雙方的人員來負責，但如今，公司通常擁有專門的 SRE 團隊，專門負責檢查與效能、效率、緊急反應能力、監控、容量規劃等相關的問題。SRE 專業人員會像軟體工程師一樣思考來為系統管理問題設計出策略和解決方案，他們是讓自動化部署愈來愈能發揮作用的人。

當 SRE 員工感到高興時，這意味著建構（build）變得越來越可靠、可重複和快速，特別是因為場景是在無狀態環境中執行的可縮放（scalable）、向後和向前相容的程式碼之一，這些環境仰賴於爆炸性增加的伺服器並發出事件流以允許即時性觀察能力，並在出現問題時發出警報。當新建構出現時，它們需要被快速地啟動（我們完全能夠期望其中有些會同樣迅速陣亡）。服務需要盡快恢復完整功能。當功能無法發揮作用時，我們必須能夠立即透過 API 以程式設計方式來將其關閉。當新軟體發布並且使用者更新他們的客戶端、但隨後卻遇到錯誤時，我們必須具備執行快速無縫回轉（rollback）的能力。舊客戶端和舊伺服器需要能夠與新客戶端進行溝通。

雖然 SRE 正在評估和監控這些活動並制定戰略反應，但所有這些領域的工作完全是開發人員的工作。因此，當開發人員正在**做**（*doing*）的時候，SRE 就是今天對**完成**（*done*）的定義。

像蝴蝶一樣漂浮……

除了上面已經提到的所有考慮因素之外，現代的 DevOps（和相關的 SRE）時代還必須定義一個基本特徵：**精實**（*lean*）。這裡我們所談論的是省錢。「但是，」您可能會問，「程式碼和省錢有關係嗎？」

舉個像是雲端供應商向公司收取過多的離散服務費用的例子。其中一些成本直接受到那些企業雲端服務訂閱者所輸出的程式碼的影響。因此，成本降低可以來自創新性開發工具的建立和使用，以及編寫和部署更好的程式碼。

全球性、我們永不關閉、軟體驅動的社會不斷渴望著更新、更好的軟體功能和服務，這意味著 DevOps 不能只關注生產和部署。它還必須關注業務本身的底線。儘管這似乎是另一個負擔，但下次老闆說必須削減成本時請考慮一下。與其採取消極的、下意識的解決方案（例如裁員或減少工資和福利），不如透過積極的、增強業務概況的措施（例如改為無伺服器（serverless）環境和遷移到雲端）來達成所需的節省。然後，沒有人會被解僱，而且休息室裡的咖啡和甜甜圈仍然是免費的！

精實不僅可以節省資金，還可以讓公司有機會提高其市場影響力。當公司可以在不裁員的情況下達到效率時，他們可以保持最佳的團隊實力水平。當團隊繼續得到良好的補償和照顧時，他們將更有動力去產出他們最好的工作成果。當輸出取得成功時，這意味著客戶會開心。只要客戶由於更快的部署而繼續快速獲得運行良好的新功能時，那麼……他們會不斷回來尋求更多資訊並將資訊傳播給其他人。這是一個良性循環，意味著銀行裡會有錢。

完整性、身分驗證和可用性

與任何和所有 DevOps 活動攜手並肩作戰是永不消失的*安全性*（*security*）問題。當然，有些人會選擇聘請資訊安全長來解決這個問題。這很好，因為當出現問題時，總會有個人可受責備。不過更好的選擇可能是在 DevOps 框架*內*實際分析個人員工、工作團隊，和公司作為一個整體如何*思考*安全性以及如何加強安全性。

我們將在第 10 章中對此進行更多討論，但現在考慮一下：漏洞（breach）、臭蟲（bug）、結構化查詢語言（Structured Query Language, SQL）注入、緩衝區溢出（buffer overflow）等並不是新鮮事。不同的是它們出現的速度越來越快，數量越來越多，以及惡意個人和實體採取行動的聰明程度。這並不奇怪。隨著越來越多的程式碼被發布，隨之而來的問題也越來越多，每種類型都需要不同的解決方案。

隨著部署速度的加快，對風險和威脅做出更多反應變得越來越重要。2018 年發現的 Meltdown 和 Spectre 安全漏洞清楚地表明，某些威脅是無法預防的。我們正在競賽，唯一要做的就是盡快部署修復程式。

緊迫感

現在應該很清楚了，*DevOps 不是一個密謀，而是對進化壓力的一種反應*。它是達成以下目的的一種手段：

- 提供更好的品質
- 節省開支
- 更快地部署功能
- 加強安全性

誰是否喜歡、誰先提出這個想法、甚至它的初衷都無關緊要。重要的東西將在下一節中介紹。

軟體產業已全面擁抱 DevOps

現在，每家公司都是 DevOps 公司（*https://oreil.ly/tkSSZ*）。所以，上船吧……因為您別無選擇。

如前文所述，今天的 DevOps，也就是 DevOps 演變的結果，是一個無限循環。這並不意味著群組和部門不再存在。這並不意味著每個人都只對自己關心的領域負責，就像這個連續體中的其他人一樣。

這*確實*意味著每個人都應該一起工作。這確實意味著給定企業內的軟體專業人員必須去瞭解並合理考量所有其他同事正在做的工作。他們需要關心同行所面臨的問題、這些問題如何影響*他們*所做的工作、他們公司提供的產品和服務、以及這*整個*是如何影響他們公司的市場聲譽的。

這就是為什麼 *DevOps 工程師*（*DevOps engineer*）是一個沒有意義的術語的原因，因為它意味著存在著可以完全地和勝任地進行（或至少完全精通）在 DevOps 無限循環中發生的所有事情的人。這樣的人現在並不存在。也永遠不會存在。事實上，即使*嘗試*成為 DevOps 工程師也是一個錯誤，因為它與 DevOps 的本質完全背道而馳，DevOps 會消除隔離了程式碼開發人員與 QA 測試人員、 QA 測試人員與發布人員…等的孤島。

DevOps 是努力、興趣和回饋的結合，不斷努力建立、保護、部署和完善程式碼。DevOps 是關於*協作*（*collaboration*）的。由於協作是有機的、交流性的努力，嗯……就像協作工程並不是一回事一樣，DevOps 工程也不是（無論任何機構或大學做出了什麼承諾）。

讓它表現出來

瞭解 DevOps 是（和不是）什麼只是建立一個概念。問題是，如何在廣泛的軟體公司中合理有效地實施和維持它？最好的建議是？我現在開始說明。

首先，您可以擁有 DevOps 推動者、DevOps 傳播者、DevOps 顧問和教練（我知道 Scrum 是怎麼破壞了所有的這些詞彙，但沒有更好的了）。沒關係。但是 DevOps 不是一門工程學科。我們需要網站 / 服務可靠性工程師、生產工程師、基礎架構工程師、QA 工程師等等。但是一旦一家公司擁有了 DevOps 工程師之後，接下來幾乎肯定會擁有一個 DevOps 部門，而這將只是另一個穀倉（silo），可能只不過是一個被重新更名的現有部門，以讓公司看起來有搭上 DevOps 順風車。

DevOps 部門並不是進步的標誌。相反的，它只是回到未來。然後，接下來需要的是一種促進 Dev 和 DevOps 之間合作的方法，而這將需要創造另一個術語。*DevDevOps* 看起來如何？

其次，DevOps 是關於細微差別和小事的。就像文化（尤其是企業文化）一樣，它與態度和關係有關。您可能無法清楚地定義這些文化，但它們都是一樣的。DevOps 也與程式碼、工程實務或技術實力無關。我們沒有任何的工具可以購買，沒有分步（step-by-step）手冊，也沒有家庭版桌遊可以幫助您在組織中建立 DevOps。

這和公司內部鼓勵和培養的行為有關。其中大部分只是關於普通員工的待遇、公司的結構以及人們持有的頭銜。這是關於人們多久才有機會聚在一起（尤其是在非會議環境中），在其間他們坐下來吃飯、談論商店和非商店、講笑話等。文化是在這些空間中形成、發展、和改變的（而不是在資料中心內）。

最後，公司應該積極尋找和投資 T 型人（Ж 型更好，正如我的俄語讀者可能建議的那樣）。與 I 型人（在某一領域絕對是專家）或通才（瞭解很多，但不精通任何特定學科）相反，T 型人在至少一件事上擁有世界級的專業知識。這就是「T」字裡的長垂直線，牢牢紮根於他們的知識和經驗的深度。「T」字的上面則橫跨了其他領域所積累的能力、技術訣竅和智慧。

神人（total package）是展現出清晰而敏銳的環境適應、學習新技能、和迎接目前挑戰的傾向的人。事實上，這是對理想的 DevOps 員工近乎完美的一種定義。T 型人使企業能夠有效地處理優先事項的工作，而不僅僅是公司認為其內部能力可以承受的工作。T 型人可以看到大局並被它所吸引。這使他們成為了不起的合作者，從而導致了賦權團隊的建立。

我們都收到了訊息

好消息是，在 ops 發明 DevOps 十年後，他們完全明白這不僅與他們有關，而是與**每個人**都息息相關。我們可以親眼看到這種變化。例如，2019 年的「加速：DevOps 狀態」報告（*https://oreil.ly/vICAO*）讓更多的開發人員參與了這項研究，而不是 ops 或 SRE 人員！為了找到更深刻的證據來證明事情已經發生了變化，我們又回到了 Gene Kim 身上。同樣在 2019 年，這個透過*鳳凰專案*的幫助將等式的營運方新穎化的人發布了*獨角獸專案*（IT Revolution）。如果那本較早期的書對開發人員不屑一顧，那麼我們的英雄就是 Maxine，她是公司的*首席開發人員*（也是最終的救星）。

DevOps 始於 ops，這是毫無疑問的。但動機不是要征服開發人員，也不是在推崇營運專業人士的至高無上。它的過去和現在都是基於每個人都能看到其他人、欣賞他們對企業的價值和貢獻——不僅僅是出於尊重或禮貌，而是出於個人利益和企業的生存、競爭力和成長。

如果您害怕 DevOps 會讓你在大量的 ops 概念中不知所措，那麼實際上很可能正好相反。看看 Google（*https://sre.google*）（發明該學科的公司）對 SRE 的定義：

> *當您將營運視為軟體問題時，您就會得到 SRE。*

那麼，營運人員現在想成為開發人員嗎？歡迎。軟體問題*始終屬於所有*軟體專業人員。我們從事解決問題的業務——這意味著每個人都有一點點 SRE、一點點開發人員、一點點營運……因為它們都是一樣的。它們都是相互交織的面向，使我們能夠為今天的軟體以及明天的個人和社會問題設計解決方案。

第二章

真實系統

Stephen Chin

一個可行的複雜系統總是被發現是從一個可行的簡單系統演變而來的。

—John Gall（Gall 定律）

要擁有一個有效的 DevOps 生產線，重要的是要有一個單一的真實系統（system of truth）來瞭解哪些位元和位元組會被部署到生產中。通常這會從一個原始碼管理系統開始，該系統包含了所有被編譯且建置到生產部署中的原始碼。透過將生產部署追溯到原始碼控制中的特定修訂版本，您可以對錯誤、安全漏洞和效能問題進行根本原因的分析。

原始碼管理解決了軟體交付生命週期中的幾個關鍵角色：

協作（*collaboration*）

在沒有有效的原始碼管理的情況下，使用單一程式碼庫的大型團隊會不斷地被彼此阻擋，隨著團隊規模的擴大，生產力會降低。

版本控制（*versioning*）

原始碼系統讓您可以追蹤程式碼的版本，以識別正在部署到生產中或發布給客戶的內容。

歷史（*history*）

透過在開發過程中按時間順序來記錄所有的軟體版本，可以回復到舊版本的程式碼或識別出導致迴歸（regression）的特定變更。

歸因（*attribution*）

瞭解誰在特定檔案中進行了變更，您可以在進行變更時識別所有權、評估領域專業知識、還有評估風險。

依賴項（*dependencies*）

原始碼已成為有關專案的其他關鍵元資料（metadata）的規範來源，例如對其他套件的依賴項。

品質（*quality*）

原始碼管理系統允許在變更被接受之前輕鬆地進行同儕審查，從而提高軟體的整體品質。

由於原始碼管理在軟體開發中發揮著如此重要的作用，因此瞭解它的工作原理，並選擇出最能滿足您組織的需求和想要的 DevOps 工作流程系統非常重要。

原始碼管理的三個世代

協作是軟體開發的重要組成部分，隨著您與更大的團隊一起擴展，在共享程式碼庫上進行有效協作的能力通常會成為開發人員生產力的瓶頸。此外，系統的複雜性往往會增加，因此不會是只管理十幾個檔案或少數模組，我們通常會看到需要一次更新數千個原始檔以完成系統範圍的變更和重構。

為了滿足在程式碼庫上進行協作的需求，因而建立了*原始碼管理*（*source code management, SCM*）系統。第一代的 SCM 系統透過檔案鎖定（locking）來處理協作。其中的範例是 SCCS 和 RCS，它們會要求您在編輯之前鎖定檔案、進行變更、然後釋放鎖定以讓其他人可以進行貢獻。這似乎消除了兩個開發人員進行互相衝突的變更的可能性，但它有兩個主要缺點：

- 生產力仍然受到影響，因為您必須等待其他開發人員完成他們的變更才能進行編輯。在具有大檔案的系統中，這可能會有效地將並行性（concurrency）限制為一次只能有一個開發人員可以使用。
- 這並沒有解決檔案之間的衝突問題。兩個開發人員仍然有可能修改具有相互依賴關係的不同檔案，並透過引入相互衝突的變更來建立錯誤或不穩定的系統。

從 Dick Grune 建立的並行版本系統（Concurrent Versions System, CVS）開始，第二代版本控制系統進行了實質性的改進。CVS 在檔案鎖定（或不鎖定）的方法上是革命性的。它不會阻止您變更檔案，而是允許多個開發人員同時（並且在可能會發生衝突的情況下）變更相同的檔案。這稍後會透過檔案合併來解決：透過差異（diff）演算法來分析衝突的檔案，並將任何互相衝突的變更呈現給使用者來解決。

透過將解決互相衝突的變更這件事延後到存入（check-in）階段，CVS 允許多個開發人員自由修改和重構大型程式碼庫，而不會因為對於同一檔案的其他變更而受阻。這不僅提高了開發人員的工作效率，還允許對大型功能進行單獨的隔離和測試，這些功能以後可以合併到一個整合的程式碼庫中。

目前最流行的第二代 SCM 是 Apache Subversion，它被設計成為 CVS 的直接替代品。與 CVS 相比，它提供了幾個優點，包括將提交作為一個修訂來進行追蹤，從而避免了可能會破壞 CVS 儲存庫狀態的檔案更新衝突。

第三代的版本控制是分散式版本控制系統（distributed version control system, DVCS）。在 DVCS 中，每個開發人員都擁有整個儲存庫的副本以及儲存在本地端的完整歷史記錄。就像在第二代版本控制系統中一樣，您可以取出（check out）儲存庫的副本、進行變更、然後將其重新存入（check in）。但是，要將這些變更與其他開發人員整合，您可以將整個儲存庫以同儕（peer-to-peer）方式進行同步。

有幾個早期的 DVCS 系統，包括 GNU Arch、Monotone、以及 Darcs，但 DVCS 因為 Git 和 Mercurial 的緣故而變得普及。Git 的開發直接回應了 Linux 團隊對穩定可靠的版本控制系統的需求，該系統可以支援開源作業系統開發的規模和要求，它已成為開源和商業版本控制系統使用的業界標準。

與基於伺服器的版本控制相比，DVCS 提供了幾個優勢：

完全離線工作

由於您擁有儲存庫的本地端副本，因此存入和取出程式碼、合併和管理分支都可以在沒有網路連接的情況下完成。

不會產生單點故障

與基於伺服器的 SCM（只有一份具有完整歷史記錄的整個儲存庫的副本）不同，DVCS 會在每個開發人員的機器上建立儲存庫的副本，從而增加冗餘性（redundancy）。

更快的本地端運算

由於大多數版本控制運算都是在機器的本地端進行的，因此它們速度會更快，並且不受網路速度或伺服器負載的影響。

分散式控制

由於同步程式碼涉及複製整個儲存庫，這使得分叉（fork）程式碼庫變得更加容易，並且在開源專案的情況下，當主專案進入停滯狀態或採取不合需求的方向時，可以讓我們更容易地開始獨立工作。

易於遷移

從大多數 SCM 工具轉換為 Git 是一個相對簡單的操作，而且您還可以保留提交歷史。

分散式版本控制有一些缺點，包括：

較慢的初始儲存庫同步

初始同步包括複製整個儲存庫的歷史記錄，而這可能會很慢。

更大的儲存空間需求

由於每個人都擁有儲存庫和所有歷史記錄的完整副本，因此非常大和 / 或長時間執行的專案可能需要相當大的磁碟需求。

無法鎖定檔案

當需要編輯無法被合併的二進位檔案時，基於伺服器的版本控制系統為鎖定檔案提供了一些支援。使用 DVCS 則無法強制執行鎖定機制，這意味著只有可以合併的檔案（例如，文本）才適用於版本控制。

選擇您的原始碼管理

希望到現在為止，您已經相信使用現代的 DVCS 是個可行的方法。它為任何規模的團隊的本地端和遠端開發提供了最佳的功能。

此外，在常用的版本控制系統中，Git 已成為被採用率的明顯贏家。透過查看最常用的版本控制系統的 Google 趨勢分析（Google Trends）可以清楚地顯示出來，如圖 2-1 所示。

Git 已經成為開源社群的業界標準，這意味著它的使用得到了廣泛的支持並具有豐富的生態系統。但是，如果您的老闆或同事已經對老式的原始碼控制技術進行了大量投資的話，有時很難說服他們來採用新技術。

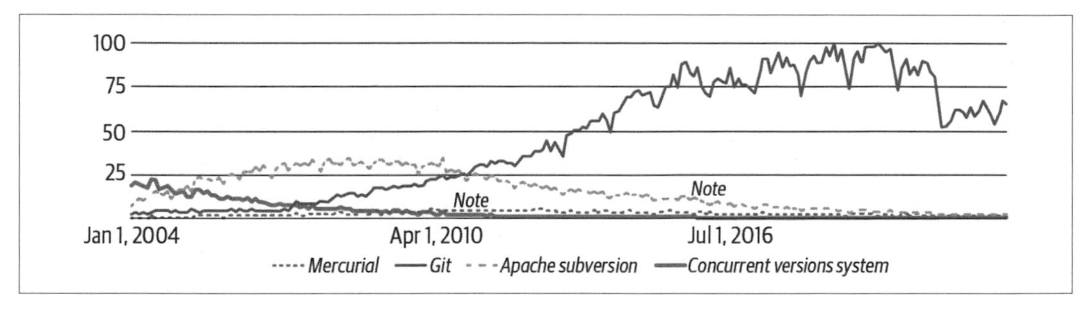

圖 2-1　2004 年至 2022 年版本控制系統的流行情況（來源：Google Trends（*https://oreil.ly/qRxyG*））

以下是您可以用來說服老闆升級到 Git 的一些理由：

可靠性

Git 的編寫方式就像檔案系統一樣，包含了適當的檔案系統檢查工具（`git fsck`）和核對和（checksum）以確保資料的可靠性。鑑於它是 DVCS，您可能還會將資料推送到多個外部儲存庫，從而建立資料的多個冗餘備份。

效能

Git 不是第一個 DVCS，但它的效能非常好。它是從頭開始建構的，以支援包含了極其龐大的程式碼庫和數千名開發人員的 Linux 開發。Git 持續由大型開源社群積極開發中。

工具支援

已經有超過 40 個 Git 前端和支援被用在幾乎每個主要的 IDE（JetBrains IntelliJ IDEA、Microsoft Visual Studio Code、Eclipse、Apache NetBeans 等）上，因此您不太可能找到不完全支援它的開發平台。

整合

Git 和 IDE、問題追蹤器、訊息傳遞平台、持續整合伺服器、安全掃描器、程式碼審查工具、依賴管理、和雲端平台具有一流的整合性。

升級工具

有一些遷移工具可以簡化從其他版本控制系統到 Git 的轉換過程，例如支援從 Subversion 到 Git 的雙向變更的 `git-svn`，或用於 Git 的 Team Foundation Version Control（TFVC）儲存庫匯入工具。

總而言之，升級到 Git 並沒有什麼損失，還有很多額外的功能和整合資源可以開始利用。開始使用 Git 簡單到只要為您的開發機器下載其中一個版本（*https://oreil.ly/dxgt4*）並建立一個本地儲存庫就好了。

但是，真正的力量來自與團隊其他成員的協作，如果您有一個中央儲存庫來推送變更並進行協作的話會是最方便的。有幾家公司提供了商業 Git 儲存庫，您可以自我託管或在其雲端平台上執行。其中包括 AWS CodeCommit、Assembla、Azure DevOps、GitLab、SourceForge、GitHub、RhodeCode、Bitbucket、Gitcolony 等。根據 JetBrains「2020 年開發者生態系統狀態（State of the Developer Ecosystem 2020）」報告的資料，這些基於 Git 的原始碼控制系統佔了商業原始碼控制市場的 96% 以上，如圖 2-2 所示。

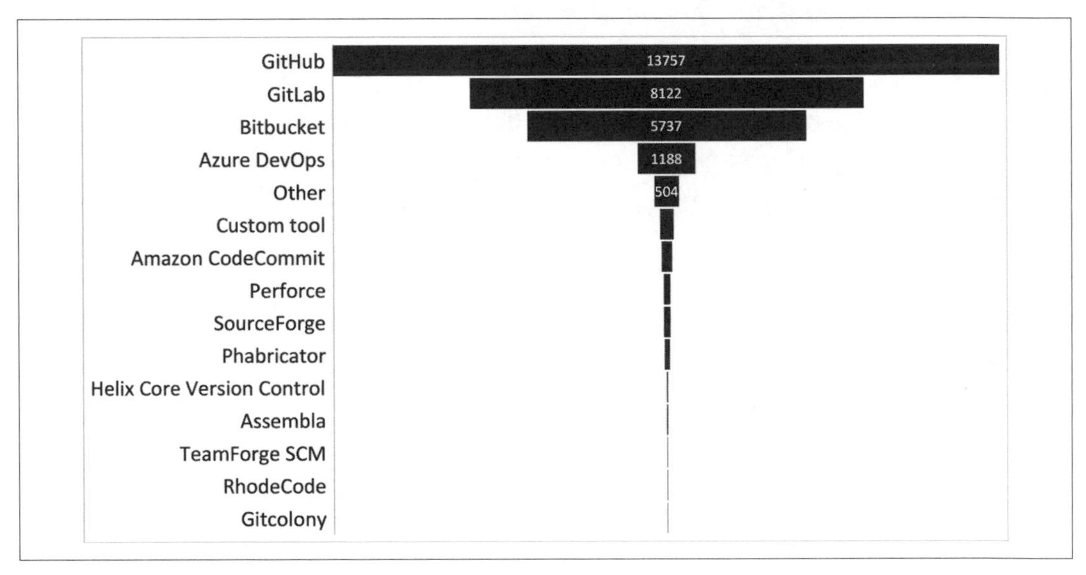

圖 2-2　來自 JetBrains「2020 年開發者生態系統狀態」（*https://oreil.ly/e9yJu*）報告的版本控制服務使用狀況的資料（來源：JetBrains CC BY 4.0（*https://oreil.ly/W5qPM*））

所有這些版本控制服務都是在基本的版本控制之上提供了附加服務，包括以下功能：

- 合作

  程式碼審查

  擁有一個高效率的程式碼審查系統對於維護程式碼的完整性、品質和標準非常重要。

進階拉取請求（*pull request*）/ 合併功能

許多供應商在 Git 之上實作了進階功能，這些功能有助於多儲存庫和團隊工作流程，以實現更有效率的變更請求管理。

工作流程自動化

大型組織中的批核過程既靈活又複雜，因此團隊和企業工作流程的自動化可以提高效率。

團隊註解 / 討論

關於特定拉取請求和程式碼變更進行有效的團隊互動和討論，有助於改善團隊內部和外部的溝通。

線上編輯

瀏覽器內的 IDE 允許在幾乎任何裝置上隨時隨地對原始碼進行協作。GitHub 甚至最近發布了 Codespaces（*https://oreil.ly/1PKf4*），提供您由 GitHub 託管的完整功能的開發環境。

- 合規 / 安全

追蹤

能夠追蹤程式碼歷史是任何版本控制系統的核心功能，但通常需要額外的合規性檢查和報告。

審核變更

出於控制和監管目的，通常需要對程式碼庫的變更進行審核，因此擁有自動化工具會很有幫助。

權限管理

精細的角色和權限允許我們限制對敏感檔案或程式碼庫的存取。

物料清單

出於審計目的，通常會需要所有軟體模組和依賴項的完整列表，並且可以從原始碼中產生。

安全漏洞掃描

透過掃描程式碼庫並尋找惡意利用已部署應用程式的常見樣式，可以發現許多常見的安全漏洞。在原始碼上使用自動漏洞掃描程式可以幫助我們在開發過程的早期就能識別到漏洞。

- 整合

問題追蹤

透過與問題追蹤器（issue tracker）的緊密整合，您可以將特定變更集合和軟體缺陷聯繫起來，從而更容易識別出錯誤修復的版本並追蹤任何的迴歸。

CI/CD

通常持續整合（continuous integration）伺服器將用於建構存入原始碼控制的程式碼。緊密的整合可以更輕鬆地啟動建構、報告成功狀況和測試結果，以及對成功的建構進行自動化的升級和 / 或部署。

二進位套件儲存庫

從二進位儲存庫中獲取依賴項並儲存建構結果提供了一個中心地點來尋找工件和進行部署。

訊息整合

團隊協作對於成功的開發工作很重要，而讓原始檔、存入，和其他的原始碼控制事件的討論變得容易會簡化與 Slack、Microsoft Teams、Element 等平台的通訊。

客戶端（桌面 /IDE）

許多適用於各種 IDE 的免費客戶端和外掛程式（plug-in）允許您存取您的原始碼控制系統，包含來自於 GitHub、Bitbucket 等的開源客戶端。

選擇版本控制服務時，重要的是要確保它適合您團隊的開發工作流程、能與您已經在使用的其他工具整合，並且適合貴公司的安全策略。公司通常擁有在整個組織中已經成為標準的版本控制系統，但採用更現代的版本控制系統可能會帶來好處，特別是如果公司的標準並不是像 Git 這樣的 DVCS 時。

提出你的第一個拉取請求

為了瞭解版本控制的工作原理，我們將透過一個簡單的練習來建立您的第一個拉取請求（pull request）到本書的 GitHub 官方儲存庫。讀我（readme）檔案的一部分專門用在讀者註解，因此您可以與其他讀者一起展現您在學習現代 DevOps 最佳實務方面的成就！

這個練習不需要安裝任何軟體或使用命令行，所以它應該很容易完成。強烈建議您完成這個練習，以便您瞭解分散式版本控制的基本概念，我們將在本章後面更詳細地介紹這些概念。

首先，您需要瀏覽本書的儲存庫（*https://oreil.ly/ApzqX*）。對於這個練習，您需要先登入才能從 Web 使用者介面建立拉取請求，如果您還沒有 GitHub 帳戶的話，註冊步驟非常簡單，而且免費。

本書的儲存庫的 GitHub 頁面如圖 2-3 所示。GitHub UI 預設會顯示根目錄的檔案和一個名稱為 *README.md* 的特殊檔案的內容。我們將對讀我檔案進行編輯，該檔案是以一種稱為 Markdown 的視覺文本語言進行編寫。

由於我們對該儲存庫只有讀取權限，因此我們將會建立儲存庫的個人複本，稱為**分叉**（*fork*），我們對它可以自由地編輯以進行並且提出變更。登入 GitHub 後，您可以透過單擊右上角突出顯示的 Fork 按鈕來開始此過程。

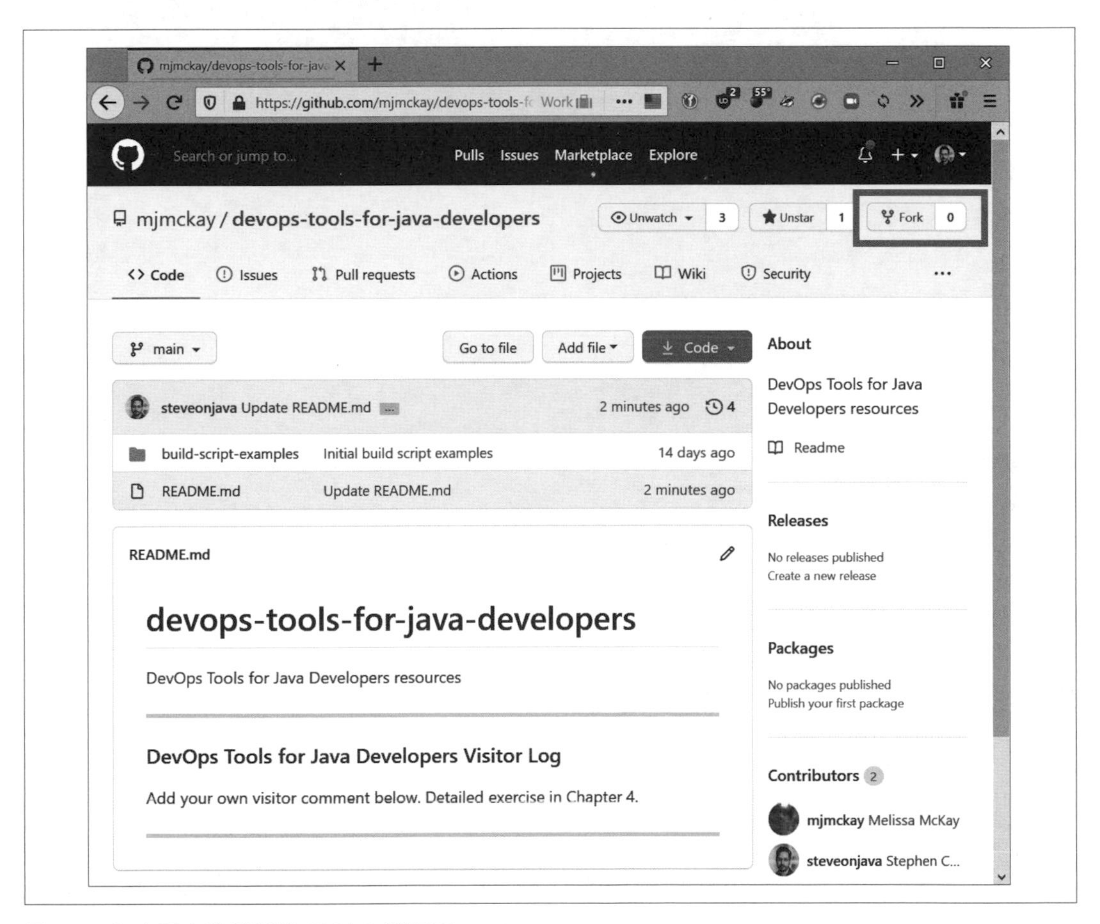

圖 2-3　包含了本書範例的 GitHub 儲存庫

您的新分叉將會建立在您在 GitHub 中的個人帳戶下。建立分叉之後，請完成以下步驟以開啟基於 Web 的文本編輯器：

1. 單擊要編輯的 *README.md* 檔案以查看詳細資訊頁面。
2. 單擊詳細資訊頁面上的鉛筆圖示以編輯檔案。

單擊鉛筆圖示後，您將會看到一個基於 Web 的文本編輯器，如圖 2-4 所示。向下捲動到訪客日誌（visitor log）部分，並在末尾添加您自己的個人註解，讓人們知道您完成了這個練習。

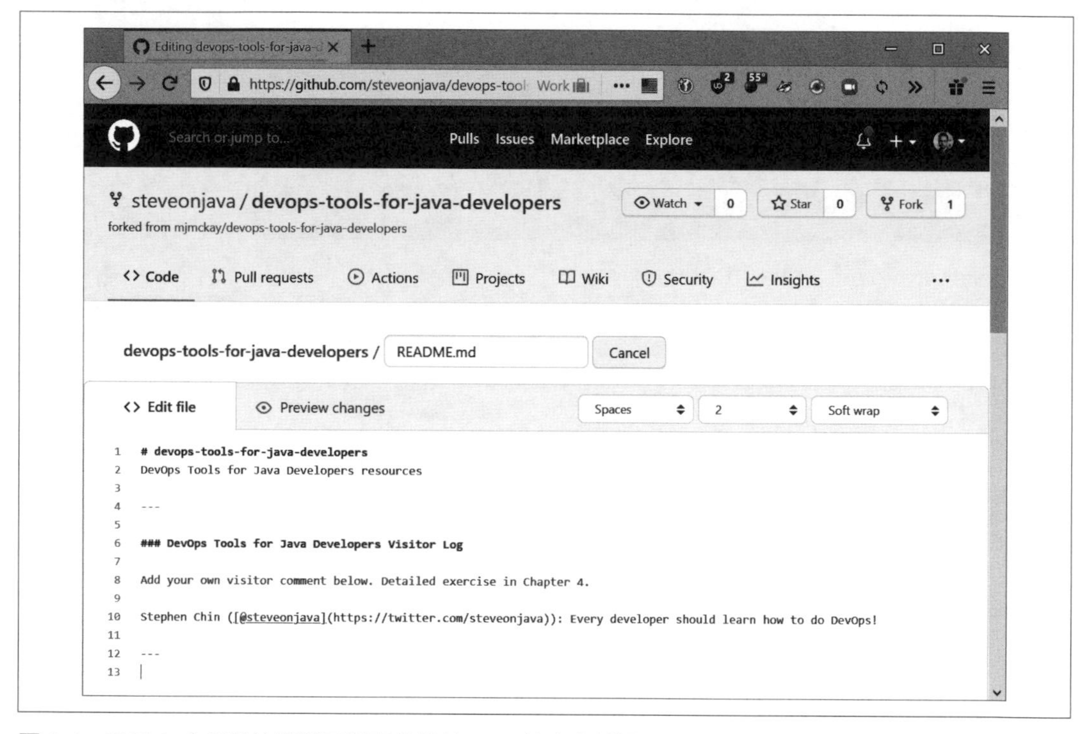

圖 2-4 GitHub 中用於快速變更檔案的基於 Web 的文本編輯器

訪客日誌條目的推薦格式如下：

```
您的名字 (@ 可選的推特暱稱 ): 訪客註解
```

如果您想炫耀推特暱稱（Twitter handle）並連結到您的個人資料，推特連結的 Markdown 語法如下：

```
@ 推特暱稱
```

要檢查您的變更，您可以單擊「預覽變更（Preview changes）」頁籤，該頁籤將在被插入到原始的讀我檔案後顯示渲染（rendering）後的輸出。

當您對變更感到滿意時，向下捲動到圖 2-5 所示的程式碼提交部分。為此變更輸入有用的描述來解釋您的更新，然後單擊「提交變更（Commit changes）」按鈕。

對於這個例子，我們將簡單地提交到主分支，這是預設的位置。但是，如果您在共享儲存庫中工作，您的拉取請求將會提交到可以單獨整合的功能分支。

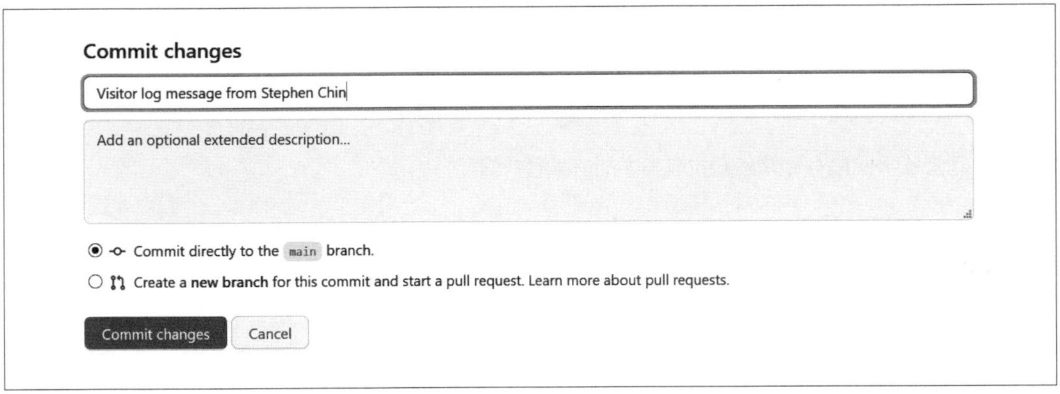

圖 2-5　使用 GitHub UI 將變更提交到您具有寫入權限的儲存庫

在對分叉儲存庫進行變更之後，您可以將其作為原始專案的拉取請求來進行提交。這將會通知專案維護者（在本例中為本書作者）說有一個被提議的變更正在等待審核中，並讓他們選擇是否將其整合到原始專案中。

為了如此，請轉到 GitHub 使用者介面中的「拉取請求（Pull requests）」頁籤。這個畫面有一個按鈕來建立一個「新的拉取請求（New pull request）」，它會讓您選擇要合併的「基底（base）」和「頭端（head）」儲存庫，如圖 2-6 所示。

在本案例中，由於您只有一項變更，因此應該正確的選擇預設儲存庫。只需單擊「建立拉取請求（Create pull request）」按鈕，針對原始儲存庫的新拉取請求就會被提交以進行審核。

這樣就完成了拉取請求的提交！現在交由原始儲存庫擁有者來進行審查和註解，或接受 / 拒絕拉取請求。雖然您沒有對原始儲存庫的寫入權限來查看這個過程的樣子，但圖 2-7 向您展示了會呈現給儲存庫擁有者的內容。

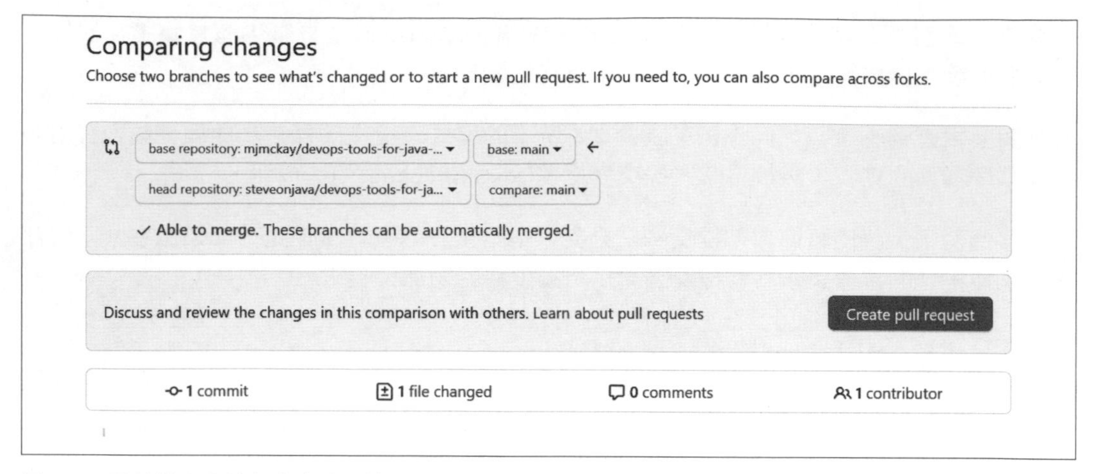

圖 2-6　用於從分叉儲存庫來建立拉取請求的使用者介面

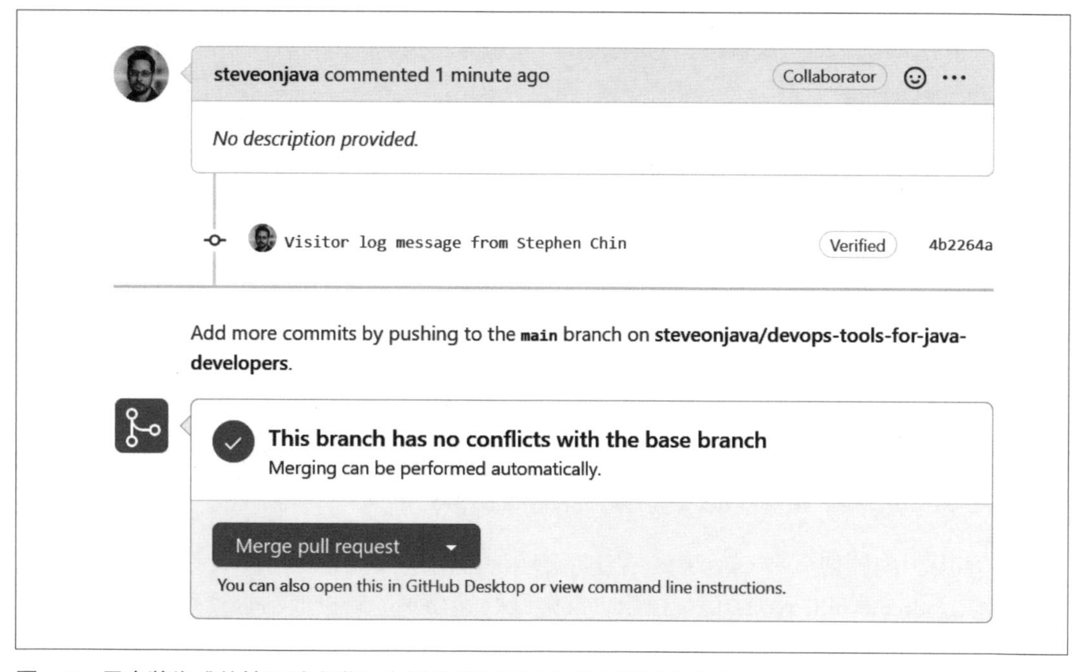

圖 2-7　用來將生成的拉取請求進行合併的儲存庫擁有者的使用者介面

一旦儲存庫擁有者接受您的拉取請求，您的客製化訪客日誌問候語將被添加到本書官方儲存庫中。

此工作流程（workflow）是用來處理專案整合中的分叉和拉取請求協作模型的範例。我們將在第 38 頁的「Git 協作樣式」中更深入地討論協作樣式，以及它們最適合的專案類型和團隊結構。

Git 工具

在上一節中，我們使用 GitHub UI 來展示了一個完整的基於 Web 的 Git 工作流程。然而，除了程式碼審查和儲存庫管理之外，大多數開發人員花了大部分時間在基於客戶端的 Git 使用者介面上。可用的客戶端介面大致可分為以下幾類：

命令行（command line）

一個官方的 Git 命令行客戶端可能已經安裝在您的系統上了，如果沒有它也很容易被添加進來。

GUI 客戶端

官方的 Git 發布版附帶了幾個開源工具，可用於更輕鬆地瀏覽您的修訂歷史或建構您的提交。此外，一些第三方免費和開源 Git 工具可以讓您更輕鬆地使用儲存庫。

Git IDE 外掛程式

通常您只需使用您最喜歡的 IDE 就可以使用您的分散式原始碼控制系統。許多主要的 IDE 都預設會支援 Git ，或者提供了支援度良好的外掛程式。

Git 命令行基礎介紹

Git 命令行是原始碼控制系統最強大的介面，允許所有的本地端和遠端選項來管理您的儲存庫。您可以透過在控制台上鍵入以下內容來檢查您是否安裝了 Git 命令行：

```
git --version
```

如果您安裝了 Git，該命令將傳回您正在使用的作業系統和版本，類似於以下內容：

```
git version 2.26.2.windows.1
```

但是，如果您沒有安裝 Git 的話，以下是在各種平台上獲取它的最簡單方法：

- Linux 發布版：
  - 基於 Debian：`sudo apt install git-all`
  - 基於 RPM：`sudo dnf install git-all`
- macOS
  - 在 macOS 10.9 或更高版本上執行 `git` 會要求您安裝它。
  - 另一個簡單的選擇是安裝 GitHub Desktop（*https://oreil.ly/0x2A3*），它會安裝和配置命令行工具。
- Windows
  - 最簡單的方法是直接安裝 GitHub Desktop，它也會同時安裝命令行工具。
  - 另一個選擇是 Git for Windows（*https://oreil.ly/BioSg*）。

無論您使用哪種方法來安裝 Git，最終您都會得到同樣出色的命令行工具，這些工具在所有桌面平台上都得到了很好的支援。

首先，瞭解基本的 Git 命令會很有幫助。圖 2-8 顯示了一個典型的儲存庫階層，其中包含一個中央儲存庫和三個在本地端複製它的客戶端。請注意，每個客戶端都擁有儲存庫的完整副本以及可以進行變更的工作副本。

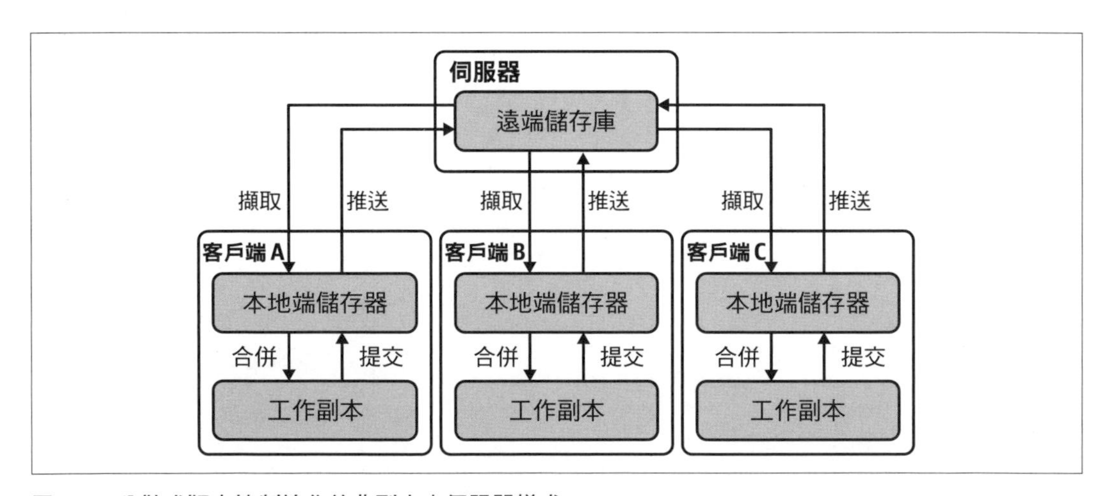

圖 2-8　分散式版本控制協作的典型中央伺服器樣式

上圖中展示了一些允許您在儲存庫和工作副本之間移動資料的 Git 命令。現在讓我們來看看一些最常用的命令，這些命令被用來管理您的儲存庫並在 Git 中進行協作。

- 儲存庫管理：

  `clone`

  在本地端檔案系統上製作另一個本地端或遠端儲存庫的連接副本。對於來自 CVS 或 Subversion 等並行版本控制系統的使用者，此命令的目的與 `checkout` 類似，但在語意上有所不同，因為它建立了遠端儲存庫的完整副本。圖 2-8 中的所有客戶端都將從複製中央伺服器開始。

  `init`

  建立一個新的空儲存庫。但是，大多數情況下，您將從複製（clone）既有的儲存庫開始。

- 變更集（changeset）管理：

  `add`

  將檔案的修訂添加到版本控制，這可以是新檔案或對現有檔案的修改。這與 CVS 或 Subversion 中的 `add` 命令不同，它不會追蹤檔案，而且每次檔案變更時都需要被呼叫。請確保在提交之前對所有新的和修改的檔案呼叫 `add`。

  `mv`

  重新命名或移動檔案 / 目錄，同時更新下一次提交的版本控制記錄。它的使用類似於 Unix 中的 `mv` 命令，應該要使用它（而不是檔案系統的命令）來讓版本控制歷史保持原封不動。

  `restore`

  如果檔案被刪除或錯誤的修改時，允許您從 Git 索引來回復檔案。

  `rm`

  刪除檔案或目錄，同時更新下一次提交的版本控制記錄。它的使用類似於 Unix 中的 `rm` 命令，應該要使用它（而不是檔案系統的命令）來讓版本控制歷史保持原封不動。

- 歷史控制：

  `branch`

  沒有引數（argument）時，會列出本地端儲存庫中的所有分支。它也可以用來建立新分支或刪除分支。

`commit`

將工作副本中的變更儲存到本地端儲存庫。在執行提交之前，請確保您已經透過對已添加、修改、重新命名或移動的檔案呼叫 `add`、`mv` 和 `rm` 來註冊所有檔案變更。您還可以在命令行上使用 `-m` 選項來指定提交訊息；如果省略的話，將會叫出文本編輯器（例如 `vi`）來讓您輸入訊息。

`merge`

將來自被指名的提交的變更加入目前的分支。如果被合併的歷史已經是目前分支的後代，則使用「快轉（fast-forward）」來循序地合併歷史。否則，將建立一個合併來組合歷史；使用者會被提示以解決任何的衝突。`git pull` 也使用此命令來整合來自遠端儲存庫的變更。

`rebase`

在上游的分支上重新做一次目前分支的提交。這與 `merge` 的不同之處在於結果將是線性歷史而不是合併的提交，這可以使修訂歷史更容易被追蹤。缺點是 rebase 在移動歷史記錄時會建立全新的提交，因此如果目前的分支包含了先前已推送的變更的話，那麼您會重寫其他客戶端可能依賴的歷史記錄。

`reset`

將 `HEAD` 回復到以前的狀態，它還具有多種實際用途，例如回復 `add` 或撤消提交。但是，如果這些變更已被推送到遠端的話，則可能會導致上游儲存庫出現問題。請小心使用！

`switch`

在工作副本的分支之間進行切換。如果您在工作副本中有進行變更，這可能會導致三向合併，因此通常最好要先提交或儲存您的變更。使用 `-c` 時，此命令將會建立一個分支並立即切換到它。

`tag`

允許您在由 PGP 簽名的特定提交上建立標籤（tag）。這將使用預設電子郵件地址的 PGP 密鑰。由於標籤是經過加密簽名而且是唯一的，因此一旦推送之後，就不應重複使用或變更它們。此命令的其他選項允許我們刪除、驗證和列出標籤。

`log`

以文本格式顯示提交日誌。它可用於快速查看最近的變更，並支援顯示歷史子集合和輸出排版等進階選項。在本章的後面，我們還將展示如何使用 `gitk` 等工具視覺化地瀏覽歷史。

- 協作：

  `fetch`

  將歷史從遠端儲存庫拉取到本地端儲存庫，但不會嘗試將其與本地端的提交合併。這是一個可以隨時重複執行的安全運算，不會引發合併衝突或影響工作副本。

  `pull`

  等效於 `git fetch` 後再跟著 `git merge FETCH_HEAD`。從遠端儲存庫中獲取最新的變更並將其與您的工作副本進行整合這樣的常用工作流程是很方便的。但是，如果您進行了本地端的變更的話，則 `pull` 可能會導致您被迫要解決的合併衝突。出於這個原因，通常更安全的做法是先 `fetch` 然後再決定是否進行一個簡單的合併就足夠了。

  `push`

  將變更從本地端儲存庫推送到上游的遠端儲存庫。在提交後使用它來將您的變更推送到上游儲存庫，以便其他開發人員可以看到您的變更。

現在您對 Git 命令有了基本的瞭解了，讓我們將這些知識付諸實踐吧。

Git 命令行教程

為了展示如何使用這些命令，我們將透過一個簡單的範例從頭開始建立一個新的本地端儲存庫。對於本練習，我們將假設您是在一個具有類似 Bash 的命令殼層（shell）的系統上。這是大多數 Linux 發布版以及 macOS 的預設設定。如果您使用的是 Windows，則可以透過 Windows PowerShell 來執行此練習，它有足夠的別名（alias）來模擬 Bash 的基本命令。

如果這是您第一次使用 Git，最好先輸入您的姓名和電子郵件，這將與您的所有版本控制運算相關聯起來。您可以使用以下命令來執行此操作：

```
git config --global user.name "把您的名字放在這裡"
git config --global user.email "您@電子郵件.地址"
```

配置好個人資訊後，進入合適的目錄並建立您的工作專案。首先，建立專案資料夾並初始化儲存庫：

```
mkdir tutorial
cd tutorial
git init
```

這將建立儲存庫並對其進行初始化，以便您可以開始追蹤檔案的修訂了。讓我們建立一個可以添加到修訂控制的新檔案：

```
echo "This is a sample file" > sample.txt
```

要將此檔案添加到修訂控制，請使用 git add 命令，如下所示：

```
git add sample.txt
```

您可以使用 git commit 命令將此檔案添加到版本控制中：

```
git commit sample.txt -m "First git commit!"
```

恭喜你使用 Git 進行了第一次的命令行提交！您可以使用 git log 命令進行仔細檢查以確保在修訂控制中追蹤了您的檔案，該命令應傳回類似於以下內容的輸出：

```
commit 0da1bd4423503bba5ebf77db7675c1eb5def3960 (HEAD -> master)
Author: Stephen Chin steveonjava@gmail.com
Date:   Sat Mar 12 04:19:08 2022 -0700

    First git commit!
```

從這裡，您可以看到 Git 儲存在儲存庫中的一些詳細資訊，包括分支資訊（預設分支是 master），以及透過全域唯一識別符（globally unique identifier, GUID）進行的修訂。儘管您可以從命令行來執行更多的運算，但使用為您的工作流程而建構的 Git 客戶端或為開發人員工作流程設計的 IDE 整合通常會更容易一些。接下來的幾節將討論這些客戶端選項。

Git 客戶端

有幾個免費和開源客戶端讓您可以更輕鬆地使用 Git 儲存庫，它們已經針對各種不同的工作流程進行了優化。大多數客戶端不會嘗試做所有事情，而是專注於特定工作流程的視覺化和功能性。

Git 的預設安裝包含了一些方便的視覺化工具，可以更輕鬆地提交和查看歷史記錄。這些工具是用 Tcl/Tk 編寫的、是跨平台的、並且可以從命令行輕鬆啟動，以彌補 Git 命令行介面（command-line interface, CLI）的不足。

第一個工具 gitk 提供了命令行的替代方案，用來導覽、查看和搜尋本地端儲存庫的 Git 歷史記錄。顯示了 ScalaFX 開源專案歷史的 gitk 使用者介面如圖 2-9 所示。

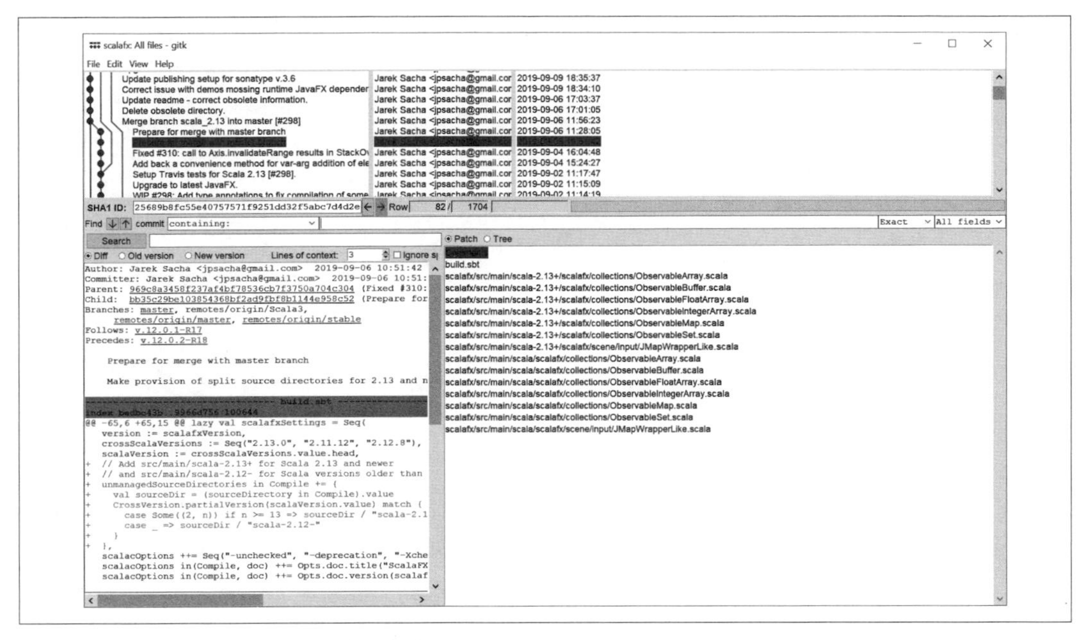

圖 2-9　同捆的 Git 歷史查看器應用程式

gitk 的頂部長方格顯示了修訂歷史和以視覺化方式繪製的分支資訊，這對於破譯複雜的分支歷史非常有用。下面是搜尋過濾器，可用於查找包含特定文本的提交。最後，對於所選定的變更集（changeset），您可以看到被變更的檔案以及變更中的文本差異，這也是可被搜尋的。

與 Git 同捆（bundle）在一起的另一個工具是 git-gui。和只顯示儲存庫歷史資訊的 gitk 不同，git-gui 允許您透過執行許多 Git 命令（包括 commit、push、branch、merge 等）來修改儲存庫。

圖 2-10 顯示了用於編輯本書原始碼儲存庫的 git-gui 使用者介面。在左側，顯示了對工作副本的所有變更，它的頂部是尚未暫存的變更，底部是下一次提交中將包含的檔案。所選檔案的詳細資訊顯示在右側，其中包含新檔案的完整檔案內容，或被修改檔案中的差異。在右下角，提供了用於 Rescan、Sign Off、Commit、和 Push 等常用運算的按鈕。選單中提供了更多的命令，用來進行分支、合併和遠端儲存庫管理等進階運算。

git-gui 是一個由工作流程驅動的 Git 使用者介面範例。它沒有呈現命令行上可用的全套功能，但對於常用的 Git 工作流程來說很方便。

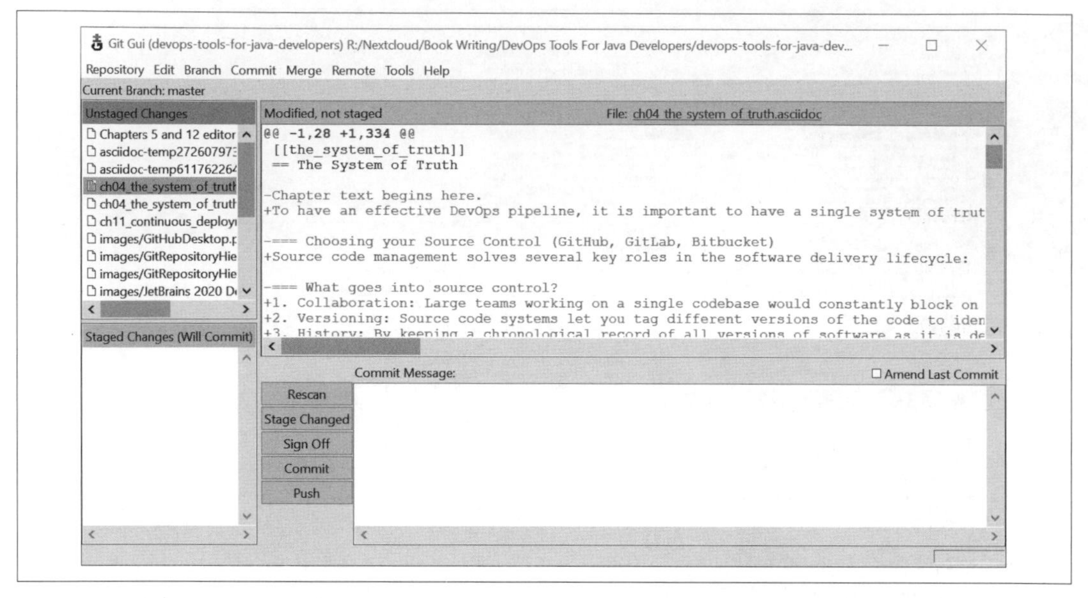

圖 2-10　同捆的 Git 協作應用程式

工作流程驅動的使用者介面的另一個例子是 *GitHub Desktop*。這是最受歡迎的第三方 GitHub 使用者介面，如前所述，它非常方便地和命令行工具同捆在一起，因此您可以把它當作是 Git CLI 和上述的同捆 GUI 的安裝程式。

GitHub Desktop 和 `git-gui` 類似，但針對了和 GitHub 服務的整合進行了優化，且使用者介面被設計成讓您可以輕鬆地遵循類似於 GitHub Flow 的工作流程。圖 2-11 顯示了 GitHub Desktop 使用者介面正在編輯另一本好書《*The Definitive Guide to Modern Java Clients with JavaFX*》的原始碼庫。

除了有和 `git-gui` 相同的功能來查看變更、提交修訂和拉取 / 推送程式碼之外，GitHub Desktop 還具有一系列進階功能，可以用來更輕鬆地管理您的程式碼：

- 提交歸因
- 以語法突出顯示的差異
- 對影像差異的支援
- 編輯器和殼層的整合
- 拉取請求的 CI 狀態

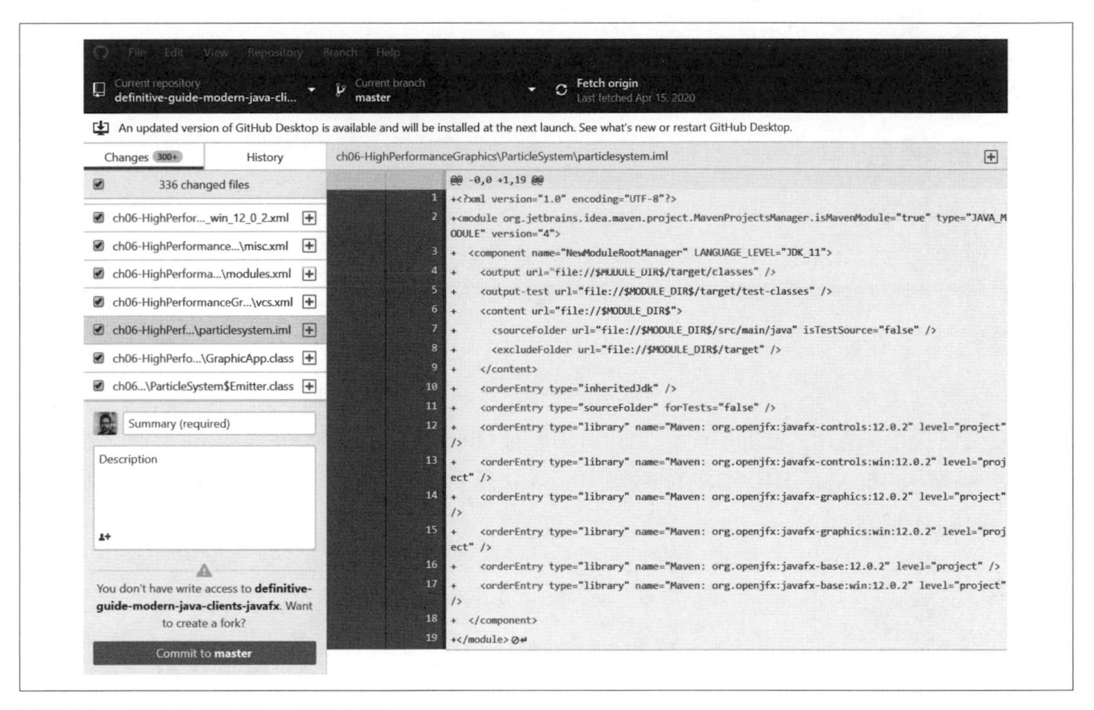

圖 2-11　GitHub 的開源桌面客戶端

GitHub Desktop 可以和任何 Git 儲存庫一起使用，但它也具有專門為了 GitHub 託管的儲存庫而客製化的功能。以下是一些其他流行的 Git 工具：

Sourcetree（*https://www.sourcetreeapp.com*）

Atlassian 製作的免費但專有的 Git 客戶端。它是 GitHub Desktop 的一個很好的替代品，並且對 Atlassian 的 Git 服務 Bitbucket 略為偏好。

GitKraken Client（*https://www.gitkraken.com*）

一個商業且功能強大的 Git 客戶端。它對開源開發人員免費，但商業用途則需付費。

TortoiseGit（*https://tortoisegit.org*）

基於 TortoiseSVN 的免費 GNU 公開授權（GNU Public License, GPL） Git 客戶端。唯一的缺點是它僅適用於 Windows。

其他

Git 網站（*https://oreil.ly/JPi0J*）上維護了完整的 Git GUI 客戶端列表。

Git 桌面客戶端是您可以用的原始碼控制管理工具庫的一個很好的補充品。但是，最有用的 Git 介面可能已經觸手可及，正在您使用的 IDE 中。

Git IDE 整合

許多整合開發環境（integrated development environment, IDE）以標準功能或受到良好支援的外掛程式等形式來提供對 Git 的支援，您非常有可能只需使用最喜歡的 IDE 就可以執行基本的版本控制運算，例如添加、移動和刪除檔案、提交程式碼，以及將變更推送到上游儲存庫。

最流行的 Java IDE 之一是 JetBrains IntelliJ IDEA。它有一個開源社群版本，以及一個為企業開發人員提供附加功能的商業版本。IntelliJ 對 Git 的支援很完整，能夠同步遠端儲存庫的變更、追蹤和提交在 IDE 中執行的變更、以及整合上游的變更。Git 變更集的整合式提交頁籤如圖 2-12 所示。

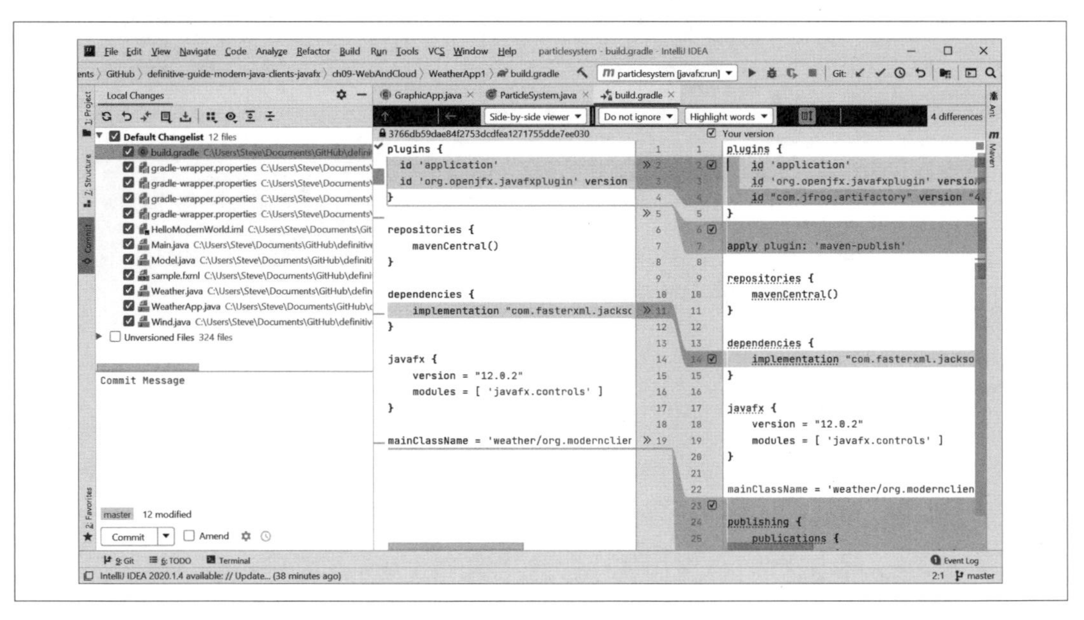

圖 2-12　用於管理工作副本變更的 IntelliJ Commit 頁籤

IntelliJ 提供了一組豐富的功能，您可以使用這些功能來客製化 Git 的行為以適應您的團隊工作流程。例如，如果您的團隊更喜歡 git-flow 或 GitHub Flow 工作流程，您可以選擇在更新時進行合併（下一節中有關 Git 工作流程的更多詳細資訊）。但是，如果您的團隊想要保持 OneFlow 中所規定的線性歷史記錄，您可以選擇在更新時進行重訂基底（rebase）。IntelliJ 還支援原生憑證提供器（native credential provider）以及開源的 KeePass 密碼管理器。

另一個提供強大 Git 支援的 IDE 是 Eclipse，它是一個完全開源的 IDE，擁有強大的社群支援，由 Eclipse 基金會執行。對 Eclipse Git 的支援是由 EGit 專案來提供，該專案是基於 JGit 的，它是 Git 版本控制系統的純 Java 實作。

由於和 Git 的嵌入式 Java 實作緊密整合的緣故，Eclipse 擁有最全功能的 Git 支援。經由 Eclipse 的使用者介面，您幾乎可以完成通常需要從命令行執行的所有運算，包括重訂基底、擇優挑選（cherry-picking）、標記（tagging）、修補（patching）等。從 Preferences 對話框中可以清楚地看到豐富的功能集合，如圖 2-13 所示。此對話框有 12 個配置頁面，詳細說明了 Git 整合的工作原理，並由使用者指南支援操作，該使用者指南本身幾乎就是一本書了，共有 161 頁。

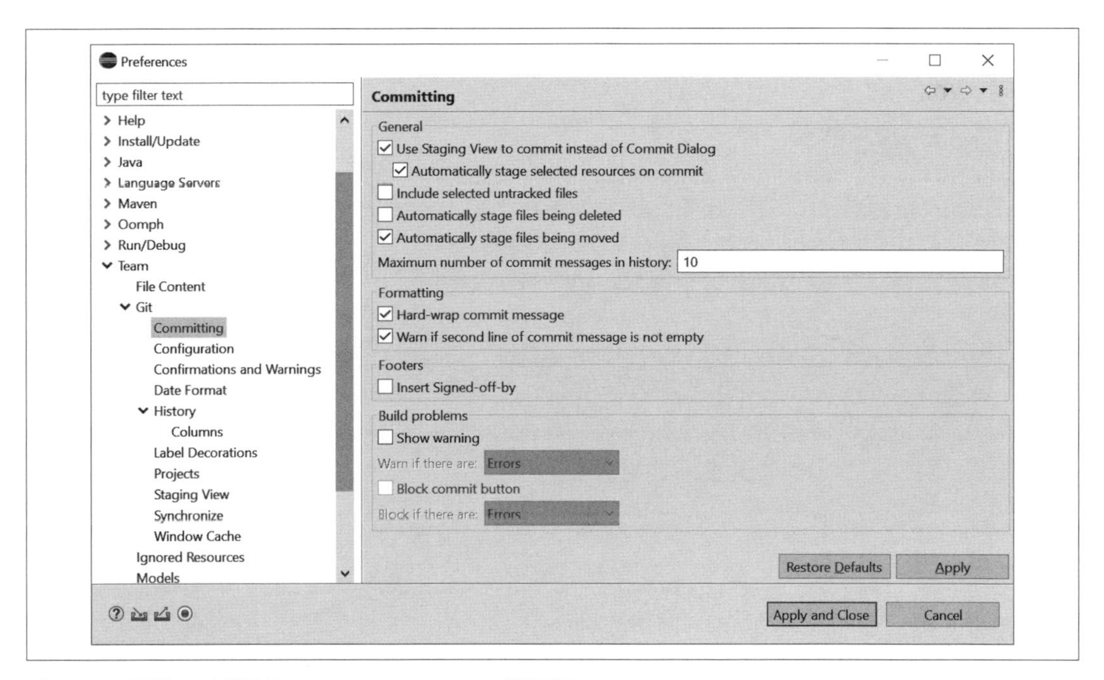

圖 2-13　用於 Git 配置的 Eclipse Preferences 對話框

您可以期待會強力支援 Git 的其他 Java IDE 包括：

NetBeans

提供完全支援來自 IDE 的工作流程的 Git 外掛程式。

Visual Studio Code

開箱即用地支援 Git 以及其他版本控制系統。

BlueJ

由倫敦國王學院建構流行的用於學習的 IDE，在其團隊工作流程中也支援 Git。

Oracle JDeveloper

雖然它不支援複雜的工作流程，但 JDeveloper 確實對複製、提交和推送到 Git 儲存庫提供了基本支援。

到目前為止，在本章中您已將一整套新的命令行、桌面和整合工具添加到您的工具庫中以使用 Git 儲存庫。這一系列受社群和產業支援的工具意味著，無論您的作業系統、專案工作流程、甚至是團隊偏好是什麼，您都將找到完整的工具支援，以讓您的原始碼控制管理工作獲得成功。下一節將更詳細地介紹所有的 Git 工具都有支援的協作樣式。

Git 協作樣式

DVCS 在擴展到擁有數百名協作者的超大型團隊方面有著良好的記錄。在這種規模下，有必要就統一的協作樣式（collaboration pattern）達成一致，以幫助團隊避免重作、避免大型和笨拙的合併、並減少管理版本控制歷史記錄的時間。

大多數專案都遵循中央儲存庫（central repository）模型：指定單一儲存庫為進行整合、建構、以及發布的官方儲存庫。儘管 DVCS 允許非集中式的同儕（peer-to-peer）交換修訂，但最好把這些保留給在只有少數開發人員進行短期努力的情況下使用。對於任何大型專案來說，擁有一個單一的真實系統很重要，並且需要一個每個人都同意的儲存庫來作為官方的程式碼線（codeline）。

開源專案通常只有有限的開發人員擁有對中央儲存庫的寫入權限，而其他提交者則**分叉**（*fork*）專案並發出拉取請求以包含他們的變更。最佳實務是只提出小的拉取請求，並讓拉取請求的建立者以外的人來接受它們。這可以良好地擴展到具有數千名貢獻者的專案，並允許在程式碼庫不太能被瞭解時，由核心團隊進行審查和監督。

但是，對於大多數公司專案來說，具有單一主分支的共享儲存庫是比較被偏愛的。與拉取請求相同的工作流程可用於保持中央或發布分支的整潔，但這簡化了貢獻過程並鼓勵更頻繁的整合，從而減少了合併變更的大小和難度。對於時間緊迫的團隊或遵循具有短迭代的敏捷（Agile）流程的團隊，這也降低了在最後一分鐘整合失敗的風險。

大多數團隊採用的最後一個最佳實務是使用分支來處理功能，然後將其整合回主程式碼線。Git 使得建立短命的分支變得成本很低，因此建立並合併一個被用來完成只需要幾個小時就能完成的工作的分支是很常見的。建立會長期存在的功能分支的風險在於，如果它們與程式碼開發的主幹分開太遠，它們可能會變得難以重新整合。

遵循這些分散式版本控制的一般最佳實務，出現了幾種協作模型。它們有很多共同點，主要在分支的做法、歷史管理、以及整合速度方面存在分歧。

git-flow

Git-flow 是最早的 Git 工作流程之一，其靈感來自 Vincent Driessen 的一篇部落格文章（*https://oreil.ly/v6aI4*）。它為後來的 Git 協作工作流程（如 GitHub Flow）奠定了基礎；然而，git-flow 是一個比大多數專案的需求更複雜的工作流程，並且可以添加額外的分支管理和整合工作。

它的關鍵屬性包括：

開發分支

　　每個功能各有分支

合併策略

　　沒有快轉合併

重訂基底歷史

　　沒有重訂基底

發布策略

　　分別的發布分支

在 git-flow 中，有兩個長期存在的分支：一個用於開發整合，稱為 *develop*，另一個用於最終發布（release）版本，稱為 *master*。開發人員應在根據他們正在開發的功能而命名的功能分支中完成所有的程式碼編寫，並在完成後將它和 develop 分支整合。當 develop 分支具有發布所需的功能時，就會建立一個新的發布分支，用於透過修補程式（patch）和錯誤修復來穩定程式碼庫。

一旦發布分支穩定了並準備好發布後，它就會被整合到 master 分支中，並被賦予一個發布標籤。一旦合併到 master 後，只能應用熱修復（hotfix）修補程式，這是在專用分支上所管理的小變更。這些熱修復修補程式還需要被應用回 develop 分支和需要相同修補程式的任何其他並行版本。圖 2-14 顯示了 git-flow 的範例圖。

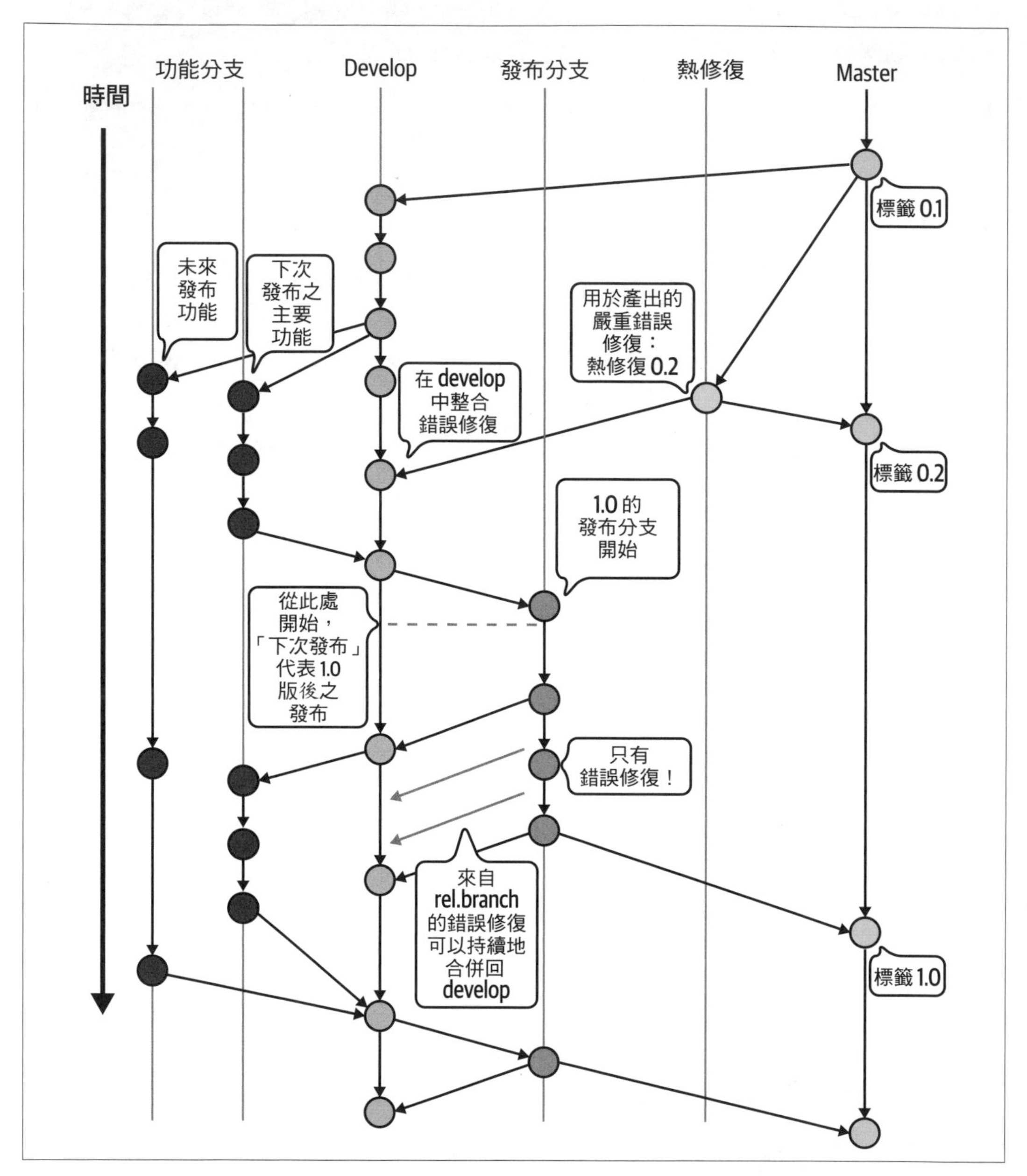

圖 2-14　管理分支並與 git-flow 整合

（來源：Vincent Driessen，創用 CC BY-SA）（*https://oreil.ly/baH6Z*）

由於 git-flow 的設計決策的緣故，它往往會建立複雜的合併歷史。由於不利用快轉合併或重訂基底，每個整合都會成為一次提交，即使使用視覺化工具也很難追蹤並行分支的數量。此外，複雜的規則和分支策略需要團隊培訓，並且難以使用工具來執行，通常需要從命令行介面來完成存入和整合。

Git-flow 最適用於需要平行維護多個發布版本的外顯式版本化專案。通常，Web 應用程式並非如此，它們只有一個最新版本，並且可以透過單一發布分支進行管理。

如果您的專案處於 git-flow 所擅長的最佳位置，那麼它將是一個經過深思熟慮的協作模型。否則，您可能會發現更簡單的協作模型就足夠了。

GitHub Flow

GitHub Flow 是 Scott Chacon 在另一個著名部落格（*https://oreil.ly/l7gTx*）中針對 git-flow 的複雜性而推出的一個簡化的 Git 工作流程。大多數開發團隊都採用了 GitHub Flow 或類似的變體，因為它更容易在實務中實作、處理持續發布的 Web 開發的常見情況、並且具有眾多工具的良好支援。

關鍵屬性包括：

開發分支

每個功能各有分支

合併策略

沒有快轉合併

重訂基底歷史

沒有重訂基底

發布策略

沒有單獨的發布分支

GitHub Flow 採用簡單的分支管理方法，使用 *master* 作為主要程式碼線以及發布分支。開發人員在短期間的功能分支上完成所有工作，並在程式碼通過測試和程式碼審查後立即將它們整合回 master 分支。

一般來說，GitHub Flow 透過一個簡單的工作流程和一個簡單的分支策略善用了可用的工具，並且不使用複雜的參數來實現快轉合併或用重訂基底來替換合併。因此，不熟悉團隊流程或不太熟悉命令行 Git 介面的開發人員會發現 GitHub Flow 很容易使用。

GitHub Flow 協作模型適用於伺服器端和雲端部署的應用程式，其中唯一有意義的版本是最新版本。事實上，GitHub Flow 建議團隊持續部署到生產環境以避免功能堆疊，在其中單一版本建構具有多個功能，這樣會增加複雜性並使其更難確定壞掉的變更。但是，對於具有多個並行版本的更複雜的工作流程，則需要修改 GitHub Flow 以適應這種情況。

GitLab Flow

GitLab Flow 基本上是 GitHub Flow 的擴充，如 GitLab 網站（*https://oreil.ly/P1LzH*）中所述。它採用相同的核心設計原則，即使用 master 作為單一長期存在的分支，並在功能分支上進行大部分開發，但它添加了一些擴充來支援許多團隊已經採用來作為最佳實務做法的發布分支和歷史清理。

關鍵屬性包括：

開發分支

　每個功能各有分支

合併策略

　開放式

重訂基底歷史

　可選的

發布策略

　單獨的發布分支

GitHub Flow 和 GitLab Flow 的主要區別在於添加了發布分支。這是認知到大多數團隊並不會像 GitHub 那樣操作持續部署。擁有發布分支可以在程式碼投入生產之前穩定程式碼；但是，GitLab Flow 建議為 master 製作修補程式，然後擇優挑選它們進行發布，而不是像 git-flow 那樣擁有額外的修補程式分支。

另一個顯著的區別是願意使用 rebase 和 squash 來編輯歷史。透過在提交到 master 之前清理歷史記錄，可以更輕鬆地回溯並閱讀歷史記錄，以發現何時引入了關鍵變更或錯誤。但是，這涉及重寫本地端歷史記錄，並且當該歷史記錄已被推送到中央儲存庫時可能會很危險。

GitLab Flow 是 GitHub Flow 理念對協作工作流程的現代詮釋，但最終您的團隊必須根據您的專案需求來決定功能和分支策略。

OneFlow

OneFlow 是另一個基於 git-flow 的協作工作流程，由 Adam Ruka 提出並在部落格（*https://oreil.ly/euJ37*）中進行了詳細的介紹。OneFlow 和 GitHub/GitLab Flow 都在壓縮分別的開發分支方面進行了相同的調整，以支援功能分支並直接整合到主分支上。但是，它保留了 git-flow 中所使用的發布和修補程式分支。

關鍵屬性包括：

開發分支

　每個功能各有分支

合併策略

　沒有重訂基底時就沒有快轉合併

重訂基底歷史

　推薦進行重訂基底

發布策略

　單獨的發布分支

OneFlow 的另一個重大偏差是它非常傾向於修改歷史記錄以保持 Git 修訂歷史記錄的可讀性。它提供了三種合併策略，具有不同級別的修訂清潔度和回滾（rollback）友善性：

重訂基底

　這會使得合併歷史大多是線性的並且易於遵循。它有一個常見的警告，即推送到中央伺服器的變更集不應該重訂基底，並且由於它們沒有在單一提交中被捕獲，因此回滾變更變得更加困難。

merge -no-ff

這與 git-flow 中使用的策略相同，但缺點是合併歷史在很大程度上是非連續的且難以遵循。

重訂基底 + *merge -no-ff*

這是一個重訂基底的解決方法，它在最後添加額外的合併整合，因此即使它仍然大部分是循序的，它也可以作為一個單位來進行回滾。

OneFlow 是一種深思熟慮後的 Git 協作工作流程方法，它是根據開發人員在大型企業專案中的經驗而建立的。它可以被視為 git-flow 的現代變體，應該能夠滿足任何規模的專案的需求。

基於主幹的開發

上述所有方法都是功能分支開發模型的變體；所有活躍的開發都是在會被合併到主分支或專用的開發分支的分支上完成的。它們利用了 Git 對分支管理的強大支援，但如果功能不夠精細，他們就會遇到困擾團隊數十年的典型整合問題。功能分支處於活躍開發中的時間越長，和其他功能發生合併衝突的可能性就越大，並且在主分支（或主幹）中進行維護。

基於主幹的開發（*trunk-based development*）解決了這個問題，建議所有開發都在主分支上進行，並且只要在測試通過時都會進行非常短的整合程序，而不一定要等待完整的功能完成後再整合。

關鍵屬性包括：

開發分支

可選的，但沒有長期存在的分支

合併策略

僅在使用開發分支時

重訂基底歷史

推薦進行重訂基底

發布策略

單獨的發布分支

Paul Hammant 是基於主幹的開發的堅定倡導者，他建立了一個完整的網站（*https://oreil.ly/HFo0J*）並就該主題寫了一本書。雖然這不是在原始碼控制管理系統上進行協作的新方法，但它是在大型團隊中進行敏捷開發的一種被證明有效的方法，並且在 CVS 和 Subversion 等經典的中央 SCM 以及 Git 等現代 DVCS 上同樣適用。

總結

良好的原始碼控制系統和實務為快速建構、發布和部署程式碼的可靠 DevOps 方法奠定了基礎。在本章中，我們討論了原始碼控制系統的歷史，並解釋了為什麼世界已經轉向採用分散式版本控制。

這種整合建構了一個由原始碼控制伺服器、開發人員工具、以及商業整合所組成的豐富生態系統。最後，透過採用 DevOps 思想領袖的分散式版本控制，您可以遵循最佳實務和協作工作流程，幫助您的團隊成功的採用現代的 SCM。

在接下來的幾章中，我們將深入研究將連接到您的原始碼控制管理系統的系統，包括持續整合、套件管理、以及安全掃描，這些系統允許您快速部署到傳統或雲端原生環境。您正在建構一個全面的 DevOps 平台，這個平台將支援能夠滿足您的品質和部署目標所需的任何工作流程。

第三章

容器簡介

Melissa McKay

> 傻子都能知道事情。重點是理解。
>
> —愛因斯坦

> 一個人知道自己為什麼而活，就可以忍受任何一種生活。
>
> —尼采

在撰寫本文時，容器（container）在生產和其他環境中的使用呈現了指數級成長，有關容器化應用程式的最佳實務仍在討論和定義中。當我們專注於提高效率並考慮特定使用案例時，技術和樣式已經被發展出來，而部落格圈和專業從業者會透過經驗來強烈推薦這些技術和樣式。正如預期的那樣，相當多的樣式和常見用途已經發生演變，還有反樣式（antipattern）也是，我希望本章能幫助您識別和避免這些反樣式。

我自己對容器的嘗試錯誤性的接觸感覺就像捅了馬蜂窩（啊，好痛！）。不可否認的，我對此毫無準備。表面上的容器化（containerization）看似簡單。現在我知道了該如何使用容器來進行開發和部署之後，尤其是在 Java 生態系統中，我希望以一種能夠避免經歷同樣痛苦的方式來傳遞這些知識。本章概述了成功的容器化應用程式所需的基本概念，並討論了*為什麼*您甚至會想要做這樣的事情。

第 4 章討論了微服務（microservice）的整個情況，但在這裡我們將先瞭解微服務部署中您一定會遭遇（如果您還沒有遇到過的話）的基本積木之一：容器。請注意，微服務的概念是一個架構問題，**並不意味著要使用容器**；相反的，是有關部署這些服務的那些議題——尤其是在雲端原生環境中——通常會開始圍繞著容器化的對話。

讓我們從考慮*為什麼*要使用容器開始。做到這一點的最好方法是倒退回去並瞭解我們是如何開始的。耐心是一種美德，如果您堅持下去並讀完這堂歷史課，自然就會讓您更清楚地瞭解容器到底是*什麼*。

理解問題

我敢肯定，我不是唯一一個有「房間裡的大象（elephant in the room[譯註]）」經驗的人。儘管有迫在眉睫的框架、震耳欲聾的噪音、以及忽視它時的潛在危險後果，這個大象般大小的主題還是被允許四處遊盪、而不受挑戰。我親眼目睹了這件事的發生，覺得充滿罪惡感。我甚至會有被稱為大象的獨特樂趣。

在容器化的背景下，我將提出我們需要解決房間裡的*兩隻*大象的論點——用兩個問題的形式來提出：*什麼是容器*？以及*為什麼我們要使用容器*？這些聽起來很簡單。怎麼可能會有人錯過這些基本的起點呢？

也許是因為微服務運動現在比以往任何時候都更容易引發關於部署容器的討論，而我們會擔心錯過此事。也可能是因為在極受歡迎的 Kubernetes 中預設會使用容器來實作，而「我們的 K8s 叢集」是在我們的談話中出現的一個很酷的新名詞。甚至可能只是因為我們正在遭受 DevOps 生態系統中新技術和工具的衝擊，作為開發人員（同樣是 Java 開發人員），我們擔心如果自己停下來發問，就會被遠遠拋在後面。不管原因為何，在我們深入瞭解如何建構和使用容器的細節之前，必須解決這些*是什麼*以及*為什麼*的問題。

我非常感謝多年來有幸與之共事的那些極其優秀的同事和導師。我經常回憶起自己職涯成長期中的一個睿智建言，它很簡單，而且它已成為我的口頭禪——在任何專案開始以及繼續工作時總是要一直重覆的問一個問題：*您要解決的問題是什麼*？您的解決方案是否會成功將會透過它滿足此要求的程度來進行衡量，也就是它是否確實解決了最初的問題。

仔細考慮您是否從一開始就在解決正確的問題。要特別警惕的去拒絕看起來只是實際上的實作指令的問題陳述，例如：*透過將應用程式分解為容器化微服務來提高應用程式的效能*。像這樣的問題陳述會更好：*為了減少客戶完成目標所需的時間，請將應用程式的效能提高 5%*。請注意，後一種說法包括衡量成功的明確度量，並且不限於微服務實作。

同樣的原則也適用於您日常選擇使用什麼工具、選擇在其中編寫程式碼的框架和語言、選擇如何設計系統、甚至如何將軟體封裝和部署到生產環境中。您所做的選擇解決了什麼問題？您怎麼知道您是否選擇了最適合這項工作的工具？一種方法是瞭解那正被審視的工具想要解決的問題是什麼。而做到這一點的最好方法就是看看它的歷史。這種做法應該可以適用在您選擇來要使用的每個工具。我保證您會在瞭解它們的歷史的情況下做出更好的決定，並且會從避開已知的陷阱中受益，或者至少有一些理由來說服您接受一些不利因素並繼續前進。

譯註　指問題太麻煩而沒人想要處理。

我的計畫不是讓您完全厭倦歷史細節，但在開始將擺在您面前的每一段程式碼進行容器化之前，您應該瞭解一些基本資訊和重要里程碑。透過更瞭解原始問題以及由此而產生的解決方案，您將能夠聰明地解釋為什麼要選擇使用容器來進行部署。

我不想一路回到宇宙大爆炸時，但我要回到 50 多年前，主要是為了說明虛擬化（virtualization）和容器化並不是新的事物。事實上，這個概念已經被研究和改進半個多世紀了。我挑選了一些要點來強調，這可以讓我們快速上手。這不是一本關於所提到的那些主題的深入技術手冊——而只是想要讓您能夠瞭解它們隨著時間的推移而取得的進展，以及我們最終是如何達到今天的水準。

讓我們開始吧。

容器的歷史

在 1960 年代和 70 年代，計算資源通常非常有限而且昂貴（按照今天的標準），流程需要很長時間才能完成（同樣，按照今天的標準），電腦長時間專門用於單一使用者的單一任務是很常見的。開始有了一些努力來改善計算資源的共享，並解決這些限制帶來的瓶頸和低效率。但僅僅能夠共享資源是不夠的。需要一種共享資源的方法，而不會互相妨礙或讓一個人無意中導致整個系統崩潰。先進的虛擬化技術開始滲透到硬體和軟體上。軟體的其中一個發展是 `chroot`，我們將從這裡開始。

1979 年，在 Unix 第七版的開發過程中，`chroot` 被開發出來，然後在 1982 年被添加到 Berkeley Software Distribution（BSD）。該系統命令變更了程序（process）及其子程序的明顯根目錄，從而導致檔案系統的視野受到限制，以便（例如）為測試不同的發布版本提供環境。儘管這是朝著正確方向邁出的一步，但 `chroot` 只是提供目前我們所需要的應用程式隔離這條道路上的一個開始。2000 年時，FreeBSD 擴充了這一概念，並在 FreeBSD 4.0 中引入了更複雜的 `jail` 命令和工具程式。它的功能（在後來的 5.1 和 7.2 版本中得到了改進）有助於進一步隔離檔案系統、使用者和網路，還包括為每個 `jail` 分配 IP 位址的能力。

2004 年，Solaris Containers 和 Zones 透過為應用程式提供完整的使用者、程序和檔案系統空間以及對系統硬體的存取權限，帶我們更進一步。Google 在 2006 年加入了它的***程序容器***（*process container*），後來更名為 *cgroups*，它是以隔離和限制程序的資源使用為中心。2008 年，*cgroups* 被合併到 Linux 核心（kernel）中，與 Linux 命名空間（namespace）一起，導致 IBM 開發了 Linux Containers（LXC）。

現在事情變得更有趣了。Docker 於 2013 年開放原始碼。同年，Google 提供了 Let Me Contain That For You（lmctfy）開源專案，該專案使應用程式能夠建立和管理自己的子容器。自從那時起，我們看到容器的使用呈現爆炸式成長，尤其是 Docker 容器。最初，Docker 使用 LXC 作為其預設執行環境，但在 2014 年，Docker 選擇將它使用的 LXC 工具集替換為使用 *libcontainer* 來啟動容器，那是一種用 Go 編寫的原生解決方案。不久之後，lmctfy 專案停止了積極開發，目的是要進行聯合以及將核心概念遷移到 libcontainer 專案。

在這段時間裡發生了更多的事情。我故意跳過有關其他專案、組織和規範的更多細節，因為我想跳到 2015 年的某個特定活動。這個活動特別重要，因為它會給您一些隱藏在市場變化背後的活動和動機的內情，尤其是關於 Docker 的。

2015 年 6 月 22 日，開放容器倡議（Open Container Initiative, OCI）（*https://oreil.ly/Vsr6U*）宣布成立，這是 Linux 基金會（Linux Foundation）（*https://oreil.ly/J5ioU*）下的一個組織，其目標是為容器執行時期（runtime）和映像（image）規範建立開放標準。Docker 是一個重要的貢獻者，但 Docker 宣布這個新組織的參與者包括了 Apcera、Amazon Web Services（AWS）、Cisco、CoreOS、EMC、Fujitsu、Google、Goldman Sachs、HP、Huawei Technologies、IBM、Intel、Joyent、Pivotal Software、Linux 基金會、Mesosphere、Microsoft、Rancher Labs、Red Hat 和 VMware。顯然，容器及其周圍的生態系統的發展已經達到了吸引如此多關注的重要階段，並且已經發展到建立一些共同點將可以有利於所有相關方的地步。

在宣布成立 OCI 時，Docker 還宣布打算捐贈其基本容器格式和執行時期 runC。很快的，*runC* 就成為 OCI 執行時期規範（OCI Runtime Specification）（*https://oreil.ly/lLia7*）的參考實作，2016 年 4 月捐贈的 Docker v2 Schema 2 映像格式成為 OCI 映像格式規範（OCI Image Format Specification）（*https://oreil.ly/mmPu4*）。這些規範的 1.0 版（*https://oreil.ly/y6QwF*）均於 2017 年 7 月發布。

runC 是對 libcontainer 的重新封裝，符合 OCI 執行時期規範的要求。事實上，在撰寫本文時，runC（*https://oreil.ly/hbUaP*）的原始碼中包含了一個名為 libcontainer 的目錄。

隨著容器生態系統的發展，這些系統的編排也在快速發展。2015 年 7 月 21 日，OCI 成立一個月後，Google 發布了 Kubernetes v1.0。與此版本一起，雲端原生計算基金會（Cloud Native Computing Foundation, CNCF）（*https://www.cncf.io*）與 Google 和 Linux 基金會合作之下成立。Google 在 2016 年 12 月與 Kubernetes v1.5 一起發布的重要的另一步是容器執行時期介面（Container Runtime Interface, CRI）的開發，它建立了允許 Kubernetes 的機器常駐程式（daemon）*kubelet* 去支援替代性的低等級容器執行時期的抽象化等級。2017 年 3 月，同為 CNCF 成員的 Docker 貢獻了由其開發之與 CRI 相容的執行時期容器，以便將 runC 整合到 Docker v1.11 中。

2021 年 2 月時，Docker 向 CNCF 捐贈了另一個參考實作。本次的貢獻集中在映像的散佈（推送和拉取容器映像）上。三個月後的 2021 年 5 月，OCI 發布了基於 Docker Registry HTTP API V2 協議的 OCI Distribution Spec 1.0 版本（*https://oreil.ly/JfGvb*）。

今天，容器和編排系統（如 Kubernetes）的使用是雲端原生部署的典型特徵。容器是在各種主機之間保持靈活部署的重要因素，並且在擴展分散式應用程式方面發揮著巨大作用。包括 AWS、Google Cloud、Microsoft Azure 等在內的雲端供應商正在使用共享基礎架構和按使用付費的儲存空間來不斷擴大他們的產品。

恭喜你度過了那段歷史！在短短的幾段文字中，我們跨越了 50 多年的發展和進步，向您介紹了許多目前已演變成解決方案的專案，以及在容器及其部署環境中使用的一些常用術語。您還瞭解了 Docker 對當今容器狀態的貢獻——這使得這是深入瞭解容器生態系統、容器背後的技術細節，以及能夠發揮作用的實作組件的絕佳時機。

可是等等！在我們深入探討之前，讓我們討論一下第二頭大象。您對發生了**什麼**事情瞭解了很多，但**為什麼**產業會以這種方式轉變呢？

為什麼是容器？

知道什麼是容器以及如何描述它們是不夠的。要明智地談論它們，您應該對**為什麼**使用它們的原因有所瞭解。使用容器有什麼好處？考慮到您現在對容器及其歷史的瞭解，其中一些可能看起來很明顯，但在加入戰鬥之前還是值得深入瞭解一下。專案變更和任何新技術堆疊的引入都應該是經過深思熟慮後的成本效益分析。隨波逐流本身並不是一個足夠好的理由。

您的第一個問題可能會類似**為什麼容器是開發人員關心的問題**？這確實是一個正確的問題。如果容器只是一種部署方法，那麼這似乎應該是操作的駕駛室中。正是在這裡，我們接近了開發和營運之間的模糊界限，這是 DevOps 思維方式的一個爭論。從開發人員的角度來看，將您的應用程式封裝到容器中需要比您最初能想像的還要更多的思考和遠見。在您瞭解了一些最佳實務以及其他人曾經遇到的一些問題之後，您會發現**當**開發自己的應用程式時會考慮封裝。該程序的某些方面將推動您做出有關應用程式或服務如何使用記憶體、如何使用檔案系統、如何插入可觀察性掛鉤（observability hook）、如何允許不同配置、以及如何與其他服務（例如資料庫）進行通訊。這些只是其中的幾個例子。最終，這將取決於您的團隊的組織方式，但對於 DevOps 團隊來說，我希望作為一個開發人員，瞭解如何建構和維護容器映像以及瞭解容器環境將是有價值的。

我最近有機會參加了開發者大會（The Developer's Conference）上的 Cloud and DevOps 國際議程小組討論，題目為「雲端效率和簡單性：未來會帶來什麼？（Cloud Efficiency and Simplicity: What Will the Future Bring?）」。作為本次討論的一部分，我們討論了可用技術的目前狀態以及我們期望在哪些方面進行更多簡化。我在討論中介紹了以下問題 / 類比：*如果期望我們自己建造汽車，我們今天有多少人會駕駛汽車*？我們仍處於此領域中眾多技術的早期階段。全功能產品的製造商的市場已經成熟，這些產品允許我們的軟體和服務充分地利用雲端服務必須要提供的可擴展性、可用性和彈性，並以降低複雜性的方式進行封裝。但是，我們仍在設計用於建構此類產品的各個部件和部份。

容器是朝著這個方向邁出的一大步，它在應用程式的封裝和將要部署它的基礎架構之間提供了一個有用的抽象等級。我期待開發人員將不再需要參與容器等級的細節，但就目前而言，*我們還是要這樣做*。至少，我們應該要參與它，以確保開發問題獲得解決。為此，也為瞭解決任何關於為何您應該要提出容器主題的疑問，讓我們進一步瞭解更多吧。

想想封裝、部署和執行 Java 應用程式所需的一切。要開始開發時，您需要將特定版本的 Java 開發工具包（Java Development Kit, JDK）安裝到您的開發機器上。然後，您可能會安裝一個依賴項管理器（dependency manager），例如 Apache Maven 或 Gradle，以拉取您選擇在應用程式中使用的所有必需的第三方程式庫，並將其封裝到 WAR 或 JAR 檔案中。此時，它可能已準備好部署到……*某個地方*了。

問題就從這裡開始了。生產伺服器上安裝了什麼——什麼版本的 Java 執行時期、什麼應用伺服器（例如，JBoss、Apache Tomcat、WildFly）？生產伺服器上執行的其他程序是否可能會干擾您的應用程式的效能？您的應用程式是否出於任何原因需要 root 存取權限，並且您的應用程式的使用者是否被設定了正確的權限？您的應用程式是否需要存取資料庫或 API 等外部服務以進行活動或良好檢查？在回答這些問題之前，您是否可以存取專用的生產伺服器，或者您是否需要開始要求為您的應用程式配置伺服器的程序？然後，當您的應用程式因繁重的活動而產生壓力時會發生什麼——您是否能夠快速的自動擴展，還是必須重新開始配置程序？

考慮到這些問題，很容易理解為什麼使用了虛擬機器（virtual machine, VM）的虛擬化（virtualization）成為如此有吸引力的選擇。在隔離應用程式程序時，VM 提供了更大的靈活性，而對 VM 進行快照的能力可以提供部署的一致性。但是，VM 映像通常很大而且不容易移動，因為它們包含了整個作業系統，而這貢獻了它們的整體容量。

在第一次向其他開發人員介紹容器時，我有好幾次收到這樣的回應：「哦！所以容器就像一個虛擬機器？」雖然將容器類比成 VM 很方便，但還是存在著一個重要區別。VM（VMware vSphere、Microsoft Hyper-V 等）是硬體的抽象化，模擬了一個完整的伺服器。從某種意義上說，整個作業系統都包含在一個虛擬機器中。虛擬機器由稱為 *hypervisor* 的軟體層來管理，它會根據需要來劃分和分配主機資源給虛擬機器。

另一方面，容器不像傳統的虛擬機器那麼笨重。例如，我們可以將 Linux 容器視為共享主機作業系統的 Linux 發布版，而不是包含整個作業系統。如圖 3-1 所示，VM 和容器是不同的抽象等級，Java 虛擬機器（Java Virtual Machine, JVM）也是如此。

JVM 是在所有這些中扮演什麼角色？當**虛擬機器**之類的術語被過度使用時，它會變得令人混淆。JVM 是一個完全不同的抽象化，它是一個**程序**虛擬機器，而不是**系統**虛擬機器。它的主要關注點是為 Java 應用程式提供 Java 執行時期環境（Java Runtime Environment 或 JRE，為 JVM 的實作）。JVM 將主機的處理器虛擬化以執行 Java 位元組碼（bytecode）。

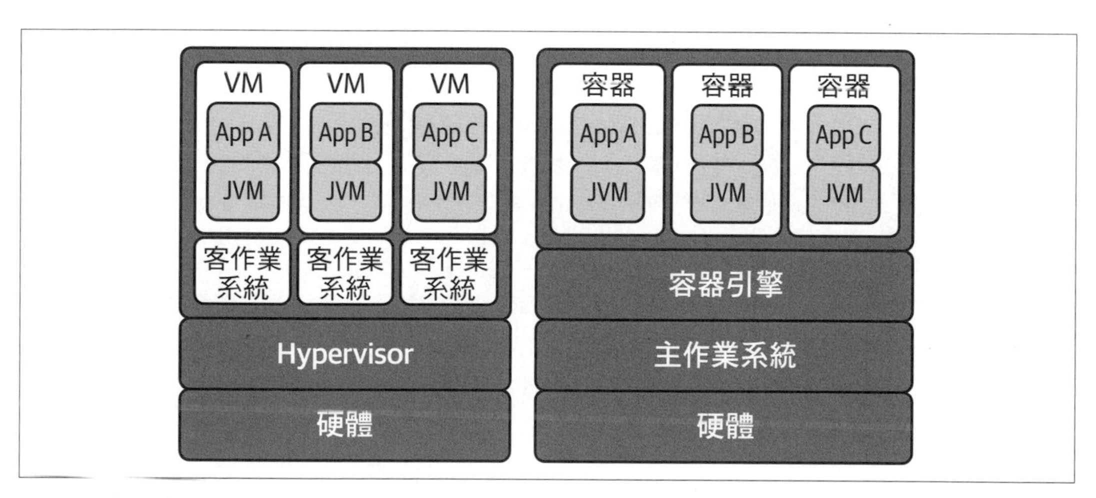

圖 3-1　虛擬機器與容器

容器是一種輕量級的解決方案，它有望解決有關應用程式的一致性、程序隔離、以及作業系統等級依賴關係的大部分問題。這種用以封裝服務或應用程式的方法可以利用快取機制，從而大大減少了部署、啟動、和執行應用程式所需的時間。不用再等待客製化的配置和設定，而是將容器部署到現有基礎架構——不論是可利用的專用伺服器、私有資料中心內的現有 VM 、還是雲端資源。

即使您選擇不在生產環境中使用容器，也建議您考慮和開發以及測試環境相關的其他幾個使用案例。

將新開發人員加入團隊的一大挑戰是建立本地端開發環境所花費的時間。人們普遍認為，開發人員需要一段時間才能貢獻出他們的第一個錯誤修復或改進。雖然有一些公司規定了要使用的開發工具（一致性通常被認為可以提高支援工作並因此提高效率），但現今的開發人員比以往任何時候都有更多的選擇。我認為，當開發人員已經習慣了不同的東西時，強迫他們使用特定的工具集實際上只會產生相反的效果。坦白說，在許多案例中，它只是不再被需要了——尤其是現在我們已經可以使用容器了。

容器有助於保持執行時期環境的一致性，並且在正確配置後，可以輕鬆地在開發、測試、或生產模式下啟動。由於缺少依賴項，您的服務或應用程式在這些環境中會表現不同的風險會大大降低，因為環境是隨著容器映像中的應用程式一起提供的。

這種可移植性提高了開發人員在本地端環境中對變更進行健全性測試（sanity-test）的能力，以及部署和生產環境中相同版本的程式碼以重現錯誤的能力。使用容器進行整合測試還帶來了額外的好處，也就是可以盡可能地接近生產環境。例如，您現在可以啟動和生產環境中所使用的資料庫版本相匹配的容器，而不是使用記憶體內（in-memory）資料庫來進行整合測試。為此目的而使用像是 TestContainers 這樣的專案將防止由於 SQL 語法略有不同或資料庫軟體版本之間的其他差異而導致的行為異常。以這種方式使用容器可以避免將新軟體或同一軟體的多個版本安裝到本地端電腦的複雜性，從而提高了效率。

如果到目前為止我們對容器已經有所瞭解的話，那就是它們很可能會以不只一種形式存在。本節首先說明了過去幾年來容器的使用量呈指數性成長，圍繞著容器生態系統而不斷開發和改進的工具集已經在開發和營運程序中站穩了腳跟。撇開朝著完全不同的方向取得了巨大且未知的進步（請記住，容器背後有 50 多年的歷史）這件事之外，建議您瞭解容器生態系統以及如何充分利用這項技術優勢。

容器解剖學簡介

作為開發人員，我對容器的第一次體驗是來自一個由第三方承包商開發的專案，現在我的團隊負責它的進一步開發和維護。除了將初始程式碼庫帶入我們的內部 GitHub 組織之外，還需要進行大量設定以建立我們和專案相關的內部 DevOps 環境——設定我們的持續整合和部署（CI/CD）生產線以及我們的開發和測試環境，當然還有我們的部署程序。

我將這種經歷比喻成整理我的辦公桌（在疏於整理的日子之後更是如此）。我將在這裡完全揭露我的個人習慣，但為了說明這一點是值得的。清理我的辦公桌最耗時的部分是一堆紙張和信件，這些紙張和信件總是增高到會翻倒的地步。帶著這些東西衝進屋裡——因為我腦子裡還有其他緊急任務——然後直接把它們放在廚房的流理檯上非常方便……而且我經常把它們放在已經存在的一疊紙張上，同時又掛保證說晚一點就會處理。問題是，我永遠不知道裡面有什麼，這堆紙可能包含需要支付的帳單、需要歸檔的重要文件、或者需要回應和考慮放在我們的家庭行事曆上的邀請或信件。我經常用完我預計花在處理它們的時間，這只會導致大量被忽視的聯絡事項。

對於我的團隊負責的專案，我的第一步是隱喻性地清理桌子。我在原始碼中找到的 Dockerfile 相當於處理那一堆可怕的紙張。儘管完成它並學習概念是必要的，但我覺得我正在跳脫手頭的任務的正軌。在開始一個新專案時，學習一項新技術的時間有時並沒有被分配在專案規劃期間內，即使它會為專案時程增加了變數和固有風險，但這並不意味著永遠不應該引入新技術。隨著產業的發展和變化，開發人員絕對需要學習新事物，但最好透過限制導入專案的新技術數量，或提前瞭解時程的可變性來降低風險。

Dockerfile 是一個文本檔案，其中包含為您的容器提供藍圖的指引。這個檔案通常被命名為 *Dockerfile*，雖然最初是特定於 Docker 的，但由於它的廣泛使用，其他映像建構工具也支援使用 Dockerfile 來建構容器映像（例如 Buildah、kaniko、以及 BuildKit）。

此處提供的資訊並不是要作為已存在的說明文件的複習（例如，線上的 Docker 入門指南（*https://oreil.ly/Tez72*）非常出色）。相反的，我希望以一種能讓您瞭解基礎知識的方式來剝開洋蔥皮，並為您提供直接的價值和足夠的細節，以便您更能估計需要做些什麼才能把自己的辦公桌清理乾淨，並為業務做好準備。您現在掌握了很多關於容器以及它們是如何形成的資訊。下一部分將介紹您作為開發人員將接觸到的術語和功能。

容器和映像的關鍵術語

容器的世界有它自己的詞典，您會經常遇到以下術語：

容器（*container*）

: 應用程式及其所有必需的依賴項和系統資源的封裝，這些資源在主機上的被隔離的「空間」內執行。容器共享主機的作業系統和核心，但使用了被允許隔離在容器內執行的程序以及在同一主機上的其他程序的低階功能。容器可以支援應用程式或服務在計算環境之間的可攜性，而不會因為依賴集不同而導致行為發生變化。

容器映像（*container image*）

一個不可變的可執行二進位檔案，提供建立容器所需的所有依賴項和配置。它包含了所有的環境配置，並明確定義了容器在啟動後可以存取的所有資源。映像可以被認為是儲存為檔案庫（archive）的完整檔案系統的快照，它可以被解壓縮並在包含了一組根檔案系統的變更的語境下執行。

基底映像（*base image*）

映像可以從其他映像繼承而來，並且許多映像是根據來自基底映像的一組初始依賴項和配置而建構的。常用的基底映像可以指定一個基底作業系統和 / 或包含一個特定的套件或一組依賴項。基底映像不會基於任何其他映像，它使用命令 `scratch` 作為此映像的 Dockerfile 的第一行。

基於另一個映像的映像將在 Dockerfile 的第一行中指定它繼承來的映像，也稱為父映像（*parent image*）。父映像不一定要是基底映像。

映像 *ID*（*image ID*）

建構映像時，會為其指派一個唯一性的 ID，該 ID 採用 SHA-256 雜湊（hash）的形式，該 ID 是由映像的元資料（metadata）配置檔案的內容計算得來。

映像摘要（*image digest*）

根據映像清單（image manifest）檔案的內容計算出來的 SHA-256 雜湊形式的唯一性 ID。

映像清單（*image manifest*）

包含有關容器映像的元資料的 JSON 檔案。它包含映像元資料配置檔案和所有映像層的映像摘要。

映像層（*image layer*）

映像由映像層組成。映像層是從 Dockerfile 中每個指定的命令所產生的中間映像。在建構期間執行命令時，會建立一個相對應的層，其中包含對前一層所做的變更。從基底層開始，後續層會按順序堆疊，每一層由前一層的變更增量（delta）組成。

映像標籤（*image tag*）

用來指向映像儲存庫中特定映像二進位檔案（binary）的別名。該標籤可以設定為任何文字，但通常會用來指示所指映像的特定版本。標籤對於映像二進位檔案是唯一性的；但是，映像二進位檔案可以有多個標籤。此功能通常與語意版本控制（semantic versioning）一起使用，以在當最新的主要版本可用時標記最新的次要版本和 / 或修補版本。

請注意，映像標籤並不總會是在所有專案中始終如一地使用，而且也不是不可變的，這意味著標籤可能會被有意地——或甚至是錯誤地——從一個二進位檔案移動到另一個二進位檔案。從公共容器註冊表中被提取且今天被標記為 3.2.1 版本的映像不能保證會和該映像明天的 3.2.1 版本是相同的二進位檔案。

映像儲存庫（*image repository*）（映像名稱）

儲存映像的所有版本，使其可用於發布。映像儲存庫的名稱通常被稱為**映像名稱**（*image name*）。

容器註冊表（*container registry*）

一個容器映像庫，用來儲存映像儲存庫的集合。您經常會聽到 ***Docker* 註冊表**（*Docker registry*）和**容器註冊表**被交換使用；但是，請注意，容器註冊表可能不支援特定於 Docker 和 OCI 映像的所有映像格式。

Docker 架構和容器執行時期

就像 Kleenex 是一個紙巾品牌一樣，Docker 是一個容器品牌。Docker 公司圍繞容器化開發了一個完整的技術堆疊。因此，儘管 *Docker* 容器和 *Docker* 映像這兩個術語已經有些通用化，但當您將 Docker Desktop 之類的東西安裝到您的開發機器上時，您獲得的不僅僅是執行容器的能力。您將獲得一個完整的容器平台，使開發人員可以輕鬆方便地建構、執行和管理它們。

重要的是要瞭解建構容器映像或執行容器並不需要安裝 Docker。它只是一個廣泛被使用且方便的工具。和您可以在不使用 Maven 或 Gradle 的情況下封裝 Java 專案的方式非常相似，您可以在不使用 Docker 或 Dockerfile 的情況下建構容器映像。對於剛接觸容器的開發人員，我的建議是先利用 Docker 所提供的工具集，然後再嘗試其他的選項或方法，以便能進行比較。即使您選擇使用其他工具來代替或加強 Docker，還是需要花費大量時間和精力來設計良好的開發人員體驗，僅此一項就可以讓在您的開發環境中包含 Docker Desktop 這件事獲得很大的加分。

使用 Docker，您可以獲得一個使用者 / 應用程式可以在其中運作的隔離環境，共享主機系統的作業系統 / 核心程式，而不會干擾同一系統（容器）上另一個隔離環境的運作。Docker 使您能夠執行以下操作：

- 定義一個容器（一種映像格式）
- 建構容器的映像
- 管理容器映像
- 發布 / 共享容器映像
- 建立容器環境
- 啟動 / 執行容器（容器執行時期）
- 管理容器實例的生命週期

容器環境包含的遠不止 Docker 而已，但許多容器工具集的替代方案只聚焦在這些項目的一部份。從瞭解 Docker 的運作方式開始有助於理解和評估這些替代方案。

很多描述 Docker 架構的圖片和圖表都是現成的。進行線上影像搜尋很可能會得到圖 3-2 的版本。這張圖很好地展示了 Docker 是怎麼在您的開發機器上工作的——Docker CLI 是您可以向 Docker 常駐程式發送命令的介面，以讓您建構映像、從外部註冊表（預設為 Docker Hub）檢索請求的映像、在本地端儲存區中管理這些映像、然後使用這些映像在您的機器上啟動和執行容器。

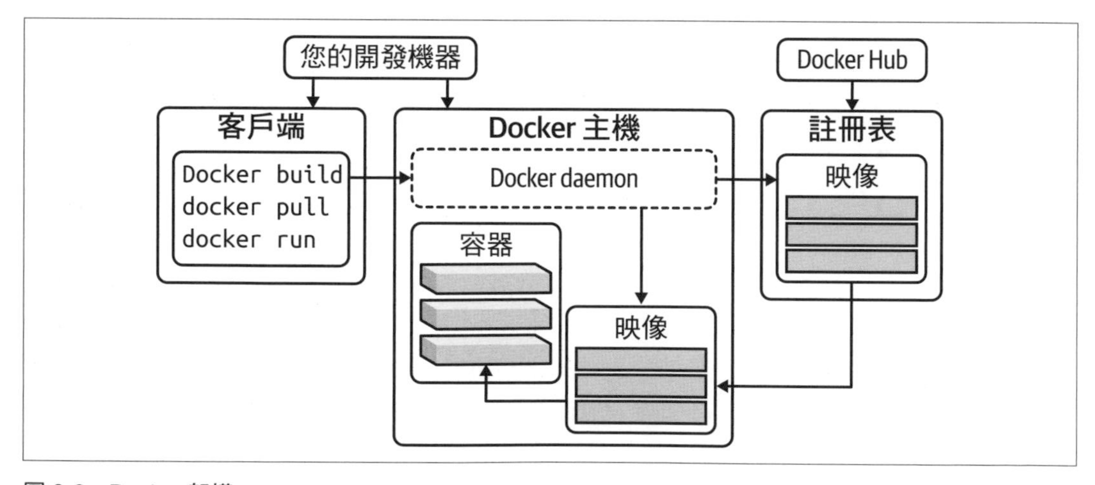

圖 3-2　Docker 架構

首次進入這一領域時，最令人困惑的概念之一是對 Docker 生態系統的一個層面的關注：**容器執行時期**（*container runtime*）。重申一下，這只是 Docker 提供的整個技術堆疊的一部分，但是因為像 Kubernetes 這樣的編排框架需要這部分功能來啟動和執行容器，所以它通常被說是獨立於 Docker 的實體（對於替代性的容器執行時期，它的確是）。

容器執行時期這個主題值得本節單獨討論它，因為對於容器世界的新手來說，它可能是最令人困惑的層面之一。更令人困惑的是，容器執行時期分為兩個不同的類別，低等級或高等級，具體取決於實作的功能為何。為了讓您保持警惕，它們的功能集裡面可能會出現一些重疊。

這是一個展示容器執行時期是如何和您之前所瞭解的 OCI 以及 containerd 和 runC 等專案相結合的視覺效果的好地方。圖 3-3 說明了 Docker 的新舊版本之間的關係、高等級和低等級執行時期、以及 Kubernetes 的適用範圍。

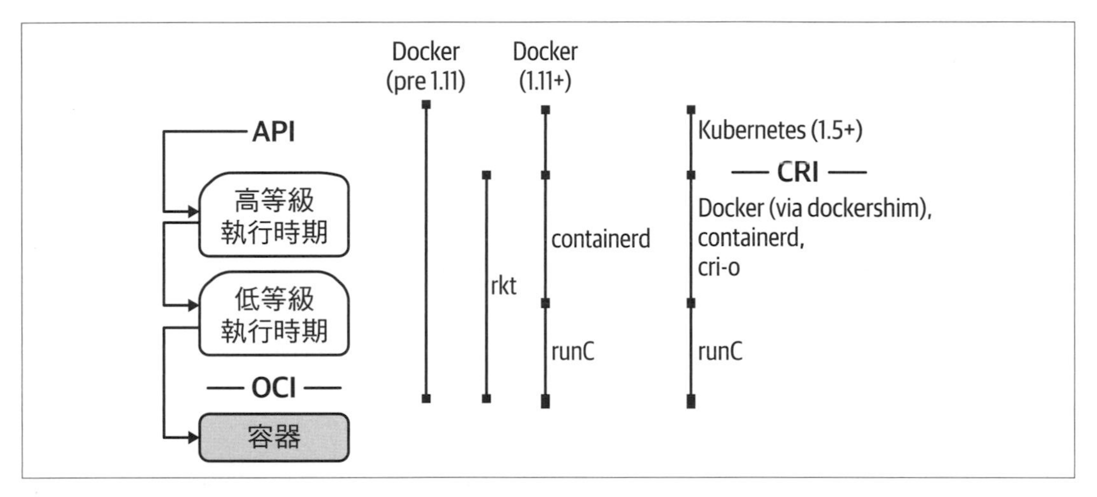

圖 3-3　容器生態系統中的執行時期

我看到過的有關容器執行時期的細節與歷史觀點的最佳解釋之一，是由 Google 雲端平台團隊的開發者倡導者 Ian Lewis 所撰寫的部落格系列（*https://oreil.ly/Y2Fow*）。

在 1.11 版（2016 年發布）之前，Docker 可以被描述為一個整體應用程式，它包含了執行時期所需的整個功能集以及其他管理工具。在過去的幾年裡，Docker 對其程式碼庫進行了相當多的重組，開發了抽象化並提取了離散的功能。由 Docker 貢獻給 OCI 的 runC 專案正是源自於這個努力。這是實作 OCI 執行時期規範（OCI Runtime Specification）的第一個也是（在一段時間內）**唯一**一個低等級容器執行時期的實作。

還有其他的執行時期存在著，在撰寫本文時，這還是一個活躍的空間，因此請務必參考 OCI（*https://oreil.ly/Vro14*）所維護的目前列表以獲取最新資訊。值得注意的低等級執行時期專案包括 *crun*，它是由 Red Hat 所領導的 C 語言實作；還有 *railcar*，一個由 Oracle 所領導的 Rust 實作，不過這個專案現在已經被封存了。

CoreOS rkt 的現狀

CoreOS 於 2018 年初被 Red Hat 收購。在此之前，*rkt*（一個 CoreOS 倡議）已被 CNCF 作為育成專案接受，並有望成為 Docker 的 containerd 專案的有力競爭者。然而，自從 CoreOS 被收購後，該專案的開發就處於休眠狀態。2019 年中，rkt 被 CNCF 封存，2020 年 2 月專案結束。

目前 rkt 容器仍然可以使用，因為它的程式碼仍然在 GitHub（*https://oreil.ly/GqSMj*）上可用，但所有維護和開發活動都已停止。

發展一個規範是一項具有挑戰性的壯舉，在 OCI 執行時期規範上的協作同樣具有挑戰性。在 1.0 版發布之前，確定邊界是什麼──規範中應該包含什麼和不應該包含什麼──需要一些時間。然而，很明顯的，只實作 OCI 執行時期規範並不足以推動實作的採用。由於我們關心的不僅僅是容器的啟動和執行，因此需要額外的功能來使開發人員可以使用低等級執行時期。

這將我們導向更高等級的執行時期，例如 *containerd* 和 *cri-o*，截至本文撰寫之時，這兩個主要參與者包含了針對容器編排的許多問題的解決方案，包括映像管理和發布。這兩個執行時期都實作了 CRI（它簡化了到 Kubernetes 部署的路徑）並將低等級容器活動委託給符合 OCI 的低等級執行時期（例如，runC）。

Kubernetes 棄用 Docker 容器執行時期

Kubernetes 宣布，在 1.20 版中，對 Docker 執行時期的支援將在未來的版本中被棄用和刪除（在撰寫本文時，將會在 1.24 版中刪除）。以下是直接來自 1.20 變更日誌（*https://oreil.ly/W7h1N*）的資訊：

kubelet 中的 Docker 支援現已棄用，並將在未來的版本中刪除。kubelet 使用一個實作了對 Docker 的 CRI 支援名為「dockershim」的模組，並且在 Kubernetes 社群中出現了維護議題。我們鼓勵您評估遷移到完整實作了 CRI（符合 v1alpha1 或 v1）的容器執行時期，當它們可以用的時候。

這是什麼意思呢？ Docker 不再是 Kubernetes 部署的可行工具集了嗎？這是否意味著您不能再使用 Docker Desktop，或者您應該投入更多時間來學習 Docker ？我很高興您問了。讓我們把問題分解成相關的部署和開發問題。

Kubernetes 是一個編排框架，它根據給定的配置來管理容器的部署和擴展。為此，一個名為 *kubelet* 的節點代理會在每個節點上執行並管理配置的容器——這意味著 kubelet 必須與容器執行時期進行溝通。

當 Kubernetes 受到挑戰要去支援除了 Docker 執行時期之外的替代容器執行時期時，困難就此開始。Kubernetes 透過 *dockershim* 模組來支援 Docker 作為執行時期。請記住，Docker 是一個完整的技術堆疊，不只包含執行時期。dockershim 模組是為了 Docker 執行時期而實作 CRI 支援的方式，但由於 Docker 成功地取出 containerd 作為與 CRI 相容的執行時期（甚至現在 Docker 本身也使用 containerd），因此為 Docker 保留這種客製化實作就沒有意義了。

即使 Kubernetes 做出了變更以支援多個容器執行時期，您所建構的 Docker 映像仍然可以在 Kubernetes 叢集中使用。Docker 還是值得學習的。

您機器上的 Docker

關於容器的第二件最重要的事情是它們不是魔法。容器利用了現有 Linux 功能的組合（如本章開頭所述）。容器的實作在細節上有所不同，但從某種意義上說，容器映像只是完整檔案系統的壓縮包，而正在執行的容器是一個 Linux 程序，它被限制成會和主機上執行的其他程序保持一定程度的隔離。例如，Docker 容器的實作主要涉及以下三個要素：

- 命名空間
- cgroups
- 聯合檔案系統

但是容器在您的本地端檔案系統上是什麼樣子的呢？首先，讓我們弄清楚 Docker 在我們的開發機器上儲存東西的位置，然後再來看一個從 Docker Hub 拉取而來的真實 Docker 映像。

安裝 Docker Desktop 後，從終端機執行命令 `docker info` 將會提供您有關安裝的詳細資訊。此輸出包含了有關儲存映像和容器的位置的資訊，顯示在標籤 `Docker Root Dir` 之後。以下的範例輸出（為簡潔起見會進行截斷）表明 Docker 的根目錄是 */var/lib/docker*：

```
$ docker info
Client:
 Context:    default
 Debug Mode: false
 Plugins:
  app: Docker App (Docker Inc., v0.9.1-beta3)
  buildx: Build with BuildKit (Docker Inc., v0.5.1-docker)
  compose: Docker Compose (Docker Inc., 2.0.0-beta.1)
  scan: Docker Scan (Docker Inc., v0.8.0)

Server:
 Containers: 5
  Running: 0
  Paused: 0
  Stopped: 5
 Images: 62
 Server Version: 20.10.6
 Storage Driver: overlay2
...
 Docker Root Dir: /var/lib/docker
...
```

此結果來自 macOS Big Sur 上現有的 Docker Desktop（版本 3.3.3）安裝。*/var/lib/docker* 的快速列表顯示了以下內容：

```
$ ls /var/lib/docker
ls: /var/lib/docker: No such file or directory
```

根據前面的輸出，這個系統上有 5 個停止的容器和 62 個映像，那麼這個目錄為什麼會不存在呢？是輸出不正確嗎？您可以檢查另一個位置的映像和容器儲存位置，如圖 3-4 所示，那是 Mac 版 Docker Desktop UI 中偏好設定（Preferences）區段的螢幕截圖。

但是，這個位置完全不同。對此存在著合理的解釋，請注意，根據您的作業系統，您的安裝可能會略有不同。這一點很重要的原因是 Docker Desktop for Mac 需要一個 Linux 環境來執行 Linux 容器，為此，在安裝過程中會實例化一個最小的 Linux 虛擬機器。這意味著前面的輸出中所提到的 Docker 根目錄實際上只是在參照這個 Linux VM 中的一個目錄。

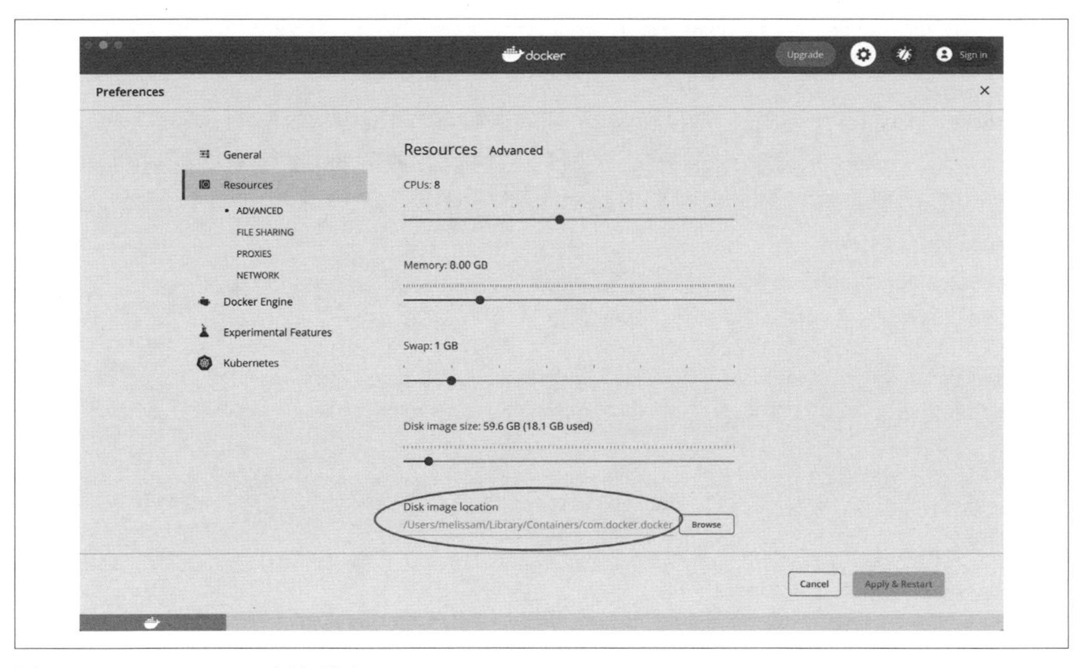

圖 3-4 Docker Desktop 偏好設定

但是等等……如果您是在 Windows 上呢？因為容器共享主機的作業系統，基於 Windows 的容器需要 Windows 環境才能執行，然而基於 Linux 的容器需要 Linux 環境。Docker Desktop（版本 3.3.3）是對早期版本（又名 Docker Toolbox）的重大改進，因為執行基於 Linux 的容器不再需要額外的支援軟體。在過去，要在 Mac 上執行 Docker，您需要安裝 VirtualBox 和 boot2docker 之類的東西才能讓一切運轉起來並按預期般的執行。今天，Docker Desktop 會在幕後處理必要的虛擬化。Docker Desktop 還會透過 Windows 10 上的 Hyper-V 來支援 Windows 容器，並透過 Windows Subsystem for Linux 2（WSL 2）在 Windows 10 上支援 Linux 容器。但是，要在 macOS 上執行 Windows 容器，我們仍然需要 VirtualBox。

既然您知道我們需要存取 Linux 虛擬機器來到達這個 Docker 根目錄，我們使用命令 **`docker pull` *映像名稱***來拉取一個 Docker 映像，並看看它在檔案系統上的樣子：

```
$ docker pull openjdk
Using default tag: latest
latest: Pulling from library/openjdk
5a581c13a8b9: Pull complete
26cd02acd9c2: Pull complete
66727af51578: Pull complete
Digest: sha256:05eee0694a2ecfc3e94d29d420bd8703fa9dcc64755962e267fd5dfc22f23664
```

```
Status: Downloaded newer image for openjdk:latest
docker.io/library/openjdk:latest
```

命令 **docker images** 會列出儲存在本地端的所有映像。從它的輸出中可以看出，裡面儲存了兩個版本的 *openjdk* 映像。我們在上一個命令中提取的那個映像引入了帶有標籤 `latest` 的映像。這是預設的行為，但我們可以像這樣來指定特定的 *openjdk* 映像版本：**docker pull openjdk:11-jre**：

```
$ docker images
REPOSITORY        TAG              IMAGE ID          CREATED          SIZE
...
openjdk           latest           de085dce79ff     10 days ago      467MB
openjdk           11-jre           b2552539e2dd     4 weeks ago      301MB
...
```

您可以透過使用映像 *ID* 來執行 **docker inspect** 命令以瞭解有關最新的 *openjdk* 映像的更多詳細資訊：

```
$ docker inspect de085dce79ff
[
    {
        "Id": "sha256:de085dce79ff...",
        "RepoTags": [
            "openjdk:latest"
        ],
...
        "Architecture": "amd64",
        "Os": "linux",
        "Size": 467137618,
        "VirtualSize": 467137618,
        "GraphDriver": {
            "Data": {
                "LowerDir": "/var/lib/docker/overlay2/581137...ca8c47/diff:/var
                /lib/docker/overlay2/7f7929...8f8cb4/diff",
                "MergedDir": "/var/lib/docker/overlay2/693641...940d82/merged",
                "UpperDir": "/var/lib/docker/overlay2/693641...940d82/diff",
                "WorkDir": "/var/lib/docker/overlay2/693641...940d82/work"
            },
            "Name": "overlay2"
        },
        "RootFS": {
            "Type": "layers",
            "Layers": [
                "sha256:1a3adb4bd0a7...",
                "sha256:046fa1e6609c...",
                "sha256:a8a84740beab..."
```

```
            ]
        },
    ...
```

`docker inspect` 命令會吐出大量有趣的資訊。但我想在這裡強調的是 `GraphDriver` 部分，其中包含了此映像所有的層所在目錄的路徑。

Docker 映像由與最初用來建構映像的 Dockerfile 中的指令所對應的層組成。這些層被轉換為目錄，並且可以被不同映像共享以節省空間。

請注意 `LowerDir`、`MergedDir` 和 `UpperDir` 部分。`LowerDir` 部分包含用於建構原始映像的所有目錄（或層），這些是**唯讀**（*read-only*）的；*UpperDir* 目錄則包含了容器在執行的過程中被修改的所有內容。如果需要修改 *LowerDir* 中的唯讀層，則該層會被複製到可以寫入的 *UpperDir*，這稱為**寫入時複製**（*copy-on-write*）運算。

重要的是要記住，*UpperDir* 中的資料是臨時資料，僅在容器存在時才會存在。事實上，如果您有想要保留的資料，您應該要利用 Docker 的磁碟區（volume）功能，並掛載一個即使在容器死亡後仍會被保留的位置。例如，在容器中執行的資料庫驅動應用程式，可能會利用安裝到容器的磁碟區來儲存資料庫資料。

最後，`MergedDir` 部分有點像一個虛擬目錄，它結合了 *LowerDir* 和 *Upper Dir* 的所有內容。聯合檔案系統（Union File System）的工作方式是複製到 *UpperDir* 的任何已編輯層會覆蓋掉 *LowerDir* 中的層。

請注意對 */var/lib/docker*（Docker 根目錄）中目錄的所有參照。如果您監控這個目錄的大小，您會注意到您建立和執行的映像和容器越多，這個目錄所需的儲存空間就會隨著時間的推移而大幅增加。考慮安裝專用的磁碟機，並確保定期清理未使用的映像和容器。此外，請確保容器化的應用程式不會持續產出未管理的資料檔案或其他工件。例如，利用日誌傳送（log shipping）和 / 或日誌輪換（log rotation）來管理由容器及其執行中的程序所產生的日誌。

我們可以使用相同的映像來啟動任意數量的容器。每個容器都會使用映像藍圖來建立並獨立執行。在 Java 的語境中，會將容器映像視為 Java 類別，並將容器視為從該類別實例化的 Java 物件。

容器可以被停止並在稍後重新啟動，而不需重新建立。要列出系統上的容器，請使用 `docker ps -a` 命令。請注意，`-a` 旗標將顯示已停止的容器以及目前正在執行中的容器：

```
$ docker ps -a
CONTAINER ID   IMAGE     COMMAND      STATUS                         NAMES
9668ba978683   openjdk   "tail -f"    Up 19 seconds                  vibrant_jang
582ad818a57b   openjdk   "jshell"     Exited (0) 14 minutes ago      zealous_wilson
```

如果您導航到 Docker 的根目錄，您將看到一個名為 *containers* 的子目錄。在此目錄中，您將找到以系統上每個容器的*容器 ID* 進行命名的其他子目錄。停止的容器將在這些目錄中保留它們的狀態和資料，以便在需要時可以重新啟動它們。當使用 `docker rm 容器名稱` 來刪除容器時，其相關目錄也會被刪除。

請記住要定期從系統中移除未使用的容器（移除，而不僅僅是停止）。我親眼目睹了缺少這部分部署程序的場景。每次發布新映像時，都會停止舊容器，然後使用新映像來啟動新容器。這個疏忽很快就會耗盡了硬碟空間並最終阻擋了新的部署。以下的 Docker 命令可用於批次清理未使用的容器：

```
docker container prune
```

```
docker-desktop:~# ls /var/lib/docker/
builder     containers overlay2    swarm    volumes
buildkit    image      plugins     tmp
containerd  network    runtimes    trust

docker-desktop:~# ls /var/lib/docker/containers/
9668ba978683b37445defc292198bbc7958da593c6bb3cef6d7f8272bbae1490
582ad818a57b8d125903201e1bcc7693714f51a505747e4219c45b1e237e15cb
```

如果您使用 Mac 來進行開發，請記住您的容器是執行在一個微型的 VM 中，您需要先存取該 VM，然後才能看到 Docker 根目錄的內容。例如，在 Mac 上，您可以透過在特權（privileged）模式下，以交談式方式執行已安裝 *nsenter* 的容器來存取和導航此目錄（您可能需要使用 `sudo` 來執行它）：

```
docker run -it --privileged --pid=host debian \
nsenter -t 1 -m -u -n -i sh
```

更高版本的 Windows（10+）現在能夠使用 Windows Subsystem for Linux（WSL）在本地端執行 Linux 容器。Windows 11 Home 的預設 Docker 根目錄可以在檔案總管（File Explorer）中找到：

\\wsl.localhost\docker-desktop-data\version-pack-data\community\docker

基本標記和映像版本管理

在處理映像一段時間後，您會發現要識別它們並對其進行版本控制和您對 Java 軟體進行版本控制的方式有些不同。使用像 Maven 這樣的建構工具已經讓大多數 Java 開發人員習慣了標準語意版本控制並總是指定依賴版本（或者至少接受 Maven 選擇在特定依賴樹中提取的版本）。這些防護機制在其他套件管理器（例如 npm）中稍微寬鬆一些，在其中可以將依賴項版本指定成一個範圍，以便輕鬆靈活地更新依賴項。

如果沒有好好地理解它的話，映像版本控制可能會成為一個絆腳石。不存在著護欄（至少不是 Java 開發人員習慣的那種）。對映像進行標記的靈活性優先於任何良好實務的執行。然而，僅僅只因為您**可以**，並不意味著您就**應該**這樣做，就像對 Java 程式庫和套件進行適當的版本控制一樣，最好從一開始就使用有意義並且遵循公認樣式的命名和版本控制方案。

容器映像名稱和版本遵循著特定格式，包括您在範例和教程中很少以完整形式看到的多個組件。您在網際網路上搜尋時所發現的大多數範例程式碼和 Dockerfile，都以縮寫格式來識別映像。

將映像管理視覺化為目錄結構是最容易的做法，其中映像的名稱（例如 *openjdk*）會是一個目錄，在其中包含了該映像可用的所有版本。映像通常由透過**名稱**和版本來識別，合稱為**標籤**（*tag*）。但這兩個組件是由子組件組成，如果沒有指定的話，則這些子組件具有假定的預設值，而且甚至常常會在命令中省略標籤。例如，拉取 *openjdk* Docker 映像的最簡單命令可能採用以下形式：

```
docker pull openjdk
```

這個命令實際上會給我們什麼呢？不是有幾個版本的 *openjdk* 映像可以使用嗎？確實是的，而且如果您關心可重複的建構的話，您馬上就會發現這種歧義將是一個潛在的問題。

第一步是在這個命令中包含映像標籤，而它代表了一個版本。以下的命令意味著我將拉取 *openjdk* 映像的版本 11：

```
docker pull openjdk:11
```

那麼如果不是 11 的話，我之前是在拉取什麼呢？如果未指定標籤的話，則預設是隱含名稱為 `latest` 的特殊標籤。此標籤旨在指向可用的映像的最新版本，但可能並非總是如此。在任何時候，標籤都可以被改為指向映像的某個不同的版本，在某些情況下，您可能會發現標籤 `latest` 根本沒有被設定成指向任何東西。

我們也很容易被術語絆倒，特別是**標籤**（*tag*），它在不同的語境中可能意味著不同的東西。術語**標籤**可以用來代表特定版本，也可以表達完整的**映像標籤**（*image tag*），而它包含了一起標識的所有組件，包括映像**名稱**。

這是包含了所有可能組件的 Docker 映像標籤的完整格式：

```
[ 註冊表 [ :連接埠 ] / ] 名稱 [ :標籤 ]
```

唯一需要的組件是映像**名稱**，也稱為**映像儲存庫**（*image repository*）。如果未指定**標籤**的話，則會假定為 *latest*。如果未指定註冊表（registry）的話，則 Docker Hub 會是預設的註冊表。以下命令是如何參照 Docker Hub 之外的註冊表上的映像的範例：

```
docker pull artifactory-prod.jfrog.io/openjdk:11
```

映像和容器層

要建構有效率的容器，一定要對層有透徹的瞭解。您建構容器來源（容器的**映像**）的方式背後的細節會大大地影響它們的大小和效能，而且某些方法具有安全隱患，因此掌握這一概念變得更加重要。

基本上，Docker 映像的建構是先建立一個基底層，然後進行一些小的變更，直到您達到您想要的最終狀態。每一層代表了一組變更，其中包括了但不限於建立使用者和相關權限、修改配置或應用程式設定、以及更新現有套件或添加 / 刪除套件。這些變更都相當於添加、修改、或刪除生成的檔案系統中的檔案集合。層是相互堆疊的，每一層都是前一層變更的增量，每一層都由其內容的 SHA-256 雜湊摘要來標識。如第 61 頁的「您機器上的 Docker」中所述，這些層儲存在 Docker 的根目錄中。

視覺化層

真正視覺化層的一種好方法是使用 GitHub（*https://oreil.ly/M2ZBZ*）上提供的命令行工具 `dive`。圖 3-5 顯示了使用從 Docker Hub 拉取的官方最新版 *openjdk* 映像來執行的工具的螢幕截圖。左側窗格顯示了有關構成 *openjdk* 映像的三個層的詳細資訊。右窗格則突出顯示了每個層應用在映像的檔案系統的變更。

如果要啟動基於 *openjdk* 映像的容器，`dive` 工具對向您展示檔案系統的外觀很有用。當您遍歷每個後續層時，您可以看到它們對初始檔案系統所做的變更。這裡要傳達的最重要的部分是後續層可能會混淆前一層的檔案系統的某些部分（在任何移動或刪除檔案的情況下），但原來的層還是會以其原始形式存在。

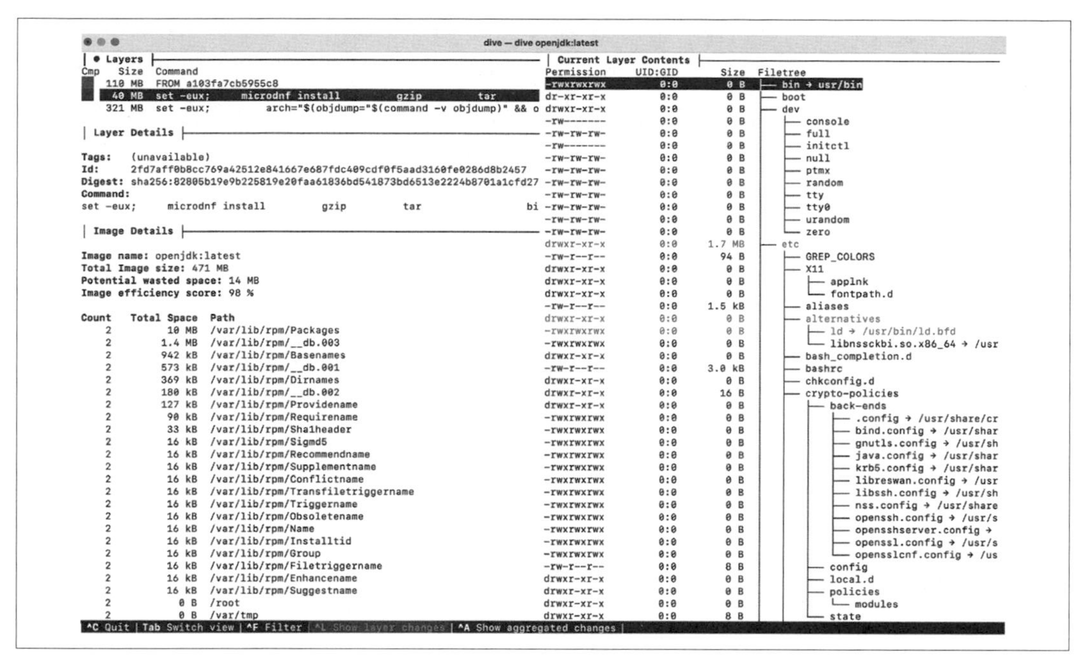

圖 3-5 *openjdk* 中的 dive

利用層快取

映像層的利用加快了映像的請求、建構和推送。這是減少映像所需儲存量的巧妙方法，這種策略允許在多個映像之間共享相同的映像層，並減少拉取或推送已經在本地端快取或儲存在註冊表中的映像所需的時間和頻寬。

如果您使用 Docker 的話，您的系統將會保留您從外部註冊表請求來的、或自己建構的所有映像的內部快取。當推送或拉取新的映像時，會在本地端快取和註冊表之間對每個映像層進行比較，並決定是要推送還是拉取各個層，從而提高了效率。

任何曾經為他們的內部 Maven 儲存庫或任何與此相關的快取機制而苦苦掙扎的人（我們不是都曾在某個時候嗎？）都非常清楚，內部快取所提供的效率和效能改進也將伴隨著警告。有時您儲存在快取中的內容並不是您打算要使用的內容。如果您不注意本地端映像快取的使用方式和時機，那麼在主動開發和本地端測試中很容易就會用到過時的快取。

例如，命令 `docker run openjdk` 和 `docker pull openjdk` 在快取方面表現並不相同。前者會在本地端快取中搜尋帶有標籤 `latest` 的指定映像。如果映像存在的話，那麼它就認為搜尋被滿足了，然後就會基於快取的映像來啟動一個新容器。如果遠端註冊表中存在著更新的話，那麼後面的命令將會進一步的去更新系統上的 *openjdk* 映像。

另一個常見錯誤是假設 Dockerfile 中的命令會在重建映像時被再次執行。這在 `RUN` 命令中很常見，例如 `RUN apt-get update`。如果 Dockerfile 中的這一行根本沒有改變，就像您指定了套件名稱和特定版本一樣，那麼使用這個命令所建構的初始層，將會存在於您的快取中。它不會再次被建構。這並不是錯誤，而是快取的一項功能，可以加快建構程序。如果某一層已經確定被建構過了，那麼就不會再次建構那一層。

為了避免過時的快取，您可能會想在 Dockerfile 中的一行（這會生成一層）上組合命令，以便更容易識別和更頻繁地執行變更。這種方法的問題在於，將過多的內容壓縮到單一層中，您將完全失去快取的好處。

作為開發人員，請注意本地端快取。除了本地端開發之外，請考慮您的持續整合、建構伺服器，和自動化整合測試是如何使用快取的。確保所有系統都以這種方式保持一致，將幫助您避免出現無法解釋的間歇性故障。

最佳映像建構實務和容器陷阱

在花了一些時間建構和把玩映像之後，您會發現即使在最基本的建構程序中，您也會在很多地方搬石頭砸自己的腳。以下是在您開始映像建立之旅時要牢記的一組實務。您可能會發現更多，但這些是最重要的。

尊重 Docker 語境和 .dockerignore 檔案

您不希望在生產 Docker 映像中包含某些內容——例如您的開發環境配置、密鑰、您的 *.git* 目錄、或其他敏感的隱藏目錄。當您執行命令來建構 Docker 映像時，您需要提供**語境**（*context*），或者要讓建構程序使用的檔案位置。

以下是一個人為的 Dockerfile 範例：

```
FROM ubuntu

WORKDIR /myapp

COPY . /myapp
```

```
EXPOSE 8080

ENTRYPOINT ["start.sh"]
```

看到 COPY 指令了嗎？根據您當作是語境而發送的內容為何，這個動作可能會出現問題。它可能會將您工作目錄中的**所有內容**複製到您建構的 Docker 映像中，最後會出現在任何從此映像啟動的容器中。

請確保使用 *.dockerignore* 檔案來從語境中排除掉那些您不希望在無意間出現的檔案，您可以使用它來避免意外地添加了您可能儲存在本地端的任何特定於使用者的檔案或機密。事實上，您可以透過排除掉建構不需要存取的任何內容來大大減少語境的大小（以及建構所需的時間）：

```
# 在我的專案中忽略這些檔案
**/*.md
!README.md
passwords.txt
.git
logs/
*/temp
**/test/
```

.dockerignore 會匹配遵循 Go 的 filepath.Match 規則（*https://oreil.ly/sCjIv*）的格式。

使用受信任的基底映像

無論您選擇使用包含 OpenJDK、Oracle JDK、GraalVM 的映像，還是包含 Web 伺服器或資料庫的其他映像，請確保您使用受信任的映像作為父映像，或者從頭開始建立自己的映像。

Docker Hub 宣稱是世界上最大的公用容器映像庫，擁有來自軟體供應商、開源專案和社群的超過 100,000 個映像。**並非所有這些映像都應該被信任來作為基底映像。**

Docker Hub 包含了一組被標記成「Docker Official Images」的精選映像，這些映像適合用來當作基底映像（請注意，這些映像的發布需要 Docker 的同意）。這些細節來自官方映像上的線上 Docker 說明文件（*https://oreil.ly/TO8Po*）：

> Docker, Inc. 贊助了一個專門的團隊，負責審查和發布 Docker Official Images 中的所有內容。該團隊與上游軟體維護人員、安全專家、以及廣大的 Docker 社群合作。

知道要將哪些 Java 依賴項引入專案和依賴項樹的深度是一樣重要的，瞭解在 Dockerfile 頂部的一小段 FROM 行會為基底映像引入什麼內容也很重要，Dockerfiles 的繼承結構可以很容易地引入您並不需要的額外程式庫和套件（甚至還可能是惡意內容）而混淆您的基底映像。

指定套件版本並跟上更新

基於前面討論過的那個因為想要維護可重複的建構而進行了快取的警告，請在 Dockerfile 中指定版本，就像在 Java 專案中那樣。避免因為新版本或意外的更新而造成的破壞性建構和意外行為。

也就是說，如果更新版本從不會因為建構或測試失敗而強迫您查看它們，那麼您很容易就會對更新版本感到自滿。請定期審核您的專案以獲取所需的更新，並有意地進行這些更新，這應該是您常規專案規劃的一部分。我建議將此活動與任何其他功能開發或錯誤修復分開，以消除開發生命週期中不相關的移動部分。

讓映像變小

映像很容易變得非常大，而且會發生的很快。要監控自動建構過程中映像大小的增加，並設定當大小的變更發生異常時會進行通知。貪吃的磁碟儲存套件很容易就會透過更新基底映像而潛入進來，或無意中被包含在 COPY 敘述中。

請利用多階段建構來讓映像變小。您可以透過建立使用了多個 FROM 敘述的 Dockerfile 來設定多階段建構，這些敘述將以不同的基底映像開始建構階段。透過使用多階段建構，您可以避免在生產映像中包含不需要（並且實際上不應該包含）的建構工具或套件管理器之類的東西。例如，以下的 Dockerfile 顯示了一個兩階段建構。第一階段使用了包含 Maven 的基底映像。Maven 建構完成後，將所需的 JAR 檔案複製到第二階段，該階段使用了不包含 Maven 的映像：

```
###################
# 第一個建構階段
###################

FROM maven:3.8.4-openjdk-11-slim as build

COPY .mvn .mvn
COPY mvnw .
COPY pom.xml .
COPY src src

RUN ./mvnw package
```

```
#####################
# 第二個建構階段
#####################

FROM openjdk:11-jre-slim-buster

COPY --from=build target/my-project-1.0.jar .

EXPOSE 8080

ENTRYPOINT ["java", "-jar", "my-project-1.0.jar"]
```

這也是實作使用客製化 *distroless* 映像的好方法，該映像已經剝離了所有內容（包括殼層），只留下執行應用程式的必需品。

提防外部資源

我經常看到以 `wget` 命令的方式來在 Dockerfiles 中提出對外部資源的請求以安裝專有軟體，甚至是提出會執行客製化安裝的殼層腳本的外部請求。這些事讓我害怕。這裡所涉及的不只是一般性的懷疑和偏執。即使外部資源是受到信任的，當您將建構的部分控制權交給外面越多，您越有可能遭受無法修復的建構失敗。

在進行這類觀察時，我經常得到的第一個回應是：「沒有什麼好擔心的，因為一旦你建構了你的映像，它就會被快取或儲存在一個基底映像中，你再也不用再次發出請求。」

這是絕對正確的。一旦您儲存了基底映像或快取了映像層，您就可以開始使用了。但是當一個新的建構節點（具有零快取）第一次投入使用時，或者甚至當一個新的開發人員加入您的團隊時，建構該映像可能會失敗。當您需要建構基底映像的新版本時，您的建構也可能會失敗。為什麼呢？因為資源的外部管理者會一次又一次地移動它們、限制對它們的存取，或者乾脆捨棄它們。

保護您的秘密

我之所以把這一點包含進來，是因為除了先不要將秘密移動到您的映像中之外，也不要認為只要使用 Dockerfile 中的命令，將它們從基底映像或其他的先前層中刪除就足夠了。我以前曾看過有人把這用來作為「修復」無法立即重建的基底層的做法。

既然您瞭解了分層的工作原理，您就應該知道在某一層的後續層中刪除某些項目實際上並不會從該層刪除它們。如果您要 exec 到一個基於該映像且正在執行的容器中，您會看不到它們，但它們仍然存在。它們存在於儲存映像的系統上、存在於啟動了基於該映像的容器的任何地方，而且它們也存在於您所選的長期儲存的映像註冊表中。這相當於將您的密碼存入到原始碼控制中。不要一開始就將秘密放入映像中。

瞭解您的輸出

許多因素會導致容器在執行時不斷增長。最常見的情況之一是沒有適當地處理日誌檔案。請確保您的應用程式正在記錄到可以實作日誌輪換（log-rotating）解決方案的磁碟區中。由於容器的短暫性，將您會用於故障排除或合規性的日誌儲存在容器中（在 Docker 主機上）是沒有意義的。

總結

本章的大部分內容都是關於探索 Docker 的。這是一個很好的起點，一旦您對映像和容器感到滿意，您就可以擴展到生態系統中可用的其他工具。根據您為專案所選擇的作業系統和建構工具程式的不同，像 Buildah（*https://buildah.io*）、Podman（*https://podman.io*）或 Bazel（*https://bazel.build*）等工具可能對您有用。您也可以選擇使用 Maven 外掛程式，例如 Jib（*https://oreil.ly/pwGsw*）來建構您的容器映像。

提醒一句：無論您選擇哪種工具，都要瞭解您的映像和容器是如何建構的，這樣您就不會在準備部署時，遭遇龐大和 / 或不安全的映像和容器所造成的後果。

第四章

解剖巨物

Ixchel Ruiz

> 最終目標應該是透過數位創新來提高人類生活品質。
>
> —馬化騰

縱觀歷史，人類一直痴迷於將思想和概念解構為簡單或複合的部分。正是透過結合分析（analysis）和合成（synthesis），我們才能達到更高層次的理解。

亞里斯多德將分析稱為「將每種複合物解析成可以完成合成的東西的過程。因為分析是合成的反面。合成是從原理到原理所衍生的事物的道路，分析是從這條路的終點回到原理。」

軟體開發遵循類似的方法：將系統分析為其組成部分、識別輸入、期望輸出、以及詳細的函數。在軟體開發的分析過程中，我們已經意識到總是需要非特定於業務的功能來處理輸入並傳達或保持輸出。這讓一件事變得很明顯，也就是我們可以從可重用、明確定義、限制語境的原子功能中受益。這些功能可以共享、使用或互相連接以簡化建構軟體。

允許開發人員主要專注於實作業務邏輯以實現目的——比如滿足客戶 / 企業所明確定義的需求、滿足某些潛在使用者的感知需求，或者使用功能來滿足個人需求（以自動化進行任務）——已經是長久以來的願望。每天都有太多時間浪費在重新發明已經最常被重新發明的輪子之一：可靠的樣板（boilerplate）程式碼上。

微服務模式近年來聲名狼藉卻勢頭強勁，因為它們所承諾的好處非常突出。避免已知的反樣式、採用最佳實務、以及理解核心概念和定義，對於達成這種架構樣式的好處的同時又減少採用它的缺點至關重要。本章涵蓋了反樣式，並包含使用流行的微服務框架（如 Spring Boot、Micronaut、Quarkus 和 Helidon）編寫的微服務程式碼範例。

傳統上，單體式架構會交付或部署單一單元或系統，解決來自單一來源應用程式的所有需求，並且可以識別兩個概念：**單體式應用程式**（*monolith application*）和**單體式架構**（*monolithic architecture*）。

一個**單體式應用程式**只有**一個**部署的實例，負責執行特定功能所需的所有步驟。這種應用程式的一個特點是唯一的執行介面點。

單體架構是指一個應用程式，它的所有需求都從單一來源解決，並且所有部件都當作是一個單元來交付。組件可能被設計成會限制與外部客戶端的互動，以明確限制對**私有**功能的存取。單體中的組件可能是相互連接或相互依賴的，而不是鬆散耦合的。換句話說，從外部或使用者的角度來看，它們對其他分開的組件的定義、介面、資料和服務知之甚少。

粒度（*granularity*）是組件向軟體的其他外部合作或協作部分公開的聚合等級。軟體的粒度等級取決於幾個因素，例如必須在一系列組件中維護的機密等級，並且不能對其他消費者公開或讓他們使用。

現代軟體架構越來越關注透過將來自不同來源的軟體組件進行同捆或組合來交付功能，從而導致或強調在細節等級中的更精細的粒度。然後向不同組件、客戶或使用者公開的功能會比單體式應用程式中的要多。

為了確定一個模組的獨立性或可互換性，我們應該仔細研究以下特性：

- 依賴項數量
- 這些依賴項的強度
- 它所依賴的模組的穩定性

如果前述任何特性的分數很高，都應該要觸發對模組的建模和定義的第二次審查。

雲端運算

雲端運算（*cloud computing*）有幾個定義。Peter Mell 和 Tim Grance 將其定義為一種模型，可實現對可配置的計算資源（如網路、伺服器、儲存裝置、應用程式和服務）的共享池進行無處不在、方便、隨選的（on-demand）網路存取，該共享池可以用最少的管理工作或和服務供應商的互動來快速地配置和發布。

近年來，雲端運算大幅成長。例如，雲端基礎架構服務的支出在 2020 年最後一季增長了 32%，達到 399 億美元。根據 Canalys 的資料（*https://oreil.ly/uZdZa*），總支出比上一季增加了將近 30 億美元，比 2019 年第四季增加了將近 100 億美元。

目前存在著多家供應商，但市場佔有率的分佈不均。三大領先的服務供應商是 Amazon Web Services（AWS）、Microsoft Azure 和 Google Cloud。AWS 是領先的雲端服務供應商，佔了 2020 年第四季總支出的 31%。Azure 的成長率加快了 50%，佔有率接近 20%，而 Google Cloud 則佔整個市場的 7%。

雲端運算服務的使用一直呈現延滯的狀態。Cinar Kilcioglu 和 Aadharsh Kannan 在 2017 年的「Proceedings of the 26th International World Wide Web Conference」中報告說，資料中心的雲端資源使用情況表明，雲端客戶配置和支付的資源（租用虛擬機器）與實際資源的利用率（CPU、記憶體等）之間存在著巨大差距。也許客戶只是打開他們的虛擬機器，但並沒有真正使用它們。

雲端服務依照使用於不同類型的運算而分為下列類別：

軟體即服務（*software as a service, SaaS*）

客戶端可以使用在雲端基礎架構上執行的供應商的應用程式。這些應用程式可透過諸如網頁瀏覽器之類的瘦客戶端（thin client）介面，或程式介面從各種客戶端裝置存取。客戶端不會管理或控制底層的雲端基礎架構，包括網路、伺服器、作業系統、儲存裝置、甚至單一應用程式功能，但某些特定於使用者的應用程式配置設定可能是例外。

平台即服務（*platform as a service, PaaS*）

客戶端可以將客戶端製作（client-made）或獲取的應用程式部署到雲端基礎架構上，這些應用程式是用供應商所支援的程式語言、程式庫、服務和工具來建立的。使用者不會管理或控制底下的雲端基礎架構，包括網路、伺服器、作業系統、或是儲存裝置，但可以控制已部署的應用程式以及，可能的話，應用程式託管環境的配置設定。

基礎架構即服務（*infrastructure as a service, IaaS*）

客戶端能夠提供處理、儲存、網路和其他基礎計算資源。他們可以部署和執行任意軟體，包括作業系統和應用程式。客戶端不會管理或控制底層雲端基礎架構，但可以控制作業系統、儲存裝置、以及部署的應用程式，並且可能對選定的網路組件進行有限度的控制。

微服務

微服務（*microservice*）一詞不是最近才出現的。Peter Rodgers 在 2005 年引入了微網路服務（*micro-web service*）一詞，同時支援軟體即微網路服務（*software as micro-web service*）的理念。*Microservice_architecture* 一由服務導向架構（service-oriented architecture, SOA）進化而來一將應用程式安排為相對輕量級的模組化服務的集合。技術上，微服務是 SOA 實作方法的一種特殊化。

微服務是小型且鬆散耦合的組件。與單體相比，它們可以獨立部署、縮放和測試，並且它們具有單一職責、受語境限制、並且是自主和去中心化的（decentralized）。它們通常是圍繞著業務能力來建構、易於理解、並且可以使用不同的技術堆疊來進行開發。

微服務應該有多小呢？它應該足夠微小，以允許小的、獨立的和嚴格執行的功能原子（atom of functionality）可以根據業務需求來共存、演化或替換以前的功能原子。

每個組件或服務都不太或根本不瞭解其他獨立組件的定義，並且與服務的所有互動都是透過 API 進行的，而該 API 封裝了其實作細節。這些微服務之間的訊息傳遞使用了簡單的協議，而且通常不會使用大量資料。

反樣式

微服務樣式導致了顯著的複雜性，並且並不是在所有情況下都是理想的。該系統由許多獨立運作的部分所組成，它的本質使得預測它在現實世界中的表現變得更加困難。

這種增加的複雜性主要是由於（可能會有）成千上萬的微服務在分散式電腦網路中非同步地執行。請記住，難以理解的程式也會難以編寫、修改、測試和測量。所有這些問題都會增加團隊在理解、討論、追蹤、以及測試介面和訊息格式上所需的時間。

有幾本關於這個特定主題的書籍、文章、還有論文可供使用。我推薦拜訪 Microservices.io（*https://microservices.io*）、Mark Richards 的報告 *Microservices AntiPatterns and Pitfalls*（*https://oreil.ly/KpzyW*）（O'Reilly 出版），以及「On the Definition of Microservice Bad Smells」，作者為 Davide Taibi 和 Valentina Lenarduzz（於 2018 年在 *IEEE Software* 上發表）。

一些最常見的反樣式包括：

API 版本控制（靜態合約陷阱）

API 需要在語意上進行版本控制，以允許服務知道它們是否正在與正確版本的服務進行通訊，或者它們是否需要調整它們的通訊以適應新的合約。

不恰當的服務隱私相互依賴

微服務需要來自其他服務的私有資料，而不是處理自己的資料，這個問題通常與資料建模問題有關。可以考慮的一種解決方案是合併微服務。

多用途大型服務（*megaservice*）

幾個業務功能實作在同一個服務中。

日誌記錄

錯誤和微服務資訊隱藏在每個微服務容器中。採用分散式日誌系統應該是優先處理事項，因為在軟體生命週期的所有階段都可能會發現問題。

複雜的服務間或循環依賴

循環服務關係（*circular service relationship*）被定義成兩個或多個相互依賴的服務之間的關係。循環依賴會損害服務獨立擴展或部署的能力，並違反非循環依賴原則（acyclic dependencies principle, ADP）。

缺少 *API* 閘道（*gateway*）

當微服務彼此直接通訊時，或者當服務的消費者直接與每個微服務通訊時，系統的複雜性會增加而維護會減少。在這種情況下，最佳實務是使用 API 閘道。

API 閘道會接收來自客戶端的所有 API 呼叫，然後透過請求路由（routing）、合成（composition）、和協定轉換（protocol translation）來將它們指向到適當的微服務。閘道在處理請求時通常是透過呼叫多個微服務並聚合其結果來確定最佳路由，它還能夠在網頁協議（web protocol）和網頁友善協定（web-friendly protocol）之間進行轉換以供內部使用。

應用程式可以使用 API 閘道為行動客戶提供單一端點，以便透過單一請求來查詢所有的產品資料。API 閘道整合了各種服務，例如產品資訊和評論，並將結果組合和公開。

API 閘道是應用程式去存取那些可以進行即時雙向通訊的應用程式的資料、業務邏輯、或功能（RESTful API 或 WebSocket API）的守門人。API 閘道通常處理涉及了接受和處理多達數十萬個並行 API 呼叫的所有任務，包括流量管理、跨來源資源共享（cross-origin resource sharing, CORS）支援、授權與存取控制、阻塞（choking）、管理、以及 API 版本控制。

分享太多

在共享足夠的功能性來不重複自己這件事和建立錯綜複雜的依賴關係來防止服務變更被分離這件事之間存在著一條細線。如果需要變更過度共享的服務，在介面中評估所提出的變更最終將導致會涉及更多開發團隊的組織性任務。

在某些時候，需要去分析冗餘的選擇，或者去分析提取程式庫到新共享服務，在其中相關微服務可以獨立進行安裝和開發。

DevOps 和微服務

微服務完全符合 DevOps 的理想，也就是利用小團隊一步步地對企業服務進行功能變更——這是將大問題分解成小塊並系統化地解決它們的想法。為了減少小型獨立服務的開發、測試和部署之間的摩擦，必須存在一系列的持續交付生產線以保持這些階段的穩定流動。

DevOps 是這種架構性風格要成功的關鍵因素，它提供了必要的組織性變更，以最大限度地減少負責每個組件的團隊之間的協調工作，並消除開發和營運團隊之間進行有效的、互惠的互動障礙。

我強烈不建議任何團隊在沒有健全的 CI/CD 基礎架構，或對生產線基本概念沒有廣泛理解的情況下採用微服務模式。

微服務框架

JVM 生態系統非常龐大，並為特定使用案例提供了大量的替代方案。有數十種微服務框架和程式庫可以使用，以至於要從眾多候選人中挑選一個贏家可能會很棘手。

也就是說，某些候選框架之所以受歡迎有幾個原因：開發人員經驗、上市時間、可擴展性、資源（CPU、記憶體）消耗、啟動速度、故障恢復、說明文件、第三方整合等等。這些框架——Spring Boot、Micronaut、Quarkus 和 Helidon——將在以下部分中介紹。有一些說明可能需要根據較新版本進行額外的調整，因為其中一些技術發展得相當迅速。我強烈建議去查看每個框架的說明文件。

此外，這些範例至少需要 Java 11，並且要試用 Native Image 還需要安裝 GraalVM。有很多方法可以在您的環境中安裝這些版本。我推薦使用 SDKMAN!（*https://sdkman.io*）來安裝和管理它們。為了簡潔起見，我只專注於生產程式碼——不然一個框架就可以寫完一本書！不用多說您也應該知道要注意測試。每個範例的目標是建構一個簡單的「Hello World」REST 服務，該服務可以接受一個可選的名稱參數並以問候語進行回覆。

如果您之前沒有使用過 GraalVM，那麼它是一個包含了一些可以支援以下功能的技術所構成的綜合專案：

- 用 Java 編寫的即時（just-in-time, JIT）編譯器，它可以即時編譯程式碼、將直譯後的程式碼轉換為可執行碼。Java 平台有一些 JIT，其中大多數是使用 C 和 C++ 組合編寫的。Graal 剛好是其中最現代的，它是用 Java 編寫的。
- 名為 *Substrate VM* 的虛擬機器能夠在 JVM 之上執行託管語言，例如 Python、JavaScript 和 R，從而使託管語言受益於與 JVM 功能和特性的更緊密整合。
- Native Image，一種依賴於提前（ahead-of-time, AOT）編譯的工具程式，它將位元組碼轉換為機器可執行碼。生成的轉換會產出特定於平台的二進位可執行檔案。

這裡所涵蓋的四個候選框架都以某種方式為 GraalVM 提供支援，主要依靠 GraalVM Native Image 來生成特定於平台的二進位檔案，以減少部署大小和記憶體消耗。請注意，使用 Java 模式和使用 GraalVM Native Image 模式之間存在著取捨。後者可以生成記憶體佔用更小、啟動時間更快的二進位檔案，但需要更長的編譯時間；長時間執行的 Java 程式碼最終會變得更加優化（這是 JVM 的關鍵特性之一），而原生二進位檔案在執行時並無法優化。開發經驗也各不相同，因為您可能需要使用其他工具來進行除錯、監控、測量等任務。

Spring Boot

Spring Boot 可能是四個候選者中最著名的一個，因為它建立在 Spring Framework 的遺產之上。如果從表面值來看針對開發人員的調查結果，超過 60% 的 Java 開發人員具有某種與 Spring 相關專案互動的經驗，這使得 Spring Boot 成為最受歡迎的選擇。

Spring 方式允許您透過組合現有組件、客製化它們的配置，和吸引人的低成本的程式碼所有權來組裝應用程式（或在我們的例子中為微服務），因為您的客製化邏輯大小應該會比使用框架時還小，而對於大多數組織來說的確如此。訣竅是在編寫自己的組件之前找到可以調整和配置的現有組件。Spring Boot 團隊強調會根據需要盡可能添加更多的有用整合，從資料庫驅動程式到監控服務、日誌記錄（logging）、日誌登載（journaling）、批次處理、報告產生等等。

啟動 Spring Boot 專案的典型方法是瀏覽 Spring Initializr（*https://start.spring.io*）、選擇應用程式中需要的功能、然後單擊 Generate 按鈕。這個動作會建立一個 ZIP 檔案，您可以將它下載到本地端環境來開始使用。在圖 4-1 中，我選擇了 Web 和 Spring Native 功能。第一個功能添加了允許您透過 REST API 來公開資料的組件；第二個則透過額外的封裝機制來增強建構，在其中可以使用 Graal 來建立 Native Image。

解壓 ZIP 檔案並在專案的根目錄下執行 `./mvnw verify` 命令可確保有一個好的開始。如果您之前沒有在目標環境中建構過 Spring Boot 應用程式的話，您會注意到該命令將會下載一組依賴項。這是正常的 Apache Maven 行為。下次呼叫 Maven 命令時就不會再次下載這些依賴項——除非 *pom.xml* 檔案更新了依賴項版本。

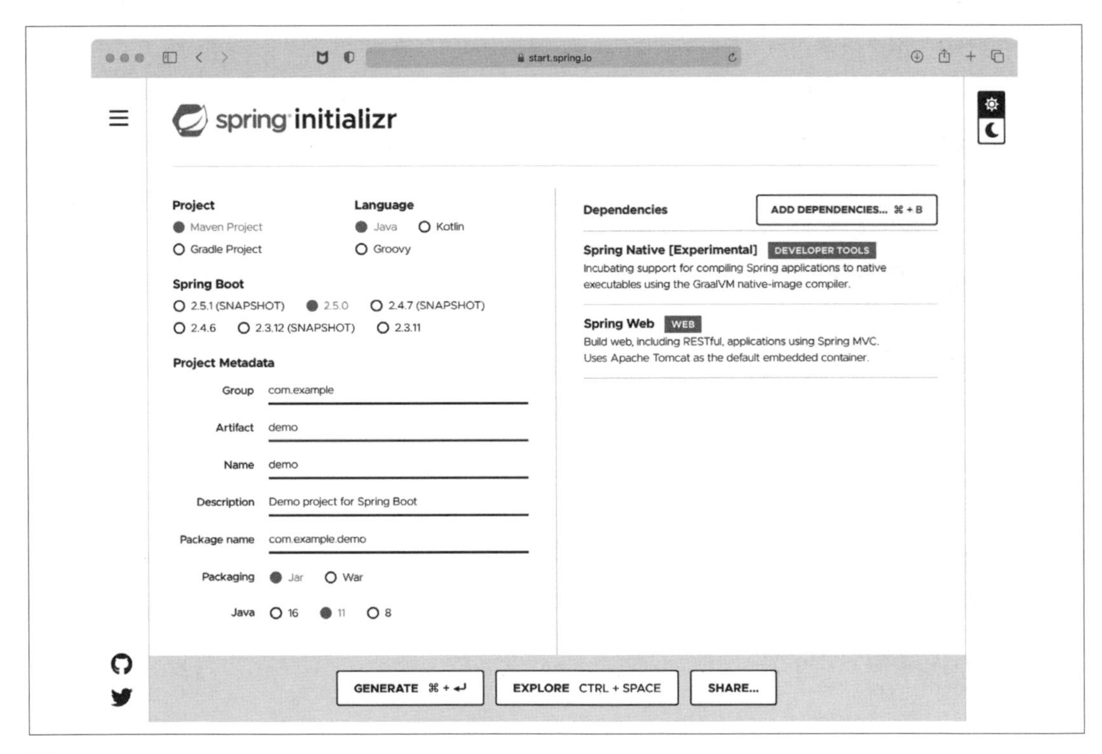

圖 4-1　Spring Initializr

專案結構應如下所示：

```
.
├── HELP.md
├── mvnw
├── mvnw.cmd
├── pom.xml
└── src
    ├── main
    │   ├── java
    │   │   └── com
    │   │       └── example
    │   │           └── demo
    │   │               ├── DemoApplication.java
    │   │               ├── Greeting.java
    │   │               └── GreetingController.java
    │   └── resources
    │       ├── application.properties
    │       ├── static
    │       └── templates
    └── test
        └── java
```

我們目前的任務需要兩個不是由 Spring Initializr 網站建立的額外來源：*Greeting.java* 和 *GreetingController.java*，這兩個檔案可以使用您選擇的文本編輯器或 IDE 來建立。第一個檔案 *Greeting.java* 定義了一個資料物件，用於將內容渲染成 JavaScript Object Notation（JSON），這是一種用在透過 REST 來公開資料的典型格式。其他格式也被支援，但對 JSON 的支援是開箱即用的，無需任何其他依賴項。此檔案內容應如下所示：

```java
package com.example.demo;

public class Greeting {
    private final String content;

    public Greeting(String content) {
        this.content = content;
    }

    public String getContent() {
        return content;
    }
}
```

這個資料持有者並沒有什麼特別之處，除了它是不可變的。根據您的使用案例，您可能希望切換到可改變的實作，不過現在這樣就夠用了。接下來是 REST 端點本身，定義為 */greeting* 路徑上的 GET 呼叫。Spring Boot 更喜歡這種組件的**控制器**（*controller*）原型，這毫無疑問的可以追溯到 Spring MVC（沒錯，正是模型—視圖—控制器（model-view-controller））是建立 Web 應用程式的首選選項的時代。請隨意使用任何的檔名，但組件註釋必須保持不變：

```
package com.example.demo;

import org.springframework.web.bind.annotation.GetMapping;
import org.springframework.web.bind.annotation.RequestParam;
import org.springframework.web.bind.annotation.RestController;

@RestController
public class GreetingController {
    private static final String template = "Hello, %s!";

    @GetMapping("/greeting")
    public Greeting greeting(@RequestParam(value = "name",
        defaultValue = "World") String name) {
        return new Greeting(String.format(template, name));
    }
}
```

控制器可以接受 `name` 參數作為輸入，並在未提供此參數時使用 `World` 這個值。請注意，映射方法的傳回型別是一般 Java 型別；它就是我們剛剛在上一步中所定義的資料型別。Spring Boot 將根據應用到控制器及其方法的註釋，以及合理的預設設定，來自動地將資料從 JSON 進行編組（marshall）並編組到 JSON。如果我們保持程式碼不變，那麼 `greeting()` 方法的傳回值將自動轉換為 JSON 負載（payload）。這是 Spring Boot 開發人員體驗的強大功能，它依賴於可以根據需要而進行調整的預設值和預定義配置。

您可以透過呼叫 `/.mvnw spring-boot:run` 命令來執行應用程式，該命令會將應用程式當作是建構程序的一部分來執行它，或者也可以透過產生應用程式的 JAR 並手動執行它——也就是在 `./mvnw package` 後面跟著 `java -jar target/demo-0.0.1.SNAPSHOT.jar`。無論是哪種方式，嵌入式 Web 伺服器都將開始偵聽連接埠 8080；*/greeting* 路徑將會映射到 *GreetingController* 的一個實例。剩下的就是發出幾個查詢，例如：

```
// 使用預設的 name 參數
$ curl http://localhost:8080/greeting
{"content":"Hello, World!"}
```

```
// 使用 name 參數的外顯值
$ curl http://localhost:8080/greeting?name=Microservices
{"content":"Hello, Microservices!"}
```

請記下應用程式在執行過程產生的輸出。在我的本地端環境中，它顯示（平均而言）JVM 需要 1.6 秒來啟動，而應用程式需要 600 毫秒來初始化。產生的 JAR 的大小大約為 17 MB。您可能還想記下這個微不足道的應用程式的 CPU 和記憶體消耗。最近這一段時間，有人建議說使用 GraalVM Native Image 可以減少啟動時間和二進位檔案的大小。我們來看看如何使用 Spring Boot 來達成這一點。

還記得我們在建立專案時是怎麼選擇 Spring Native 功能的嗎？不幸的是，到了 2.5.0 版本，產生出來的專案並沒有在 *pom.xml* 檔案中包含所有必需的指令，我們必須做一些調整。首先，`spring-boot-maven-plugin` 建立的 JAR 需要一個分類器；否則，生成的 Native Image 可能無法被正確的建立起來。這是因為應用程式的 JAR 已經包含 Spring Boot 中的所有依賴項——特定路徑不由 `native-image-maven-plugin` 來處理，我們還是必須對其進行配置。更新後的 *pom.xml* 檔案內容應如下所示：

```
<?xml version="1.0" encoding="UTF-8"?>
<project xmlns="http://maven.apache.org/POM/4.0.0"
    xmlns:xsi="http://www.w3.org/2001/XMLSchema-instance"
    xsi:schemaLocation="http://maven.apache.org/POM/4.0.0
    https://maven.apache.org/xsd/maven-4.0.0.xsd">
    <modelVersion>4.0.0</modelVersion>
    <parent>
        <groupId>org.springframework.boot</groupId>
        <artifactId>spring-boot-starter-parent</artifactId>
        <version>2.5.0</version>
    </parent>
    <groupId>com.example</groupId>
    <artifactId>demo</artifactId>
    <version>0.0.1-SNAPSHOT</version>
    <name>demo</name>
    <description>Demo project for Spring Boot</description>
    <properties>
        <java.version>11</java.version>
        <spring-native.version>0.10.0-SNAPSHOT</spring-native.version>
    </properties>
    <dependencies>
        <dependency>
            <groupId>org.springframework.boot</groupId>
            <artifactId>spring-boot-starter-web</artifactId>
        </dependency>
```

```xml
    <dependency>
        <groupId>org.springframework.experimental</groupId>
        <artifactId>spring-native</artifactId>
        <version>${spring-native.version}</version>
    </dependency>
    <dependency>
        <groupId>org.springframework.boot</groupId>
        <artifactId>spring-boot-starter-test</artifactId>
        <scope>test</scope>
    </dependency>
</dependencies>

<build>
    <plugins>
        <plugin>
            <groupId>org.springframework.boot</groupId>
            <artifactId>spring-boot-maven-plugin</artifactId>
            <configuration>
                <classifier>exec</classifier>
            </configuration>
        </plugin>
        <plugin>
            <groupId>org.springframework.experimental</groupId>
            <artifactId>spring-aot-maven-plugin</artifactId>
            <version>${spring-native.version}</version>
            <executions>
                <execution>
                    <id>test-generate</id>
                    <goals>
                        <goal>test-generate</goal>
                    </goals>
                </execution>
                <execution>
                    <id>generate</id>
                    <goals>
                        <goal>generate</goal>
                    </goals>
                </execution>
            </executions>
        </plugin>
    </plugins>
</build>
<repositories>
    <repository>
        <id>spring-release</id>
        <name>Spring release</name>
        <url>https://repo.spring.io/release</url>
```

```
        </repository>
    </repositories>
    <pluginRepositories>
        <pluginRepository>
            <id>spring-release</id>
            <name>Spring release</name>
            <url>https://repo.spring.io/release</url>
        </pluginRepository>
    </pluginRepositories>

    <profiles>
        <profile>
            <id>native-image</id>
            <build>
                <plugins>
                    <plugin>
                        <groupId>org.graalvm.nativeimage</groupId>
                        <artifactId>native-image-maven-plugin</artifactId>
                        <version>21.1.0</version>
                        <configuration>
                            <mainClass>
                                com.example.demo.DemoApplication
                            </mainClass>
                        </configuration>
                        <executions>
                            <execution>
                                <goals>
                                    <goal>native-image</goal>
                                </goals>
                                <phase>package</phase>
                            </execution>
                        </executions>
                    </plugin>
                </plugins>
            </build>
        </profile>
    </profiles>
</project>
```

在我們進行嘗試之前還有一步要走：請確保已經安裝了一個版本的 GraalVM 來作為您目前的 JDK。您所選的版本應該要和 *pom.xml* 檔案中的 `native-image-maven-plugin` 版本非常匹配。`native-image` 可執行檔也必須要安裝在您的系統中；您可以透過呼叫 `gu install native-image` 來做到這一點。`gu` 命令是由 GraalVM 安裝提供的。

完成所有設定好之後，我們就可以透過呼叫 `./mvnw-Pnative-image package` 來產生原生可執行檔。由於可能會下載新的依賴項，您會注意到螢幕上會出現一連串的文字，並且可能會出現一些和缺少類別相關的警告——這很正常。建構所需的時間也會比平時更長，這就是這個封裝解決方案所進行的取捨：我們增加了開發的時間以加快生產中的執行時間。命令完成後，您會注意到目標目錄中會有一個新檔案 *com.example.demo.demoapplication*。這就是原生可執行檔。請試著執行它。

您有注意到啟動速度有多快嗎？在我的環境中，平均啟動時間為 0.06 秒，而應用程式需要 30 毫秒來初始化自已。您可能還記得在 Java 模式下執行時這些數字是 1.6 秒和 600 毫秒。這是一個明顯的速度提升！現在看看可執行檔的大小；就我的案例而言，它大約是 78 MB。喔，好吧，看起來有些事情變得更糟了——真的嗎？這個可執行檔是一個單一的二進位檔案，它提供了執行應用程式所需要的一切東西，而我們之前使用的 JAR 則需要 Java 執行時期才能執行。Java 執行時期的大小通常在 200 MB 左右，而且是由多個檔案和目錄所組成。當然，您可以使用 jlink（*https://oreil.ly/agfRB*）來建立較小的 Java 執行時期，但在這種情況下，會在建構過程中多出一個步驟。天下沒有白吃的午餐。

現在讓我們暫時停止使用 Spring Boot 吧，請記住，它能做的比這裡所展示的還要多得多。我們進入下一個框架吧。

Micronaut

Micronaut 啟始於 2017 年，是對 Grails 框架的重新發想，但具有現代的外觀。Grails 是 Ruby on Rails（RoR）框架的少數成功「複製（clone）」之一，它利用了 Groovy 程式語言。在好一段時間內 Grails 備受矚目，直到 Spring Boot 的興起使它不再受到關注，這促使 Grails 團隊尋找替代方案，從而產生了 Micronaut。從表面上看來，Micronaut 提供了與 Spring Boot 類似的使用者體驗，因為它也允許開發人員基於現有組件和合理的預設值來編寫應用程式。

Micronaut 和其他產品的主要區別之一是使用了編譯時期依賴注入（compile-time dependency injection）來組裝應用程式，而不是執行時期依賴注入，這是迄今為止使用 Spring Boot 來組裝應用程式的首選方式。這個看似微不足道的變化讓 Micronaut 可以用一點開發時間來交換執行時期的速度提升，因為應用程式將花費更少的時間啟動自己；這也可以減少記憶體消耗並減少對 Java 反射（reflection）機制的依賴，歷史證明它一直比直接方法呼叫還慢。

啟動 Micronaut 專案的方法有很多，但首選的方法是瀏覽 Micronaut Launch（*https://oreil.ly/QAdrG*）網頁，並選擇您希望添加到專案中的設定和功能。預設的應用程式類型定義了要建構基於 REST 的應用程式所需的最低設定要求，像是那個我們在幾分鐘內就會跑一遍的應用程式。當您對您的選擇感到滿意後，單擊「Generate Project」按鈕，如圖 4-2 所示，這會產生一個可以下載到本地端開發環境的 ZIP 檔案。

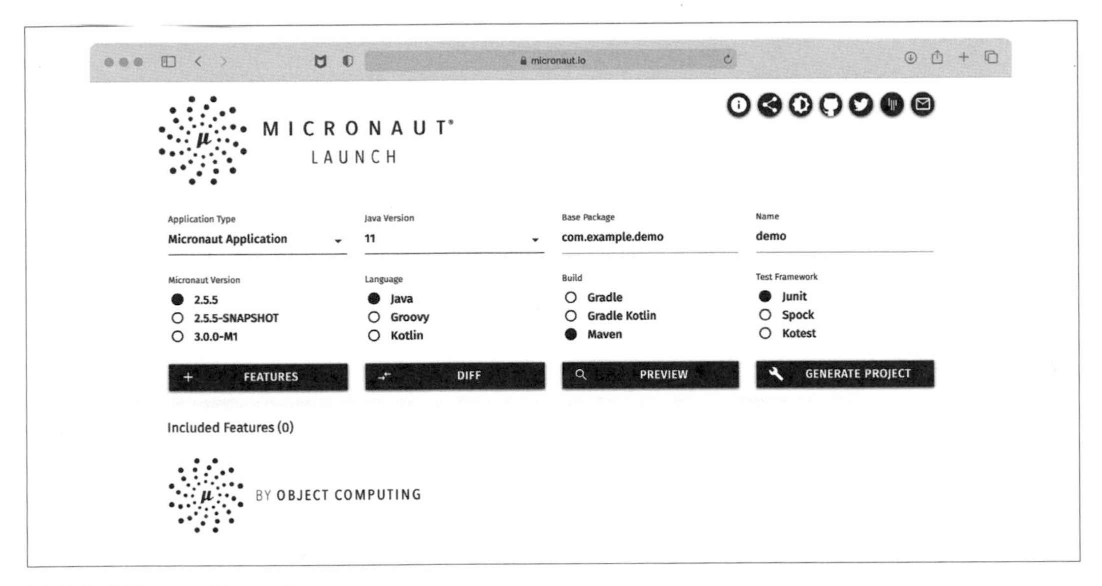

圖 4-2　Micronaut Launch

和我們對 Spring boot 所做的差不多，解壓縮 ZIP 檔案並在專案的根目錄中執行 `./mvnw verify` 命令可確保有一個好的開始。此命令呼叫將根據需要下載外掛程式和依賴項；如果一切順利的話，幾秒鐘後建構就應該會成功。添加一對額外的來源檔案後，專案結構應如下所示：

```
.
├── README.md
├── micronaut-cli.yml
├── mvnw
├── mvnw.bat
├── pom.xml
└── src
    └── main
        ├── java
        │   └── com
```

```
│       └── example
│           └── demo
│               ├── Application.java
│               ├── Greeting.java
│               └── GreetingController.java
└── resources
    ├── application.yml
    └── logback.xml
```

Application.java 原始檔定義了入口點，由於不需要進行任何更新，所以我們暫時不更動它。同樣的，我們也將讓 *application.yml* 資源檔保持不變；這個資源提供了此時還不需要變更的配置屬性。

我們需要兩個額外的原始檔：由 *Greeting.java* 來定義的資料物件，其職責是包含要發送給使用者的訊息，以及由 *GreetingController.java* 來定義的實際 REST 端點。控制器原型可以追溯到 Grails 所制定的慣例，幾乎每個 RoR 複製都遵循這個慣例。您當然可以將檔名變更為適合您的領域的任何名稱，但您必須保留 `@Controller` 註解。資料物件的原始碼應如下所示：

```
package com.example.demo;

import io.micronaut.core.annotation.Introspected;

@Introspected
public class Greeting {
    private final String content;

    public Greeting(String content) {
        this.content = content;
    }

    public String getContent() {
        return content;
    }
}
```

我們再一次依賴於這個類別的不可改變設計。請注意 `@Introspected` 註解的使用，它會指示 Micronaut 在編譯時檢查型別並將其作為依賴注入（dependency-injection）程序的其中一部分。此註解通常可以省略，因為 Micronaut 會發現該類別是必需的。但是在使用 GraalVM Native Image 產生原生可執行檔時，它的使用至關重要。否則，可執行檔將會不完整。第二個檔案的內容應如下所示：

```java
package com.example.demo;

import io.micronaut.http.annotation.Controller;
import io.micronaut.http.annotation.Get;
import io.micronaut.http.annotation.QueryValue;

@Controller("/")
public class GreetingController {
    private static final String template = "Hello, %s!";

    @Get(uri = "/greeting")
    public Greeting greeting(@QueryValue(value = "name",
        defaultValue = "World") String name) {
        return new Greeting(String.format(template, name));
    }
}
```

我們可以理解控制器定義了一個映射到 `/greeting` 的單一端點、接受一個名為 `name` 的可選參數、並傳回資料物件的一個實例。在預設情況下，Micronaut 會將傳回值編組為 JSON，因此不需要額外的配置即可實現此事。有多種方式可以執行應用程式，您可以呼叫 `./mvnw mn:run`，它會以把它當作是建構程序的一部分的方式來執行應用程式，或者可以呼叫 `./mvnw package`，它會在 *target* 目錄中建立一個可以用常規方式啟動的 *demo-0.1.jar*——也就是說，使用 `java -jar target/demo-0.1.jar`。對 REST 端點呼叫幾個查詢可能會生成類似於以下內容的輸出：

```
// 使用預設的 name 參數
$ curl http://localhost:8080/greeting
{"content":"Hello, World!"}

// 使用 name 參數的外顯式值
$ curl http://localhost:8080/greeting?name=Microservices
{"content":"Hello, Microservices!"}
```

兩個命令都會很快的啟動應用程式。在我的本地端環境中，應用程式準備就緒可以處理請求的時間平均為 500 毫秒，也就是進行同樣行為的 Spring Boot 的三倍速度。JAR 檔案的大小也稍微小一些，總共為 14 MB。儘管這些數字可能令人印象深刻，但如果使用 GraalVM Native Image 將應用程式轉換為原生可執行檔時，我們還可以獲得速度提升。我們很幸運，透過這種設定 Micronaut 的方式而變得更友善，我們需要的所有東西都已經在生成的專案中配置了。就是這樣。無需使用其他設定來更新建構檔案——它們都已經在那裡了。

不過，正如我們之前所做的那樣，您確實需要安裝 GraalVM 及其 `native-image` 可執行檔。建立原生可執行檔就像呼叫 `./mvnw -Dpackaging=native-image package` 一樣簡單，幾分鐘後我們應該在 `target` 目錄中得到一個名為 `demo` 的可執行檔（事實上，它就是專案的 `artifactId`）。使用原生可執行檔啟動應用程式的平均啟動時間為 20 毫秒，和 Spring Boot 相比，速度提高了三分之一。可執行檔大小為 60 MB，這和 JAR 檔案所減少的大小有關。

讓我們先停止 Micronaut 的探索並轉向下一個框架：Quarkus。

Quarkus

儘管 Quarkus 是在 2019 年初宣布的，但它的工作開始得更早。Quarkus 和我們目前已經看過的兩個候選者有很多相似之處。它提供了基於組件、約定優於配置（convention over configuration）、和生產力工具的出色開發體驗。更重要的是，Quarkus 決定也使用像 Micronaut 這樣的編譯時期依賴注入，讓它獲得相同的好處，例如更小的二進位檔、更快的啟動、和更少的執行時期魔法。同時，Quarkus 也增加了自己的風格和獨特性，也許對一些開發人員來說最重要的是，Quarkus 比其他兩個候選者更依賴標準。Quarkus 實作了 MicroProfile 規範，這些規範來自 JakartaEE（以前稱為 JavaEE），以及在 MicroProfile 專案保護下開發的其他標準。

您可以透過瀏覽 Quarkus Configure Your Application 網頁（*https://code.quarkus.io*）來進行配置並下載 ZIP 檔案以開始使用 Quarkus。這個網頁充滿了很多好東西，包括許多可供選擇的擴充程式式來配置特定的整合，例如資料庫、REST 功能、監控等等。您必須選擇 RESTEasy Jackson 擴充程式，以允許 Quarkus 無縫地編組來自 JSON 與到 JSON 的值。單擊「Generate your application」按鈕應該會提示您將 ZIP 檔案儲存到本地端系統，其內容應與底下內容類似：

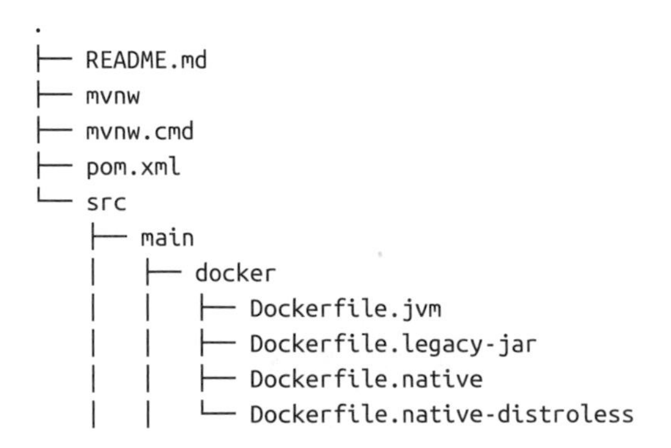

```
.
├── README.md
├── mvnw
├── mvnw.cmd
├── pom.xml
└── src
    ├── main
    │   ├── docker
    │   │   ├── Dockerfile.jvm
    │   │   ├── Dockerfile.legacy-jar
    │   │   ├── Dockerfile.native
    │   │   └── Dockerfile.native-distroless
```

```
│   ├── java
│   │   └── com
│   │       └── example
│   │           └── demo
│   │               ├── Greeting.java
│   │               └── GreetingResource.java
│   └── resources
│       ├── META-INF
│       │   └── resources
│       │       └── index.html
│       └── application.properties
└── test
    └── java
```

我們可以讚賞 Quarkus 開箱即用地添加 Docker 配置檔，因為它被設計成可以透過容器和 Kubernetes 來處理雲端中的微服務架構。但隨著時間的推移，它的範圍會透過支援更多的應用程式類型和架構而變得更廣。*GreetingResource.java* 檔案也是被預設建立的，它是典型的 Jakarta RESTful Web Services（JAX-RS）資源。我們必須對該資源進行一些調整，使其能夠處理 *Greeting.java* 資料物件。這是它的原始碼：

```
package com.example.demo;

public class Greeting {
    private final String content;

    public Greeting(String content) {
        this.content = content;
    }

    public String getContent() {
        return content;
    }
}
```

此程式碼與我們在本章之前所看到的幾乎相同。這個不可改變的資料物件沒有什麼新鮮的或令人驚訝的事可講。現在，在 JAX-RS 資源的情況下，事情看起來既相似又不同，因為我們尋求的行為和以前一樣，儘管現在我們指示框架去執行其魔法的方式是透過 JAX-RS 註解。因此程式碼如下所示：

```
package com.example.demo;

import javax.ws.rs.DefaultValue;
```

```
import javax.ws.rs.GET;
import javax.ws.rs.Path;
import javax.ws.rs.QueryParam;

@Path("/greeting")
public class GreetingResource {
    private static final String template = "Hello, %s!";

    @GET
    public Greeting greeting(@QueryParam("name")
        @DefaultValue("World") String name) {
        return new Greeting(String.format(template, name));
    }
}
```

如果您熟悉 JAX-RS，那麼您應該不會對這段程式碼感到驚訝。但是，如果您不熟悉 JAX-RS 註解的話，其實我們在這裡所做的就是使用我們想要回應的 REST 路徑來標記資源；我們還指出 `greeting()` 方法將處理一個 `GET` 呼叫，並且它的 `name` 參數有一個預設值。您不需要多做什麼事來指示 Quarkus 將傳回值編組為 JSON，因為預設情況下就會這麼做。

執行應用程式也可以透過多種方式來完成，並使用開發者模式作為建構的一部分。這是具有 Quarkus 獨特風格的功能之一，因為它允許您執行應用程式並自動獲取您所做的任何變更，而無需以手動方式重新啟動應用程式。您可以透過呼叫 `/.mvnw compile quarkus:dev` 來啟動此模式。如果您對原始檔進行任何變更，您會注意到建構將會自動重新編譯並載入應用程式。

您也可以使用我們之前看到的 `java` 直譯器來執行應用程式，這會生成像是 `java -jar target/quarkus-app/quarkus-run.jar` 之類的命令。請注意，我們使用的是不同的 JAR，儘管 *demo-1.0.0-SNAPSHOT.jar* 確實存在於 `target` 目錄中；這樣做的原因是 Quarkus 應用客製化它的邏輯來加速啟動程序，即使在 Java 模式下也是如此。

執行應用程式應該會導致平均 600 毫秒的啟動時間，這與 Micronaut 的表現非常接近。此外，整個應用程式的大小在 13 MB 左右。向應用程式發送幾個不帶著和帶著 `name` 參數的 `GET` 請求會產生類似於以下內容的輸出：

```
// 使用預設的 name 參數
$ curl http://localhost:8080/greeting
{"content":"Hello, World!"}

// 使用 name 參數的外顯式值
$ curl http://localhost:8080/greeting?name=Microservices
{"content":"Hello, Microservices!"}
```

Quarkus 也支援透過 GraalVM Native Image 來產生原生可執行檔這件事並不令人驚訝，因為它針對的是推薦使用小型二進位檔的雲端環境。正因為如此，買 Quarkus 還會附贈電池，就像 Micronaut 一樣，從一開始就可以產生您需要的一切。無需更新建構的配置就可以開始使用原生可執行檔。和其他範例一樣，您必須確保目前的 JDK 指向 GraalVM 的發布版本，並且在您的路徑中可以找到 `native-image` 可執行檔。完成此步驟後，剩下的就是透過呼叫 `./mvnw -Pnative package` 來將應用程式封裝為原生可執行檔。這將啟動 `native` 側寫檔（profile），指示 Quarkus 建構工具去產生原生可執行檔。

幾分鐘後，建構應該會在 `target` 目錄中產生了一個名為 *demo-1.0.0-SNAPSHOT-runner* 的可執行檔。執行這個可執行檔會顯示應用程式平均會在 15 毫秒內啟動。可執行檔的大小接近 47 MB，這使得 Quarkus 成為迄今為止產生了最快啟動時間和最小可執行檔大小的框架。

我們暫時結束 Quarkus，剩下第四個候選框架：Helidon。

Helidon

最後但同樣重要的是，*Helidon* 是一個專門為建構具有兩種風格的微服務而設計的框架：SE 和 MP。MP 風格代表 *MicroProfile*，讓您可以利用標準的力量來建構應用程式；這種風格是 MicroProfile 規範的完整實作。另一方面，SE 風格沒有實作 MicroProfile，但使用一組不同的 API 提供了類似的功能。請根據您希望與其互動的 API 以及您對標準的偏好來選擇其中一種風格；無論哪種方式，Helidon 都能完成工作。

由於 Helidon 實作了 MicroProfile，我們可以使用另一個網站來啟動 Helidon 專案。MicroProfile Starter 網站（*https://oreil.ly/3U7RG*）（圖 4-3）可以依照所有支援 MicroProfile 規範的的實作版本來建立專案。

圖 4-3　MicroProfile Starter

瀏覽到該網站、選擇您感興趣的 MP 版本、選擇 MP 實作（在我們的例子中是 Helidon）、或許也客製化一些可用的功能。然後單擊「Download」按鈕來下載包含了產出的專案的 ZIP 檔案。ZIP 檔案包含類似於以下的專案結構，當然除了我已經使用兩個檔案來更新了原始碼，以使應用程式按照我們的需要運作：

```
.
├── pom.xml
├── readme.md
└── src
    └── main
        ├── java
        │   └── com
        │       └── example
        │           └── demo
        │               ├── Greeting.java
        │               └── GreetingResource.java
        └── resources
            ├── META-INF
            │   ├── beans.xml
```

```
|   └─ microprofile-config.properties
├─ WEB
|   └─ index.html
├─ logging.properties
└─ privateKey.pem
```

碰巧的是，原始檔 *Greeting.java* 和 *GreetingResource.java* 和我們在 Quarkus 範例中看到的原始檔相同。這怎麼可能？首先是因為程式碼絕對是無足輕重的，而且（更重要的是）因為這兩個框架都依賴於標準的力量。事實上，*Greeting.java* 檔案在所有框架中幾乎都是相同的——除了 Micronaut 之外，因為它需要額外的註解，但前提是您對產生原生可執行檔這件事感興趣；否則，它將是 100% 相同的。如果您決定在瀏覽其他部分之前先跳到本部分，*Greeting.java* 檔案的內容如下所示：

```java
package com.example.demo;

import io.helidon.common.Reflected;

@Reflected
public class Greeting {
    private final String content;

    public Greeting(String content) {
        this.content = content;
    }

    public String getContent() {
        return content;
    }
}
```

它只是具有單一存取器（accessor）的常規不可改變資料物件。*GreetingResource.java* 檔案定義了應用程式所需的 REST 映射，如下所示：

```java
package com.example.demo;

import javax.ws.rs.DefaultValue;
import javax.ws.rs.GET;
import javax.ws.rs.Path;
import javax.ws.rs.QueryParam;

@Path("/greeting")
public class GreetingResource {
    private static final String template = "Hello, %s!";

    @GET
    public Greeting greeting(@QueryParam("name")
```

```
            @DefaultValue("World") String name) {
            return new Greeting(String.format(template, name));
        }
    }
```

我們可以感激 JAX-RS 註解的使用，因為我們可以看到此時並不需要特定於 Helidon 的 API。執行 Helidon 應用程式的首選方法，是將二進位檔進行封裝並使用 java 直譯器來執行它們。也就是說，我們（目前）失去了一些使用建構工具整合環境的機會，但我們仍然可以使用命令行來執行迭代式開發。因此，呼叫 mvn package 之後再跟著 java -jar/demo.jar 會編譯、封裝、還有執行應用程式，其中嵌入的 Web 伺服器會偵聽連接埠 8080。我們可以向它發送幾個查詢，例如這個：

```
// 使用預設的 name 參數
$ curl http://localhost:8080/greeting
{"content":"Hello, World!"}

// 使用 name 參數的外顯式值
$ curl http://localhost:8080/greeting?name=Microservices
{"content":"Hello, Microservices!"}
```

如果您查看應用程式程序執行的輸出，您會看到應用程式的平均啟動時間為 2.3 秒，這使得它成為迄今為止我們看到的最慢的候選程式，而二進位檔的大小接近 15 MB，讓它位於所有候選者的中間位置。但正如諺語所說，您不能透過封面來判斷一本書。Helidon 提供了更多自動配置的開箱即用功能，這將導致額外的啟動時間和更大的部署大小。

如果啟動速度和部署大小有問題時，您可以重新配置建構以刪除那些可能不需要的功能，以及切換到原生可執行模式。幸運的是，Helidon 團隊也採用了 GraalVM Native Image，每個 Helidon 專案——都像我們自己動手一樣的啟動——都帶有建立原生二進位檔所需的配置。如果您遵循約定的話，就不需要調整 *pom.xml* 檔案。執行 mvn -Pnative-image package 命令後，您會在 *target* 目錄中找到一個名為 *demo* 的二進位可執行檔。這個可執行檔的大小約 94 MB，是迄今為止最大的，而它的啟動時間平均為 50 毫秒，與以前的框架落在相同的範圍內。

到目前為止，我們已經大致瞭解了每個框架必須提供的內容，從基本功能到建構工具整合。提醒一下，選擇或不選擇某個候選框架會有幾個原因。我鼓勵您為影響您的開發要求的每個相關功能 / 層面寫成一個矩陣，並用每個候選框架來評估每一個項目。

無服務器

本章從查看單體應用程式和架構開始，它們通常由組件和層拼湊在一起，形成一個單一的、有凝聚力的單元。對特定部分的變更或更新需要更新和部署整個應用程式。在一個特定的地方失敗也可能導致整個應用程式崩潰。之後我們轉向微服務。將單體應用分解成可以單獨更新和部署的更小的程式塊應該可以解決前面提到的問題，但是微服務會帶來許多其他問題。

以前，在託管在大型主機上的應用程式伺服器中執行單體應用程式就足夠了，只需少量副本和負載平衡器（load balancer）即可。不過這種設定存在著可擴展性的問題。使用微服務方法，我們可以根據負載來擴展或收縮服務網格。這提高了彈性，但現在我們必須協調多個實例並提供執行時期環境——負載平衡器成為必要的、API 閘道是必需的、網路延遲變得嚴重——另外我提過分散式追蹤（distributed tracing）了嗎？是的，有很多事情需要注意和管理。但是，如果您不必這樣做呢？如果讓其他人去負責執行大規模應用程式所需的基礎架構、監控、和其他「細節」呢？這就是無伺服器（serverless）方法的用武之地：您只需專注於手頭的業務邏輯，讓無伺服器供應商來處理其他的所有事情。

在將組件提煉成更小的部分時，您應該要出現一個想法：「什麼是我可以把這個組件最小化的可重用程式碼？」如果您的答案是一個帶有少量方法的 Java 類別，並且可能還有幾個注入的協作者 / 服務的話，那麼您已經很接近了，但您還沒完全得到答案。事實上，最小的可重用程式碼就是一個方法。想像有一個定義為單一類別的微服務，它執行了以下步驟：

1. 讀取輸入參數並將其轉換為下一步所需要使用的格式
2. 執行服務所需的實際行為，例如向資料庫發出查詢、建立索引或日誌記錄
3. 將處理後的資料轉換成輸出格式

現在，這裡的每一個步驟中都可以使用不同的方法來組織。您可能很快就會意識到其中一些方法可以按照原樣或進行參數化來重複使用。解決這個問題的典型方法，是在微服務間提供一個通用的**超類型**（*super type*）。這會在類型之間產生很強的依賴關係，對於某些使用案例來說，這不是問題。但對於其他案例來說，就必須盡快以版本化的方式來更新公共程式碼，而不會中斷當前正在執行的程式碼，所以恐怕我們可能需要一個替代方案。

考慮到這種情況，如果將公共程式碼提供成一組可以相互獨立呼叫的方法，它們的輸入和輸出以建立資料轉換生產線的方式來組成，那麼我們就達到了現在所謂的**函數**（*function*）。**函數即服務**（*function as a serviceFaaS*）等產品是無伺服器供應商中的常見主題。

總而言之，FaaS 是一種奇特的方式來說明一件事，也就是您可以基於可能的最小部署單元來組合應用程式，並讓供應商為您完成所有基礎架構的細節。在以下部分中，我們將建構一個簡單的函數並將其部署到雲端中。

設定

如今，每個主要的雲端供應商都有一個 FaaS 產品來供您使用，且具有外掛程式以連接到其他工具來進行監控、日誌記錄、災難恢復等；您只要選擇能夠滿足您需求的那個就好。為了撰寫本章的內容，我們將選擇 AWS Lambda，畢竟它是 FaaS 理念的鼻祖。我們還將選擇 Quarkus 作為實作框架，因為它是目前提供了最小部署大小的框架。請注意，此處顯示的配置可能需要一些調整，或可能已經完全過時了；務必總是去查看一下建構和執行程式碼所需要的工具的最新版本。我們現在將使用 Quarkus 1.13.7。

使用 Quarkus 和 AWS Lambda 來設定函數需要有一個 AWS 帳號（*https://aws.amazon.com*）、在您的系統上安裝 AWS CLI（*https://oreil.ly/0dYrb*），另外如果您想執行本地端測試的話，也要安裝 AWS Serverless Application Model（SAM）CLI（*https://oreil.ly/h7gdD*）。

一旦您完成了這些安裝，下一步就是啟動專案，這件事我們傾向於像以前一樣使用 Quarkus（*https://code.quarkus.io*）來完成，只是函數專案需要不同的設定。所以最好切換到使用 Maven 原型（archetype）：

```
mvn archetype:generate \
    -DarchetypeGroupId=io.quarkus \
    -DarchetypeArtifactId=quarkus-amazon-lambda-archetype \
    -DarchetypeVersion=1.13.7.Final
```

在交談模式下呼叫此命令會詢問您一些問題，例如專案的群組、工件、版本（GAV）坐標、以及基底套件。對於這個示範，我們將使用以下這些設定：

- `groupId`：com.example.demo
- `artifactId`：demo
- `version`：1.0-SNAPSHOT（預設）
- `package`：com.example.demo（和 `groupId` 一樣）

這會產生適合建構、測試和部署 Quarkus 專案來作為可部署到 AWS Lambda 的函數的專案結構。原型會為 Maven 和 Gradle 建立建構檔案，但我們現在並不需要後者；它還建立了三個函數類別，但我們只需要一個。我們的目標是有一個類似於以下的檔案結構：

```
.
├── payload.json
├── pom.xml
└── src
    ├── main
    │   ├── java
    │   │   └── com
    │   │       └── example
    │   │           └── demo
    │   │               ├── GreetingLambda.java
    │   │               ├── InputObject.java
    │   │               ├── OutputObject.java
    │   │               └── ProcessingService.java
    │   └── resources
    │       └── application.properties
    └── test
        ├── java
        │   └── com
        │       └── example
        │           └── demo
        │               └── LambdaHandlerTest.java
        └── resources
            └── application.properties
```

該函數的要點是使用 `InputObject` 型別來捕獲輸入、使用 `ProcessingService` 型別對其進行處理、然後將結果轉換為另一種型別（`OutputObject`）。`GreetingLambda` 型別則會將所有內容兜在一起。我們先來看看輸入和輸出型別——畢竟，它們是只關心包含了資料的簡單型別，其中沒有任何邏輯存在：

```java
package com.example.demo;

public class InputObject {
    private String name;
    private String greeting;

    public String getName() {
        return name;
    }

    public void setName(String name) {
        this.name = name;
    }
```

```
        public String getGreeting() {
            return greeting;
        }

        public void setGreeting(String greeting) {
            this.greeting = greeting;
        }
    }
```

lambda 需要兩個輸入值：問候語和名稱。稍後我們將看到它們是如何被處理服務來進行轉換的：

```
    package com.example.demo;

    public class OutputObject {
        private String result;
        private String requestId;

        public String getResult() {
            return result;
        }

        public void setResult(String result) {
            this.result = result;
        }

        public String getRequestId() {
            return requestId;
        }

        public void setRequestId(String requestId) {
            this.requestId = requestId;
        }
    }
```

輸出物件包含轉換後的資料和對 requestID 的參照。我們將使用這個欄位來展示如何從執行的語境中來獲取資料。

好吧，接下來是處理服務；這個類別負責將輸入轉換成輸出。在我們的案例中，它將兩個輸入值串接成一個字串，如下所示：

```java
package com.example.demo;

import javax.enterprise.context.ApplicationScoped;

@ApplicationScoped
public class ProcessingService {
    public OutputObject process(InputObject input) {
        OutputObject output = new OutputObject();
        output.setResult(input.getGreeting() + " " + input.getName());
        return output;
    }
}
```

剩下的就是看一下 `GreetingLambda` 了，它是用來組裝函數本身的型別。此類別需要實作 Quarkus 提供的已知介面，其依賴項應已在使用原型所建立的 *pom.xml* 檔案中配置了。此介面使用輸入和輸出型別來進行參數化。幸運的是，我們已經有它們了。每個 lambda 必須有一個唯一性的名稱，並且可以存取其執行中的語境，如下所示：

```java
package com.example.demo;

import com.amazonaws.services.lambda.runtime.Context;
import com.amazonaws.services.lambda.runtime.RequestHandler;

import javax.inject.Inject;
import javax.inject.Named;

@Named("greeting")
public class GreetingLambda
    implements RequestHandler<InputObject, OutputObject> {
    @Inject
    ProcessingService service;

    @Override
    public OutputObject handleRequest(InputObject input, Context context) {
        OutputObject output = service.process(input);
        output.setRequestId(context.getAwsRequestId());
        return output;
    }
}
```

所有的部分都已到位。lambda 定義了輸入和輸出型別並呼叫資料處理服務。基於展示的目的，此範例顯示了依賴注入的使用，但您可以透過將 `ProcessingService` 的行為移動到 `GreetingLambda` 中來減少程式碼。我們可以透過使用 `mvn test` 來執行本地端測試以快速驗證程式碼，您或許會更喜歡使用 `mvn verify`，因為它也會封裝函數。

請注意，封裝函數時會在 *target* 目錄中放置其他檔案，特別是名為 *manage.sh* 的腳本，該腳本將依賴 AWS CLI 工具在和您的 AWS 帳號關聯的目標目的地來對函數進行建立、更新和刪除。另外還需要其他檔案來支援這些運算：

function.zip

包含二進位位元的部署檔案

sam.jvm.yaml

使用 AWS SAM CLI 進行本地端測試（Java 模式）

sam.native.yaml

使用 AWS SAM CLI 進行本地端測試（原生模式）

下一步需要您配置**執行角色**（*execution role*），最好參考一下 AWS Lambda 開發人員指南（*https://oreil.ly/97ACL*）以防程式已更新。該指南向您展示了如何配置 AWS CLI（如果您還沒有這樣做的話）並建立一個執行角色，它必須被當作是環境變數添加到正在執行的殼層。例如：

```
LAMBDA_ROLE_ARN="arn:aws:iam::1234567890:role/lambda-ex"
```

在這種情況下，`1234567890` 代表您的 AWS 帳號 ID，而 `lambda-ex` 是您選擇的角色的名稱。我們可以接著執行該功能，我們有兩種模式（Java、原生）和兩種執行環境（本地端，生產）；讓我們先處理這兩種環境下的 Java 模式，然後再使用原生模式。

在本地端環境中執行此函數需要使用 Docker 常駐程式，這在開發人員的工具箱中應該是司空見慣的；我們還需要使用 AWS SAM CLI 來驅動執行。還記得在 *target* 目錄中找到的一組額外的檔案嗎？我們將使用 *sam.jvm.yaml* 檔案和另一個在專案啟動時由原型建立、稱為 *payload.json* 的檔案。它位於根目錄，其內容應如下所示：

```
{
  "name": "Bill",
  "greeting": "hello"
}
```

該檔案將定義函數會接受的輸入的值。由於函數已經封裝了，我們只需要呼叫它即可，如下所示：

```
$ sam local invoke --template target/sam.jvm.yaml --event payload.json
Invoking io.quarkus.amazon.lambda.runtime.QuarkusStreamHandler::handleRequest
(java11)
Decompressing /work/demo/target/function.zip
Skip pulling image and use local one:
amazon/aws-sam-cli-emulation-image-java11:rapid-1.24.1.

Mounting /private/var/folders/p_/3h19jd792gq0zr1ckqn9jb0m0000gn/T/tmppesjj0c8 as
/var/task:ro,delegated inside runtime container
START RequestId: 0b8cf3de-6d0a-4e72-bf36-232af46145fa Version: $LATEST
__  ____  __  _____   ___  __ ____  ______
 --/ __ \/ / / / _ | / _ \/ //_/ / / / __/
 -/ /_/ / /_/ / __ |/ , _/ ,< / /_/ /\ \
--\___\_\____/_/ |_/_/|_/_/|_|\____/___/
[io.quarkus] (main) quarkus-lambda 1.0-SNAPSHOT on
JVM (powered by Quarkus 1.13.7.Final) started in 2.680s.
[io.quarkus] (main) Profile prod activated.
[io.quarkus] (main) Installed features: [amazon-lambda, cdi]
END RequestId: 0b8cf3de-6d0a-4e72-bf36-232af46145fa
REPORT RequestId: 0b8cf3de-6d0a-4e72-bf36-232af46145fa Init Duration: 1.79 ms
Duration: 3262.01 ms Billed Duration: 3300 ms
Memory Size: 256 MB     Max Memory Used: 256 MB
{"result":"hello Bill","requestId":"0b8cf3de-6d0a-4e72-bf36-232af46145fa"}
```

該命令將拉取一個適合執行該函數的 Docker 映像。請記下回報的值，這些值可能因您的設定而異。在我的本地端環境中，這個函數的執行將花費我 3.3 秒和 256 MB。這可以讓您瞭解將系統作為一組函數來執行時需要支付多少成本。但是，本地端不等於生產環境，所以讓我們將函數部署到真實的世界中。我們將使用 *manage.sh* 腳本，並透過呼叫以下命令來完成此一壯舉：

```
$ sh target/manage.sh create
$ sh target/manage.sh invoke
Invoking function
++ aws lambda invoke response.txt --cli-binary-format raw-in-base64-out
++ --function-name QuarkusLambda --payload file://payload.json
++ --log-type Tail --query LogResult
++ --output text base64 --decode
START RequestId: df8d19ad-1e94-4bce-a54c-93b8c09361c7 Version: $LATEST
END RequestId: df8d19ad-1e94-4bce-a54c-93b8c09361c7
REPORT RequestId: df8d19ad-1e94-4bce-a54c-93b8c09361c7  Duration: 273.47 ms
Billed Duration: 274 ms Memory Size: 256 MB
Max Memory Used: 123 MB Init Duration: 1635.69 ms
{"result":"hello Bill","requestId":"df8d19ad-1e94-4bce-a54c-93b8c09361c7"}
```

如您所見，計費的持續時間和記憶體使用量減少了，這對我們的荷包來說是好消息，儘管初始化的持續時間上升到 1.6，這會延遲回應，並且增加整個系統的總執行時間。我們來看看當我們從 Java 模式切換到原生模式時，這些數字是如何變化的。您可能還記得，Quarkus 允許您將專案封裝為開箱即用的原生可執行檔，但請記住 Lambda 需要 Linux 可執行檔，因此如果您碰巧在非 Linux 環境中執行的話，則需要調整一下封裝的命令。以下是您需要做的事情：

```
# for linux
$ mvn -Pnative package

# for non-linux
$ mvn package -Pnative -Dquarkus.native.container-build=true \
 -Dquarkus.native.container-runtime=docker
```

第二個命令呼叫 Docker 容器內的建構，並將產生的可執行檔放置在系統上預期的位置，而第一個命令會按原樣執行建構。現在有了原生可執行檔，我們可以在本地端和生產環境中執行新函數了。我們先看看本地端環境：

```
$ sam local invoke --template target/sam.native.yaml --event payload.json
Invoking not.used.in.provided.runtime (provided)
Decompressing /work/demo/target/function.zip
Skip pulling image and use local one:
amazon/aws-sam-cli-emulation-image-provided:rapid-1.24.1.
Mounting /private/var/folders/p_/3h19jd792gq0zr1ckqn9jb0m0000gn/T/tmp1zgzkuhy as
/var/task:ro,delegated inside runtime container
START RequestId: 27531d6c-461b-45e6-92d3-644db6ec8df4 Version: $LATEST
__  ____  __  _____   ___  __ ____  ______
 --/ __ \/ / / / _ | / _ \/ //_/ / / / __/
 -/ /_/ / /_/ / __ |/ , _/ ,< / /_/ /\ \
--\___\_\____/_/ |_/_/|_/_/|_|\____/___/
[io.quarkus] (main) quarkus-lambda 1.0-SNAPSHOT native
(powered by Quarkus 1.13.7.Final) started in 0.115s.
[io.quarkus] (main) Profile prod activated.
[io.quarkus] (main) Installed features: [amazon-lambda, cdi]
END RequestId: 27531d6c-461b-45e6-92d3-644db6ec8df4
REPORT RequestId: 27531d6c-461b-45e6-92d3-644db6ec8df4  Init Duration: 0.13 ms
Duration: 218.76 ms     Billed Duration: 300 ms Memory Size: 128 MB
Max Memory Used: 128 MB
{"result":"hello Bill","requestId":"27531d6c-461b-45e6-92d3-644db6ec8df4"}
```

計費的持續時間減少了一個數量級，從 3,300 毫秒降至只剩 300 毫秒，使用的記憶體則減少了一半；與它的 Java 對應品相比，這看起來蠻不錯的。在生產環境中執行時我們會得到更好的數字嗎？一起來看看吧：

```
$ sh target/manage.sh native create
$ sh target/manage.sh native invoke
Invoking function
++ aws lambda invoke response.txt --cli-binary-format raw-in-base64-out
++ --function-name QuarkusLambdaNative
++ --payload file://payload.json --log-type Tail --query LogResult --output text
++ base64 --decode
START RequestId: 19575cd3-3220-405b-afa0-76aa52e7a8b5 Version: $LATEST
END RequestId: 19575cd3-3220-405b-afa0-76aa52e7a8b5
REPORT RequestId: 19575cd3-3220-405b-afa0-76aa52e7a8b5  Duration: 2.55 ms
Billed Duration: 187 ms Memory Size: 256 MB     Max Memory Used: 54 MB
Init Duration: 183.91 ms
{"result":"hello Bill","requestId":"19575cd3-3220-405b-afa0-76aa52e7a8b5"}
```

總計費的持續時間得到了 30% 的加速，記憶體使用量還不到之前的一半；但真正的贏家是初始化時間，它只大約佔用了之前時間的 10%。在原生模式下執行您的函數會導致更快的啟動和全面性更好的數字表現。

現在由您來決定可以為您帶來最佳結果的選項組合。有時，即使在生產環境中，停留在 Java 模式也就夠好了，或者一直使用原生模式可能會給您帶來優勢。無論哪種方式，量測都會是關鍵——不要用猜的！

總結

我們在本章中介紹了很多內容，從傳統的單體應用開始，然後將其分解為具有可獨立部署的可重用組件的更小部分，稱為微服務，然後一直到可能的最小部署單元：函數。在此過程中需要權衡取捨，因為微服務架構在本質上是更複雜的，由更多移動部分組成。網路延遲成為一個真正的問題，必須相對應地加以解決。資料交易等其他方面也變得更加複雜，因為它們可能會跨越服務邊界，具體取決於實際案例。使用 Java 和原生可執行模式會產生不同的結果，並且需要進行客製化的設定，兩者各有利弊。親愛的讀者，我的建議是評估、量測、然後選擇一個組合；密切關注數字和服務等級協議（service level agreement, SLA），因為您可能需要重新評估沿途的決策並進行調整。

表 4-1 總結了在我的本地端環境和遠端環境中，每個候選框架在 Java 和原生映像模式下執行範例應用程式所獲得的量測結果。「大小」欄顯示了部署的單元大小，而「時間」欄則顯示了從啟動到服務第一個請求的時間。

表 4-1　量測總結

框架	Java - 大小	Java - 時間	原生 - 大小	原生 - 時間
Spring Boot	17 MB	2200 毫秒	78 MB	90 毫秒
Micronaut	14 MB	500 毫秒	60 MB	20 毫秒
Quarkus	13 MB	600 毫秒	47 MB	13 毫秒
Helidon	15 MB	2300 毫秒	94 MB	50 毫秒

提醒一下，我們鼓勵您進行自己的量測。對託管環境、JVM 版本與設定、框架版本、網路條件和其他環境特性的變更會產生不同的結果。對於此處所顯示的數字應該持保留態度，它們絕不是權威值。

第五章

持續整合

Melissa McKay

總是會犯新的錯誤。

—Esther Dyson

回到第 2 章，您已經瞭解了原始碼控制和公共程式碼儲存庫的價值。在您組織了並且確定了原始碼控制解決方案後，您需要採取更多步驟來達到最終的結果，讓您的使用者可以享受您所交付的軟體的完美使用者體驗。

考慮一下您身為個人開發人員在整個軟體開發生命週期中改進軟體的過程。在確定了某項軟體功能或錯誤修復的驗收標準後，您將繼續將特定的程式碼行以及相關的單元測試（unit test）添加到程式碼庫中。然後，您將編譯並執行所有單元測試，以確保您的新程式碼會按預期的方式（或至少按單元測試所定義的方式）運作，並且不會破壞已知的現有功能。在您發現所有測試都通過後，您將建構和封裝您的應用程式，並在品質保證（quality assurance, QA）環境中以整合測試的形式來驗證功能。最後，當您對於運作良好且維護良好的測試套件感到滿意後，您將交付和 / 或部署您的軟體到生產環境中。

如果您有任何開發經驗的話，您就會和我一樣知道，軟體很少能如此乾淨地一次到位。當您開始與開發人員團隊一起處理更大的專案時，前面所描述的理想工作流程的嚴格實作是過於簡化了。整個過程中會引入多種複雜性，可能會卡住軟體交付生命週期的齒輪，並破壞您的行程安排。本章將討論持續整合，還有相關的最佳實務和工具集將如何幫助您避開或減輕軟體開發專案在交付過程中經常遇到的障礙和難題。

採用持續整合

持續整合（*continuous integration, CI*）最常被描述為頻繁地將來自多個貢獻者的程式碼的變更整合到專案的主要原始碼儲存庫中。在實務上，這個定義本身有點模糊。究竟有多**頻繁**？在這種語境下，整合實際上意味著什麼？僅僅將程式碼變更推送到原始碼儲存庫就足夠了嗎？最重要的是，這個程序解決了什麼問題——您應該為了什麼好處而採用這種做法？

CI 的概念已經存在了相當長的一段時間。根據 Martin Fowler（*https://oreil.ly/3sYHE*）的說法，**持續整合**一詞起源於 Kent Beck 的 Extreme Programming 開發程序，是它最初的 12 種實務之一。在 DevOps 社群中，這個術語現在就像吐司上的奶油一樣普遍，但是它的實作方式可能因團隊和專案而異。如果沒有徹底瞭解最初的意圖或者放棄了最佳實務的話，那麼這些好處將是碰巧出現的。

有趣的是，隨著時間的推移，我們對 CI 的理解發生了變化。我們現在談論它的方式和 Beck 最初為了解決並行（concurrent）開發問題而引入它的時候有很大不同。我們今天遇到的問題更集中於要讓定期和頻繁的建構更有效率，同時最大限度地減少錯誤，而在最初，CI 和從中衍生出來的建構工具的擴散更強調在開發完成後怎麼**完成**專案的建構。CI 不是在團隊完成所有編碼**之後**才嘗試組裝專案，而是需要改變思維方式——在開發過程**之中**定期的進行建構。

今天，CI 的目標在於透過定期和頻繁的建構，來在開發週期中盡快的識別出錯誤和相容性問題。CI 的基本前提是，如果開發人員經常整合變更的話，就可以在此程序中更快地發現錯誤，並且花費更少的時間來尋找問題是在何時何地被引入。錯誤被發現的時間越長，它在周圍程式碼庫中根深蒂固的可能性就越大。

從開發的角度來看，接近引入時間的錯誤會更容易被找到、捕獲和修復，而不是想要從已經移動到交付生產線後期階段的程式碼層中找出它們。拖到最後驗收階段才發現的錯誤，尤其是那些一直逃到發布才發現的錯誤，會直接轉化成讓我們會花更多的錢來進行修復，且花更少的時間在新功能上。在修復生產環境的錯誤時，在許多情況下，除了在新版本中要包含和記錄修復之外，現在還需要修補現有的部署。這在本質上減少了團隊可以用來開發新功能的時間。

重要的是要理解，實作 CI 解決方案並**不**等同於沒有任何錯誤的軟體。使用這樣一個明確的衡量標準來確定 CI 的實作是否值得是愚蠢的，更有價值的度量可能是 CI 所捕獲的錯誤或者相容性問題的數量。就像疫苗在大量人群中永遠不會 100% 有效一樣，CI 只是另一種保護等級，用於從發布版本中過濾掉最明顯的錯誤。就其本身而言，CI 永遠不能取代在初始設計和開發步驟範圍內的軟體開發最佳實務所帶來的眾所周知的好處。然而，它將為軟體提供更好的安全網，因為隨著時間的推移，它會被多個開發人員反覆的處理和按摩。Martin Fowler 是這樣說的：「持續整合並不能消除錯誤，但它確實使它們更容易被找到和刪除。」

我第一次接觸 CI 是在一家採用 Extreme Programming（XP）軟體開發方法的小公司實習期間，其中 CI 是一個重要的層面。我們並沒有一個使用了所有最新最好的 DevOps 工具的超炫系統，我們所擁有的只是一個共有程式碼儲存庫，以及位於辦公室小櫃子中的一台建構伺服器。

當我第一次加入開發團隊時，我不知道建構伺服器上裝設了一個揚聲器，如果來自原始碼控制的新存入導致建構或任何自動化測試失敗時，它會發出緊急警報聲。我們是一個相對年輕的團隊，所以我們的 CI 中所做的這個動作主要是在開玩笑，但是猜猜誰**非常**快就學會在沒有先驗證專案是否已經成功建構並通過單元測試的情況下，不要將程式碼推送到主儲存庫？

時至今日，對於能以這種方式接觸到這種做法的這件事，我感到十分幸運。它的簡單性突出了 CI 最重要的層面。我想指出這個簡單設定的三個副產品：

程式碼整合是定期的，很少是複雜的

我的團隊同意遵循 XP 實務，鼓勵每隔幾個小時就進行一次整合（*https://oreil.ly/0A7P9*）。比特定時間間隔更重要的是，在任何給定時間點需要整合的程式碼量。在規劃和分解實際的開發工作時，我們將精力集中在建立小型、可完成的任務上，永遠要從可以運作的最簡單的事情開始（*https://oreil.ly/Scb94*）。對於**可完成**我的意思是在開發任務完成後，它可以被整合到主程式碼儲存庫中，並且預期結果將是成功的建構並且通過所有單元測試。這種在盡可能小的套件中組織程式碼更新的做法，使得定期和頻繁地整合到主原始碼儲存庫成為一種正常且不起眼的活動。很少會花大量時間在大型整合工作上。

建構和測試的失敗相對容易解決

由於專案已完成建構並且定期地執行自動化測試，因此要從哪裡開始對故障進行排除是很明顯的。自從最近一次的成功建構之後做這件事，要涉及的程式碼相對較少。如果無法立即識別和解決問題時，我們將從回復最新的合併開始，並根據需求進行回溯工作以回復乾淨的建構。

由整合引入並被 *CI* 系統捕獲的錯誤和相容性問題會立即得到修復

響亮的警笛聲會讓團隊中的每個人都知道有一個問題需要解決，一個不容忽視的問題。因為每當發生建構或測試失敗時，我們的 CI 系統就會停止進度，所以每個人都會一起找出問題所在以及如何解決問題。團隊的溝通、協調和合作都處於最佳狀態，因為在問題解決之前沒有人能夠繼續前進。大多數時候，可以透過分析最近的合併來識別有問題的程式碼，並將修復的責任分配給該開發人員或開發人員對組。有時，由於最近多次合併的相容性問題，有必要和整個團隊進行討論，因為系統的一個部分的變更，會對另一個看似不相關的部分產生負面影響。這些實例要求我們的團隊從整體上重新評估所做的程式碼變更，然後共同決定最佳的行動計劃。

這三個因子是我們 CI 解決方案成功的關鍵。您可能已經看出，這三者都暗示了構成健康的程式碼庫和健康的開發團隊的先決條件。如果沒有這些因子，CI 解決方案的初始實作無疑會更加困難。但是，實作 CI 解決方案反過來會對程式碼庫產生積極影響，走出第一步將提供一定程度的利益，值得我們付出努力。

確實，有效的 CI 解決方案不僅僅是簡單地協調對共享儲存庫的程式碼貢獻，並遵循以商定的頻率進行整合的任務。以下部分將引導您瞭解完整、實用的 CI 解決方案的基本要素，這將有助於減輕軟體開發程序的負擔並且加速軟體開發程序。

敘述性的編寫建構腳本

無論您的專案處於何種狀態——無論是新建專案、遺留專案、小型獨立程式庫、還是大型多模組專案——實作 CI 解決方案的首要任務應該是**編寫建構腳本**。擁有一個可以自動化的一致且可重複的程序，將有助於避免由於依賴項管理不善、在建立可發布套件時忘記包含所需資源、或無意中忽略了建構步驟等缺陷而導致的錯誤建構的挫敗感。

您將藉由編寫建構腳本而節省大量時間。隨著時間的推移，您專案的**建構生命週期**（*build lifecycle*）（建構專案所需的所有離散步驟）很容易變得更加複雜，尤其是當您消耗了越來越多的依賴項、包含了各種資源、添加了模組、和添加了測試時。您可能還需要根據想要的部署環境以不同的方式來建構您的專案，例如，您可能需要在開發或 QA 環境中啟用除錯功能，但在用於發布到生產的建構中禁用除錯，並防止測試類別被包含在可發布套件中。用手動的方式執行建構 Java 專案所涉及的所有必需步驟，包括考慮每個環境的配置差異，將是人為錯誤的溫床。當您第一次忽略像是建構已更新的依賴項等步驟，並因此必須重複建構一個巨大的多模組專案來糾正您的錯誤時，您將體會到建構腳本的價值。

無論您選擇什麼工具或框架來編寫建構腳本，請注意使用**敘述性**（*declarative*）方法而不是**命令性**（*imperative*）方法。這裡快速提醒一下這些術語的含義：

命令性

　　用實作細節定義一個精確的程序

敘述性

　　不使用實作細節來定義一個動作

換句話說，讓您的建構腳本專注於您需要做**什麼**，而不是**如何**去做它。藉由鼓勵在其他專案或模組上進行重用，將有助於讓您的腳本保持可理解、可維護、可測試、和可擴展。為此，您可能需要建立或遵守已知約定，或者編寫外掛程式或提供了實作細節的建構腳本中所參照的外部程式碼。一些建構工具比其他工具更傾向於採用敘述式方法。這通常伴隨著遵守約定與靈活性之間的取捨。

Java 生態系統有幾個完善的建構工具可用，所以如果您目前還在使用 `javac` 來手動編譯專案並將類別檔案封裝成 JAR 或其他套件類型，我會對此感到驚訝。您可能已經建立過某種建構程序和腳本——雖然不太可能的情況下您並沒有這樣做——或者您正在啟動一個全新的 Java 專案、或者您正在尋求改進現有腳本以利用最佳實務，本節將總結 Java 生態系統中可用的一些最常見的建構工具 / 框架以及它們為您提供的開箱即用的功能。

首先，重要的是要描繪您的建構程序，以確定您需要從建構腳本中得到什麼來獲得最大利益。要建構 Java 專案，您至少需要指定以下內容：

***Java* 版本**

　　編譯專案所需的 Java 版本

原始碼目錄路徑

　　包含專案所有原始碼的目錄

目標目錄路徑

　　編譯後的類別檔案應該放置的目錄

所需依賴項的名稱、位置和版本

　　對專案所需的任何依賴項進行定位和收集時所需要的元資料（metadata）

有了這些資訊，您應該能夠透過以下步驟來執行最小的建構程序：

1. 收集任何需要的依賴項。
2. 編譯程式碼。
3. 執行測試。
4. 封裝您的應用程式。

展示要如何將建構程序變成建構腳本的最佳方式是透過範例。以下範例展示了如何使用三種最常見的建構工具來編寫用來描述簡單的 Hello World Java 應用程式的最小建構過程的腳本，這些範例絕不會去探索這些工具所有可以使用的功能，它們只是作為幫助您開始瞭解現有的建構腳本、或編寫您的第一個建構腳本的速成課程，以從完整的 CI 解決方案中受益。

在評估建構工具時，請記住您的專案完成建構所需的實際程序。您的專案可能需要編寫這裡沒有顯示的額外步驟的腳本，並且一種建構工具可能會比另一種更適合完成此任務。重要的是，您選擇的工具可以幫助您以程式設計的方式來定義和加速專案所需的建構程序，而不是武斷地強迫您修改程序以適應工具的要求。也就是說，當您瞭解了工具的功能時，請將它反映到您的程序中並注意對您的團隊有益的變更。這對於已建立的專案最為重要。無論出於何種善意，對程序進行變更對於開發團隊來說都是痛苦的。它們應該是有意識的進行，清楚地瞭解變更的原因，還有當然會帶來明顯的好處。

使用 Apache Ant 來建構

Apache Ant 是 Apache Software Foundation 在 Apache License 下發布的開源專案。根據 Apache Ant 的說明文件（*https://ant.apache.org*），該名稱是 Another Neat Tool 的首字母縮寫詞，最初是 Tomcat 程式碼庫的一部分，由 James Duncan Davidson 所編寫，目的是要建構 Tomcat。它的第一次發布是在 2000 年。

Apache Ant 是一個用 Java 編寫的建構工具，它提供了一種方法來將建構程序描述為 XML 檔案中的敘述性步驟。這是我在 Java 職業生涯中所接觸到的第一個建構工具，儘管 Ant 現在競爭者眾，但它仍然活躍，並且經常與其他工具一起被廣泛使用。

關鍵 Ant 術語

在使用 Apache Ant 時，您會遇到以下術語：

Ant 任務（*Ant task*）

一個小的工作單元，例如刪除目錄或複製檔案。Ant 任務會在背地裡映射到 Java 物件，裡面包含了任務的實作細節。Ant 中提供了許多內建任務以及建立客製化任務的能力。

Ant 目標（*Ant target*）

Ant 任務會被分組到 Ant 目標中。Ant 目標將由 Ant 直接呼叫。例如，對於名為 *compile* 的目標，您將會執行命令 `ant compile`。Ant 目標可以被配置成相互依賴，以控制執行順序。

一些 Ant 建構檔案可能會變得非常大。在與 *build.xml* 相同的目錄中，您可以執行以下命令來獲取可用目標的列表：

```
ant -projecthelp
```

Ant 建構檔案（*Ant build file*）

一個 XML 檔案，用來配置專案會使用的所有 Ant 任務和目標。預設情況下，此檔案的名稱為 *build.xml*，位於專案目錄的根目錄中。

範例 5-1 是我使用 Ant 1.10.8 建立並執行的一個簡單 Ant 建構檔案。

範例 5-1　Ant 建構檔案（*build.xml*）

```
<project name="my-app" basedir="." default="package"> ❶

    <property name="version" value="1.0-SNAPSHOT"/> ❷
    <property name="finalName" value="${ant.project.name}-${version}"/>
    <property name="src.dir" value="src/main/java"/>
    <property name="build.dir" value="target"/>
    <property name="output.dir" value="${build.dir}/classes"/>
    <property name="test.src.dir" value="src/test/java"/>
    <property name="test.output.dir" value="${build.dir}/test-classes"/>
    <property name="lib.dir" value="lib"/>
```

```
    <path id="classpath"> ❸
        <fileset dir="${lib.dir}" includes="**/*.jar"/>
    </path>

    <target name="clean">
        <delete dir="${build.dir}"/>
    </target>

    <target name="compile" depends="clean"> ❹
        <mkdir dir="${output.dir}"/>
        <javac srcdir="${src.dir}"
               destdir="${output.dir}"
               target="11" source="11"
               classpathref="classpath"
               includeantruntime="false"/>
    </target>

    <target name="compile-test">
        <mkdir dir="${test.output.dir}"/>
        <javac srcdir="${test.src.dir}"
               destdir="${test.output.dir}"
               target="11" source="11"
               classpathref="classpath"
               includeantruntime="false"/>
    </target>

    <target name="test" depends="compile-test"> ❺
        <junit printsummary="yes" fork="true">
            <classpath>
                <path refid="classpath"/>
                <pathelement location="${output.dir}"/>
                <pathelement location="${test.output.dir}"/>
            </classpath>

            <batchtest>
                <fileset dir="${test.src.dir}" includes="**/*Test.java"/>
            </batchtest>
        </junit>
    </target>

    <target name="package" depends="compile,test"> ❻
        <mkdir dir="${build.dir}"/>
        <jar jarfile="${build.dir}/${finalName}.jar"
             basedir="${output.dir}"/>
    </target>

</project>
```

❶ 專案的 `default` 屬性的值可以設定為預設目標的名稱，以便在呼叫 Ant 卻沒有設定目標的情況下執行。對於這個專案來說，不帶任何引數的命令 `ant` 將執行 *package* 目標。

❷ 屬性元素是硬編碼的、不可變的值，可以在其餘的建構腳本中多次使用。使用它們有助於提高可讀性和可維護性。

❸ 這個路徑元素是我選擇用來管理該專案所需的依賴項的位置的方式。在本案例中，*junit* 和 *hamcrest-core* JAR 都手動地放置在此處所配置的目錄中。這種技術意味著依賴項將與專案一起存入原始碼控制中。儘管此範例的操作很簡單，但這不是被推薦的做法。第 6 章會詳細討論套件管理。

❹ `compile` 目標負責編譯原始碼（此專案指定為 Java 11）並將產生的類別檔案放置在所配置的位置。這個目標依賴於**乾淨的**目標，這意味著乾淨的目標會先被執行，以確保編譯的類別檔案是新鮮的，而不是舊版本殘餘下來的。

❺ `test` 目標將配置 JUnit Ant 任務，該任務將執行所有可用的單元測試並將結果列印到螢幕上。

❻ `package` 目標將會組裝一個最終的 JAR 檔案並將它放在配置的位置中。

執行單行命令 `ant package` 將取得我們的 Java 專案、編譯它、執行單元測試、然後為我們組裝一個 JAR 檔案。Ant 很靈活、功能豐富，並且滿足了我們編寫最小建構腳本的目標。XML 配置檔案是記錄專案建構生命週期的一種乾淨且直接的方式。Ant 本身缺乏依賴項管理的做法。但是，目前已經開發了像是 Apache Ivy（*https://oreil.ly/7t5v5*）這樣的工具來將此功能擴展到 Ant。

使用 Apache Maven 進行建構

根據 Apache Maven 專案文件（*https://oreil.ly/CziRT*）的說法，*maven* 是意第緒語（Yiddish），意思是**知識的累積者**。和 Apache Ant 一樣，Maven 也是 Apache 軟體基金會的一個開源專案。它最初是對 Jakarta turbine 專案建構的改進，該建構會為每個子專案使用不同的 Ant 配置。它第一次正式發布是在 2004 年。

和 Apache Ant 一樣，Maven 使用 XML 文件（一個 POM 檔案）來描述和管理 Java 專案。此文件記錄有關專案的資訊，包括專案的唯一性標識符（identifier）、所需的編譯器版本、配置屬性值、以及所有所需依賴項及其版本的元資料。Maven 最強大的特性之一是它的依賴項關係管理以及使用儲存庫來與其他專案共享依賴項關係的能力。

Maven 極度依賴於約定，以便提供一種統一的方法來管理和記錄專案，而此方法可以輕鬆地擴展到所有使用 Maven 的專案中。專案將被預期會以特定方式來佈置在檔案系統上。為了保持腳本的敘述性，客製化的實作需要建構客製化的外掛程式。儘管可以對它進行廣泛客製化以覆寫被預期的預設值，但如果您符合預期的專案結構的話，Maven 只需很少的配置即可開箱即用的運作。

關鍵 Maven 術語

在使用 Maven 時，您會遇到以下術語：

生命週期階段（*lifecycle phase*）

在專案建構生命週期中的一個離散步驟。Maven 定義了一串在建構期間會按順序執行的預設階段。預設階段為驗證（*validate*）、編譯（*compile*）、測試（*test*）、封裝（*package*）、校驗（*verify*）、安裝（*install*）和部署（*deploy*）。另外兩個 Maven 生命週期由處理專案清理和記錄的階段組成。使用生命週期階段來呼叫 Maven 將會按順序執行所有生命週期階段，直到給定的生命週期階段為止。

Maven 目標（*Maven goal*）

會處理生命週期階段的執行的實作細節。一個目標可以配置成與多個生命週期階段相關聯。

Maven 外掛程式（*Maven plug-in*）

具有共同目的的共同 Maven 目標的集合。目標由外掛程式來提供，它們會在它們綁定的生命週期階段執行。

POM 檔案（*POM file*）

Maven 的專案物件模型（*Project Object Model*）或 POM 被實作為一個 XML 配置檔案，其中包括專案建構生命週期所需的所有 Maven 生命週期階段、目標、和外掛程式的配置。該檔案的名稱是 *pom.xml*，位於專案的根目錄中。在多模組專案中，專案根目錄下的 POM 檔案可能是父（*parent*） POM，它為指明了父 POM 的 POM 提供了繼承的配置。所有專案的 POM 檔案都是 extend Maven 的 *Super POM*，它由 Maven 安裝本身提供，並包括了預設配置。

範例 5-2 是我使用 Maven 3.6.3 為我的 Java 11 環境配置的一個簡單 POM 檔案。

範例 5-2　*Maven POM* 檔案（*pom.xml*）

```
<?xml version="1.0" encoding="UTF-8"?>

<project xmlns="http://maven.apache.org/POM/4.0.0"
         xmlns:xsi="http://www.w3.org/2001/XMLSchema-instance"
         xsi:schemaLocation=
            "http://maven.apache.org/POM/4.0.0
            http://maven.apache.org/xsd/maven-4.0.0.xsd">
  <modelVersion>4.0.0</modelVersion>

  <groupId>com.mycompany.app</groupId> ❶
  <artifactId>my-app</artifactId>
  <version>1.0-SNAPSHOT</version>

  <name>my-app</name>
  <!-- FIXME change it to the project's website -->
  <url>http://www.example.com</url>

  <properties> ❷
    <project.build.sourceEncoding>UTF-8</project.build.sourceEncoding>
    <maven.compiler.release>11</maven.compiler.release>
  </properties>

  <dependencies> ❸
    <dependency>
      <groupId>junit</groupId>
      <artifactId>junit</artifactId>
      <version>4.11</version>
      <scope>test</scope>
    </dependency>
  </dependencies>

  <build> ❹
    <pluginManagement>
      <plugins>
        <plugin> ❺
          <artifactId>maven-compiler-plugin</artifactId>
          <version>3.8.0</version>
        </plugin>
      </plugins>
    </pluginManagement>
  </build>
</project>
```

❶ 每個專案都由其配置的 `groupId`、`artifactId` 和 `version` 進行唯一性的標識。

❷ 屬性是硬編碼的值，可能會使用在 POM 檔案中的多個位置。它們可以是外掛程式或目標所使用的客製化屬性或內建屬性。

❸ 在 `dependencies` 區塊中，標識了專案的所有直接依賴項。本專案依賴 JUnit 來執行單元測試，所以這裡指定了 *junit* 依賴項。JUnit 本身對 *hamcrest-core* 有依賴關係，不過 Maven 夠聰明，所以不需要將它包含在此處就可以解決。預設情況下，Maven 將從 Maven Central 中提取這些依賴項。

❹ `build` 區塊是配置外掛程式的地方。除非有您想要覆蓋的配置，否則不需要此區塊。

❺ 所有生命週期階段都存在著預設的外掛程式綁定，但在此案例中，我想將 `maven-compiler-plugin` 配置為使用 Java 版本 11 而不是預設值。為外掛程式控制此行為的屬性是 `properties` 區塊中的 `maven.compiler.release`。此配置可以放在 `plugins` 區塊中，但將其移動到檔案頂部的 `properties` 區塊以方便查看是有意義的。此屬性替換了在使用舊版本的 Java 時通常會看到的 `maven.compiler.source` 和 `maven.compiler.target`。

最好鎖定所有 Maven 外掛程式版本以避免使用 Maven 的預設值。具體來說，在使用舊版本的 Maven 以及 Java 9 或更高版本時，請特別注意配置建構腳本的 Maven 說明。Maven 安裝的預設外掛程式版本可能與更高版本的 Java 不相容。

由於對約定的強烈依賴，這個 Maven 建構腳本非常簡短。使用這個小的 POM 檔案，我可以執行 `mvn package` 來編譯、執行測試、和組裝 JAR 檔案，所有這些動作都使用了預設的設定。如果您花時間使用 Maven 的話，您會很快意識到它不只是一個建構工具，而且充滿了強大的功能。對於剛接觸 Maven 的人來說，它潛在的複雜性可能會讓人不知所措。此外，透過建立一個新的 Maven 外掛程式來進行客製化是非常困難的。在撰寫本文時，Apache Maven Project（*https://oreil.ly/CziRT*）說明文件包含了出色的資源，包括 Maven in 5 Minutes（*https://oreil.ly/dkxa6*）指南。如果您還不熟悉 Maven 的話，我強烈建議您從這些資源開始。

儘管 Apache Maven Ant Plugin 已經不再被維護了（*https://oreil.ly/DOg5K*），但還是可以從 Maven POM 檔案來產生 Ant 建構檔案。這樣做將幫助您享受您使用 Maven 的約定和預設設定所得到的開箱即用的一切東西！在和 *pom.xml* 檔案相同的目錄中，您可以使用命令 `mvn ant:ant` 來呼叫 Maven 外掛程式。

使用 Gradle 進行建構

Gradle 是使用 Apache 2.0 授權的開源建構工具。Gradle 的創始人 Hans Dockter 在 Gradle Forums（*https://oreil.ly/1mEwy*）中解釋說，他最初的想法是用 *C* 來稱呼這個專案為 Cradle，但他最終決定用 *G* 來將它命名為 Gradle，因為它使用了 Apache Groovy 作為領域特定語言（domain-specific language, DSL）。Gradle 1.0 於 2012 年發布，因此與 Apache Ant 和 Apache Maven 相比，Gradle 是新手。

Gradle 與 Maven 和 Ant 之間的最大區別之一是 Gradle 建構腳本並不是基於 XML 的。相反的，我們可以使用 Groovy 或 Kotlin DSL 來編寫 Gradle 建構腳本。和 Maven 一樣，Gradle 也使用約定，但與 Maven 相比之下會更加靈活。Gradle 說明文件（*https://oreil.ly/Vvhch*）吹捧該工具的靈活性，並包含有關如何輕鬆客製化建構的說明。

Gradle 有大量關於將 Maven 建構遷移到 Gradle 的線上說明文件（*https://oreil.ly/RqR1s*）。您可以使用現有的 Maven POM 來產生 Gradle 建構檔案。

關鍵 Gradle 術語

使用 Gradle 時會遇到以下術語：

領域特定語言（*domain-specific language, DSL*）

Gradle 腳本使用特定於 Gradle 的 DSL。藉由 Gradle DSL，您可以使用 Kotlin 或 Groovy 語言功能來編寫 Gradle 腳本。Gradle Build Language Reference（*https://oreil.ly/Q6bQH*）是 Gradle DSL 的說明文件。

Gradle 任務（*Gradle task*）

即建構生命週期中的一個離散步驟，可以包括工作單位的實作，例如複製檔案、實作所使用的輸入、以及實作會影響的輸出。任務可以指定對其他任務的依賴關係來控制執行順序。您的專案建構將包含多個任務，Gradle 建構將對這些任務進行配置，然後以適當的順序執行。

Gradle 生命週期任務（*Gradle lifecycle tasks*）

Gradle 的 Base 外掛程式所提供的常見任務，包括清理（*clean*）、檢查（*check*）、組裝（*assemble*）、和建構（*build*）。其他的外掛程式可以應用 Base 外掛程式來存取這些任務。

Gradle 外掛程式（*Gradle plug-in*）

Gradle 任務以及用來擴充建構現有功能、特性、約定、配置和其他客製化的機制的集合。

Gradle 建構階段（*Gradle build phase*）

不要將 Gradle 建構階段與 Maven 階段混淆。Gradle 建構將經歷三個固定的建構階段：初始化（*initialization*）、配置（*configuration*）和執行（*execution*）。

範例 5-3 是一個簡單的 Gradle 建構檔案，它是我根據上一節中範例 5-2 的內容產生的。

範例 5-3　*Gradle* 建構腳本（*build.gradle*）

```
/*
 * 這個檔案是透過 Gradle 的 'init' 任務產生的。
 */

plugins {
    id 'java' ❶
    id 'maven-publish'
}

repositories { ❷
    mavenLocal()
    maven {
        url = uri('https://repo.maven.apache.org/maven2')
    }
}

dependencies {
    testImplementation 'junit:junit:4.11' ❸
}

group = 'com.mycompany.app'
version = '1.0-SNAPSHOT'
description = 'my-app'
sourceCompatibility = '11' ❹

publishing {
    publications {
        maven(MavenPublication) {
            from(components.java)
        }
    }
```

```
}

tasks.withType(JavaCompile) { ❺
    options.encoding = 'UTF-8'
}
```

❶ 透過將它的外掛程式 *ID*（*plug-in ID*）添加到 `plugins` 區塊來應用 Gradle 外掛程式。`java` 外掛程式是一個 Gradle Core 外掛程式，為 Java 專案提供編譯、測試、封裝等功能。

❷ `repositories` 區塊中提供了依賴項的儲存庫。依賴項關係是靠這些設定解析的。

❸ Gradle 處理依賴項的方式和 Maven 類似。我們的單元測試需要 JUnit 依賴項，因此它被包含在 `dependencies` 區塊中。

❹ `sourceCompatibility` 配置設定由 `java` 外掛程式來提供，並映射到 `javac` 的 `source` 選項。另外還有一個 `targetCompatibility` 配置設定，它的預設是 `sourceCompatibility` 的值，所以沒有理由將它添加到建構腳本中。

❺ Gradle 的靈活性允許我為 Java 編譯器添加外顯式編碼。`java` 外掛程式所提供的一個稱為 `compileJava` 的任務，是屬於 `JavaCompiler` 型別。這個程式碼區塊會設定這個編譯任務的編碼屬性。

這個 Gradle 建構腳本允許我透過執行單一命令 `gradle build` 來為我的專案進行編譯、執行測試、和組裝 JAR 檔案。由於 Gradle 建構是基於眾所周知的約定，因此建構腳本僅包含了為了要區分建構所需的內容，有助於讓它們變得較小並具有可維護性。這個簡單的腳本展示了 Gradle 的強大能力和靈活性，尤其是對具有更複雜建構過程的 Java 專案而言。在那種情況下，為了瞭解 Gradle DSL 怎麼進行客製化這件事所花的前期投資是非常值得的。

所有這三個用於建構 Java 專案的工具都有自己的優點和缺點。請根據您的專案需求、團隊經驗和所需的靈活性來選擇工具。弄出一個建構腳本（無論您選擇如何做這件事）並使用您選擇用來做這件事的任何工具，都會大大提高您的效率。建構 Java 專案是一個由許多步驟組成的重複程序，很容易出現人為錯誤，並且非常適合自動化。將專案建構減少到單一命令可以節省新開發人員的熱機時間、提高本地端開發環境中進行開發任務的效率、並為建構的自動化鋪平道路，而那是有效的 CI 解決方案的一個組成部分。

持續建構

程式碼整合不成功的最明顯跡像是建構失敗。因此，理所當然地應該經常建構一個專案，以便盡快地發現和解決任何問題。事實上，對主線程式碼庫的每一次貢獻都應該預期會導致建構成功地編譯並通過所有單元測試。

當提到在程式碼合併到主線原始碼儲存庫之後再建構專案時，我故意使用貢獻（*contribution*）這個詞而不是提交（*commit*）或存入（*check-in*）。這僅僅是因為您的開發團隊可能已經同意遵循多個開發程序（所有這些程序都是有效的），並且在其中一些程序中，對主線的貢獻可能是分支的合併或拉取請求的合併——而這兩者都可能由一個或多個提交來組成。

以下是使用測試驅動開發的典型開發人員工作流程：

1. 將原始碼管理中的最新程式碼取出到本地端工作區。
2. 為專案建構並執行所有測試以確保有一個乾淨的開始。（對此應該要有一個建構腳本。請參閱第 112 頁的「敘述性的編寫建構腳本」。）
3. 為新功能或錯誤修復編寫程式碼和相關單元測試。
4. 執行新的單元測試以確保它們會通過。
5. 為專案建構並執行所有單元測試，以確保新程式碼在與現有程式碼進行整合時不會產生負面影響。（同樣的，為此使用建構腳本。）
6. 將新程式碼與新測試一起提交到程式碼庫。

此過程旨在防止程式碼離開本地端開發工作區之前進行整合時出現問題（包括引入錯誤或失去功能）。但是，在此工作流程中可能會出現問題，這將付出痛苦的代價。有些是由現實的人性造成的，另一些則是因為無論在進階規劃中付出多少努力，幾乎不可能防止並行開發所引入的每一個潛在的不相容性。請不要搞錯；我並不是說這個程序是錯誤的而且應該要完全放棄它。相反的，本節將解釋自動化 CI 實作是如何的幫助緩解此工作流程中可能出現的問題，並提高您作為開發人員的效率和生產力。

開發人員在自己的本地端環境中成功的建構專案是不夠的。即使每個開發人員都努力遵守商定的程序，並僅在所有測試通過後才提交程式碼變更，您也不應該僅依靠這一點。最簡單的原因是開發人員可能沒有來自主線的最新變更（當許多開發人員在同一個程式碼庫中工作時，這種情況更有可能發生）。這可能會導致直到程式碼合併後才發現的不相容性。

有時，只有當其他人嘗試在自己的本地端開發環境中進行建構或執行測試時，測試問題才會浮出水面。例如，我不止一次尷尬地忘記將我建立的新檔案或資源提交到程式碼庫，這意味著下一個收集這些變更的開發人員會因為建構或測試的立即失敗而煩惱。我看到的另一個問題是編寫的程式碼只能在特定環境或特定作業系統中執行。

我們都會遇到諸事不順的時候，即使在最理想的情況下，這些問題也會時不時地從我們身邊溜過。但是，與其讓損壞的建構像病毒一樣在整個團隊中傳播，我們還是可以制定策略來幫助緩解這種整合問題。最常見的是使用自動建構伺服器，或叫 CI 伺服器。這些伺服器由負責執行完整建構的開發團隊來共享，包括執行測試、並在提交程式碼變更後報告建構結果。

您可能認識的流行 CI 伺服器包括 Jenkins、CircleCI、TeamCity、Bamboo、以及 GitLab。還有像 JFrog Pipelines 這樣的更多選項正在出現，有些選項比其他選項具有更多的特性和功能，但主要目標是透過頻繁地進行建構並在出現問題時進行報告來為進入共享儲存庫的程式碼變更建立裁判機制。使用 CI 伺服器自動執行建構是確保建構會定期發生的最佳方式，並能儘早發現任何的整合問題。

自動化測試

除了在開發期間執行單一測試之外，通常在 IDE 中開發人員應該有一種快速的方法來執行全套的自動化測試，然後再將新程式碼存入程式碼庫。

第 112 頁的「敘述性的編寫建構腳本」中所概述的最小建構程序包括了自動執行單元測試的步驟。而每個建構腳本範例也包括了這個單元測試步驟。這絕非偶然。事實上，建構的這一部分對於健康的 CI 解決方案絕對是必不可少的，並且值得為此花費大量的時間和精力。CI 的主要目的之一就是要能夠在開發過程中儘早發現整合問題。

只有單元測試並不會暴露每一個問題——這會是一個不切實際的期望。但是編寫一組強大的單元測試將是及早能發現問題的最佳主動方法之一，因為單元測試甚至可以在正式的品質保證過程的第一階段之前執行，所以它們是開發週期中十分有價值的部分。它們是您可以採取的第一套安全措施，以確保您的軟體在生產中能正常表現。

本節不詳細介紹如何用 Java 來編寫單元測試。我會假設您已經理解並接受它們的重要性、您的專案有進行單元測試、而且您也使用了一個有助於自動執行它們的框架，例如 Junit 或 TestNG。如果您還沒有這樣做的話，請馬上停下來並為您的專案編寫一個簡單的單元測試，這個單元測試可以在您的建構期間自動執行，以便在您的 CI 解決方案中擴充此步驟。然後，安排個時間和您的開發團隊坐下來，制定一下要如何編寫和維護單元測試的策略。

Java 生態系統中提供了許多測試工具，本節並不意味著要進行詳盡的比較或對某工具的認可。相反的，我將討論測試自動化應該要如何融入您的 CI 程序、您要爭取的測試套件的品質、以及如何避免 CI 環境中一些會侵蝕您的效率的常見陷阱。

監控和維護測試

將最新程式碼取出到本地端的開發工作區很簡單。編譯和執行所有單元測試也很簡單。但是隨著您添加更多模組，而且您的專案變得更加複雜時，進行完整的建構並執行所有的測試將會開始花費您更多時間。您的開發過程花費的時間越長，其他程式碼變更就越有可能在您之前被引入主線。

為了防止潛在的破壞，您就必須檢查最新的變更並再次執行所有測試——這不是一個非常有效率的過程。沮喪會導致開發人員採取捷徑並跳過執行測試，以便在其他的程式碼變更之前先將程式碼提交到主線。顯然這將是一個滑坡，絕對會導致主線中的程式碼更頻繁地損壞，從而拖慢了整個團隊的速度。

維護測試需要時間，並且應該定期將這段時間納入開發計劃中。就像您的程式碼庫的其他部分一樣，測試需要隨著時間的推移而進行改進和調整。當它們變得過時的時候，它們就應該被刪除；當它們損壞時，它們就應該被修復。通常在瀏覽各種程式碼庫時，我會遇到被註解掉的測試案例。發生這種情況有幾個原因，不過它們都不是好事。有時這僅僅是因為團隊時間緊迫，並且感受到要在期限內完成建構的壓力，並承諾稍後會重新再進行測試。有時，這是因為特定的測試案例不一致地失敗，這被稱為*不穩定*（*flaky*）測試。這可能是由於發生競賽情況，或者被測試錯誤地認為是靜態（static）的動態（dynamic）值。

在任何一種情況下，操縱測試以不去執行它都是一件危險的事情，並且指出開發團隊正在面臨更大的問題。對優先事項的審視是有順序的。不解決陳舊或脆弱的測試，或者更糟糕的是，根本不編寫它們，會為您的專案移除護欄，並違背您費心實施 CI 程序的目的。

有時不執行測試是因為已經可以確定它們花費了太多時間。使用 CI 伺服器來定期記錄執行測試所需的時間並確定可接受的閾值。隨著您的專案增長，並且您看到建構所花的時間量增加到超出您可接受的閾值時，請停下來檢查您的測試。尋找過時的測試、重複的測試，以及可以平行執行的測試。考慮到您希望建構伺服器執行的頻率（可能在每次程式碼變更之後），每一秒都至關重要。

總結

本章將持續整合展現為開發團隊的基本實務。隨著時間的推移，工具的發展有助於提高我們建構軟體專案的效率。自動觸發建構以及自動執行測試能夠幫助開發人員更能專注於編寫程式碼，並在開發過程的早期捕獲錯誤的程式碼。我們很容易就理所當然的接受並享受自動化所節省的工作量，但是瞭解其下的細節很重要，尤其是在涉及到您的測試套件時。請不要讓維護不善的測試奪走你的持續整合系統的好處。

第六章

套件管理

Ixchel Ruiz

當您閱讀這句話時，在世界的某個地方正有一行程式碼被編寫出來。這行程式碼最終將成為工件（artifact）的一部分，該工件將成為組織內部在一個或多個企業產品中使用的積木、或透過公共儲存庫進行共享，其中最著名的是 Maven Central for Java 和 Kotlin 程式庫。

現在可用的程式庫、二進位檔案和工件比以往任何時候都更多，隨著在世界各地的開發人員繼續進行他們的下一代產品和服務，這個集合將繼續增長。處理和管理這些工件現在比以前需要更多的努力——越來越多的依賴項關係建立了一個複雜的連接網路。使用不正確的工件版本很容易就會掉入陷阱，導致混亂和損壞的建構，並最終延滯了精心計劃的專案的發布日期。

比過去任何時候都更重要的是，開發人員不僅要瞭解直接擺在他們面前的原始碼的功能和特性，還要瞭解他們的專案是如何封裝、以及積木是如何組裝到最終產品中的。深入瞭解建構程序以及我們的自動化建構工具是如何在後台執行，對於避免延遲還有幾小時不必要的故障排除至關重要——更不用說要防止一大類的錯誤逃逸到生產環境中了。

去存取為了常見的編碼問題而提供了解決方案的大量第三方資源可以幫助加快我們的專案開發，但也會帶來錯誤或發生意外行為的風險。瞭解這些組件是如何被引入專案中、以及它們是來自何處，將有助於故障排除工作。要確保我們是自己內部生產的工件的負責任管理者，這將使我們能夠在錯誤修復和功能開發方面改進我們的決策和優先等級訂定，並協助為發布到生產環境這件事鋪平道路。開發人員不能再只精通他們面對的程式碼的語意，還要精通套件管理的複雜性。

為什麼「建造並交付」還不夠

不久前，軟體開發人員將建構工件視為艱苦的、甚至有時是史詩般努力的結果。趕上最後期限有時意味著使用捷徑和沒有充分記錄的步驟。從那時起，產業的需求發生了變化，以帶來更快的交付週期、多樣化的環境、訂製的工件、爆炸性的程式碼庫和儲存庫、以及多模組套件。今天，建構工件只是更大的商業週期的其中一個步驟。

成功的領導者認識到，最好的創新源自於反覆地試驗。這就是為什麼他們將測試、實驗、和失敗作為他們生活和公司程序中不可或缺的一部分。

進行創新、更快的擴展、推出更多產品、提高應用程式或產品的品質或使用者體驗，以及推出新功能的一種方法是透過 A/B 測試。什麼是 A/B 測試？根據在哥倫比亞大學創立應用分析專案的 Kaiser Fung 所說，*A/B 測試*（*A/B testing*）最基本的定義是一種具有百年歷史的方法，用於比較事物的兩個版本，以確定哪個版本的效能更好。如今，幾家新創公司、Microsoft 等知名公司、以及其他幾家領先公司——包括 Amazon、Booking.com、Facebook 和 Google——每年都在進行（*https://oreil.ly/vRKPP*）超過 10,000 次線上受控實驗。

Booking.com 對其網站上的每一項新功能進行對比測試，從照片和內容的選擇到按鈕顏色和位置等細節進行比較。透過互相測試多個版本並追蹤客戶的反應，該公司能夠不斷的改善使用者體驗。

我們要如何交付和部署由眾多工件所組成的多個版本的軟體呢？要如何找到瓶頸呢？要怎麼知道自己正朝著正確的方向前進？要如何追蹤哪些運作良好而哪些又對我們不利呢？要如何保持可重複的結果但又具有豐富的傳承呢？透過捕獲和分析有關工作流程和工件的輸入、輸出、和狀態的相關的、語境的、清晰的、和特定的資訊，我們可以找到這些問題的答案。多虧了元資料，所有這一切都成為可能。

全都和元資料有關

正如 W. Edwards Deming 所說，「我們信仰上帝；其他人都會帶來資料。（In God we trust; all others bring data.）」元資料被定義為相關資訊的結構化之鍵 / 值（key/value）儲存區。換句話說，它是適用於特定實體的特性或屬性的集合，在我們的範例中，這些實體即為工件和程序。

元資料能夠發現相關性和因果關係，以及洞察組織的行為和結果。因此，元資料可以顯示組織是否有符合其利益相關者的目標。

額外的資料可以在後期階段用於萃取或導出更多資訊，這些資料有助於擴展視角並建立更多的故事或敘述。選擇要添加的屬性、基數（cardinality）、和值很重要——太多了會損害效能；太少了則會錯過了資訊。值過多時，可能會失去對事物的洞察。

一個好的起點是回答以下有關軟體開發週期中每個階段的主要步驟的問題：誰？什麼？如何？在哪裡？什麼時候？不過，提出正確的問題只是成功的一半。擁有可以規範化或列舉的具有語境性、相關性、具體性、和清晰性的答案始終是一個好習慣。

具有洞察力的元資料的關鍵屬性

具有洞察力的資料應包括以下所有特性：

語境化的（*contextualized*）

所有資料都需要在參考框架內進行解讀。要萃取和比較可能的場景，重要的是要有正確的分析舞台。

相關的（*relevant*）

值的可變性對結果會產生影響，或者會描述結果或程序中的特定階段或時間。

特定的（*specific*）

這些值描述了一個明確的事件（即初始值、結束值）。

清晰的（*clear*）

可能的值是眾所周知的或已定義的、可計算的、和可比較的。

唯一的（*unique*）

具有單一、獨特的值。

可擴展的（*extensible*）

由於人類知識的財富不斷增加，資料需要定義出一種機制，以便標準可以進行演化和擴展來適應新的屬性。

一旦定義了記錄軟體開發週期的階段、輸入、輸出和狀態的內容、時間、原因和方式的做法後，您還需要牢記元資料子集合的使用者是誰。一方面，您可能有一個中間私人使用者，他將以不同的方式來使用和回應一組值 —— 從觸發次生產線（sub pipeline）、促進建構、在不同環境中進行部署、或發布工件。另一方面，您可能擁有最終的外部使用者，他們將能夠萃取資訊，並憑藉著技能和經驗將其轉化為有助於滿足組織總體目標的洞察。

元資料注意事項

以下是有關元資料的重要注意事項：

隱私和安全

　對於揭露值這件事要三思而後行。

能見度

　並非所有使用者都對所有資料感興趣。

格式和編碼

　一個特定的屬性可能會在不同階段以不同的格式揭露出來，但在它的命名、涵義、和可能的一般值上需要保持一致。

讓我們將注意力轉向使用建構工具來產生和封裝元資料。在建構工具方面，Java 生態系統並不缺乏選擇性。我們可以說，其中最受歡迎的是 Apache Maven 和 Gradle。因此，深入討論它們是有意義的。但是，如果您的建構是依賴於不同的建構工具時，本節中所提供的資訊可能仍然是有用的，因為收集和封裝元資料的一些技術可能會被重新使用。

現在，在我們進入實際的程式碼片段之前，我們必須弄清楚三個動作項目：

1. 決定應該與工件封裝在一起的元資料。
2. 瞭解如何在建構過程中獲取元資料。
3. 處理元資料並以適當的格式進行記錄。

以下的小節涵蓋了這些層面。

決定元資料

建構環境不乏可以轉換為元資料並與工件一起封裝的資訊。一個很好的例子是建構時間戳記（timestamp），它標識了建構產生工件的時間和日期。有許多時間戳記格式可以依循，但我建議使用 ISO 8601（*https://oreil.ly/PsZkB*），它使用了 `java.text.SimpleDateformat` 的格式來表達為 `yyyy-MM-dd'T'HH:mm:ssXXX`——當我們使用 `java.util.Date` 來獲得時間戳記時這很有用。或者，如果我們使用 `java.time.LocalDateTime` 來獲得時間戳記時，則可以使用 `java.time.format.DateTimeFormatter.ISO_OFFSET_DATE_TIME` 格式。進行建構的作業系統詳細資訊以及 JDK 資訊（例如版本、ID 和供應商）也可能很重要。對我們來說幸運的是，這些資訊會被 JVM 捕獲並透過 `System`（*https://oreil.ly/CKMsE*）屬性來公開。

請考慮將工件的 ID 和版本（即使這些值通常會編碼在工件的檔名中）也包括進來以作為預防措施，以防止工件在某些時候被重新命名。SCM 資訊也很重要。來自原始碼控制的有用資訊包括提交雜湊（commit hash）、標籤（tag）、和分支名稱。此外，您可能希望捕獲特定的建構資訊，例如執行建構的使用者；建構工具的名稱、ID 和版本；以及建構機器的主機名稱和 IP 位址。這些鍵 / 值對可能是最重要且最常見的元資料，但是您也可以選擇會使用這些被產出的工件的其他工具和系統所需的額外的鍵 / 值對。

檢查您的團隊和組織對於敏感資料的存取和可見性的政策是非常重要的，這件事我再怎麼強調都嫌不夠。前面所提到的一些鍵 / 值對如果暴露給第三方或外部使用者可能會被視為安全風險，儘管它們可能對內部使用者非常重要。

獲取元資料

在確定需要獲取哪些元資料之後，我們必須找到一種方法來使用我們所選擇的建構工具來收集元資料。一些鍵 / 值對可以直接從環境、系統設定、和由 JVM 暴露為環境變數或 `System` 屬性的命令旗標（command flag）中獲取。建構工具本身可能會公開其他屬性，無論它們是定義為額外的命令行參數還是工具配置設定中的配置元素。

讓我們暫時假設我們需要獲取以下的鍵 / 值對：

- JDK 資訊，例如版本和供應商
- 作業系統資訊，例如名稱、架構、和版本
- 建構時間戳記
- 來自 SCM（假設是 Git）的目前的提交雜湊

這些值可以透過使用 Maven 的 System 屬性來獲取前兩項，以及使用第三方外掛程式來獲取後兩項。在提供與 Git 整合的外掛程式方面，Maven 和 Gradle 都不乏選擇，但我會建議為 Maven 選擇 git-commit-id-maven-plugin（*https://oreil.ly/EwiLP*），為 Gradle 選擇 versioning（*https://oreil.ly/qjEOi*），因為這些外掛程式是迄今為止最普遍被使用的。

現在，Maven 允許以多種方式來定義屬性，最常見的是在 *pom.xml* 建構檔案的 <properties> 部分中出現的鍵 / 值對。每個鍵的值都是自由文本（free text），儘管您可以使用速記符號來引用 System 屬性或使用命名約定來引用環境變數。假設您要存取在 System 屬性中所找到的 java.version 鍵的值，這可以透過使用 ${} 速記符號來完成，例如 ${java.version}；相反的，對於環境變數，您可以使用 ${env.*NAME*} 表達法。例如說，在 *pom.xml* 建構檔案中，您可以使用運算式 ${env.TOKEN} 來存取名為 TOKEN 的環境變數的值，將 git-commit-id 外掛程式和建構屬性放在一起可能會產生類似於以下內容的 *pom.xml*：

```
<project xmlns="http://maven.apache.org/POM/4.0.0"
  xmlns:xsi="http://www.w3.org/2001/XMLSchema-instance"
  xsi:schemaLocation="http://maven.apache.org/POM/4.0.0
  http://maven.apache.org/xsd/maven-4.0.0.xsd">
  <modelVersion>4.0.0</modelVersion>

  <groupId>com.acme</groupId>
  <artifactId>example</artifactId>
  <version>1.0.0-SNAPSHOT</version>

  <properties>
    <project.build.sourceEncoding>UTF-8</project.build.sourceEncoding>
    <build.jdk>${java.version} (${java.vendor} ${java.vm.version})</build.jdk>
    <build.os>${os.name} ${os.arch} ${os.version}</build.os>
    <build.revision>${git.commit.id}</build.revision>
    <build.timestamp>${git.build.time}</build.timestamp>
  </properties>

  <build>
    <plugins>
      <plugin>
        <groupId>pl.project13.maven</groupId>
        <artifactId>git-commit-id-plugin</artifactId>
        <version>4.0.3</version>
        <executions>
          <execution>
            <id>resolve-git-properties</id>
            <goals>
              <goal>revision</goal>
            </goals>
```

```
          </execution>
        </executions>
        <configuration>
          <verbose>false</verbose>
          <failOnNoGitDirectory>false</failOnNoGitDirectory>
          <generateGitPropertiesFile>true</generateGitPropertiesFile>
          <generateGitPropertiesFilename>
            ${project.build.directory}/git.properties
          </generateGitPropertiesFilename>
          <dateFormat>yyyy-MM-dd'T'HH:mm:ssXXX</dateFormat>
        </configuration>
      </plugin>
    </plugins>
  </build>
</project>
```

請注意，`build.jdk` 和 `build.os` 的值已經包含了格式，因為它們是更簡單的值的組合，而 `build.revision` 和 `build.timestamp` 的值來自 Git 外掛程式所定義的屬性。我們還要決定包含元資料的最終格式和檔案，這就是我們會在 `<properties>` 部分中看到它的原因。此設定允許這些值被重新使用、並在其他外掛程式需要時使用它們。偏好這種設定的另一個原因是外部工具（例如在建構生產線中出現的那些）可以更容易地讀取這些值，因為它們只位於特定部分，而不會在建構檔案中的許多位置出現。

另請注意此處所選擇的版本值 `1.0.0-SNAPSHOT`。您可以根據需要對版本使用任何字元的組合，但習慣上至少要使用定義了兩個數字、並以 *major.minor* 格式來表達的文數字（alphanumeric）序列。市面上有一些版本控制約定，它們既有優點也有缺點。話雖如此，`-SNAPSHOT` 標籤的使用具有特殊涵義，因為它表明工件尚未準備好投入生產。當偵測到快照版本時，某些工具的行為會有所不同；例如，它們可以防止工件被發布到生產環境中。

與 Maven 相比，Gradle 在定義和編寫建構檔案時更不乏選擇。首先，從 Gradle 4 開始，您有兩種建構檔案格式的選項：Apache Groovy DSL 或 Kotlin DSL。無論您選擇哪一個，您很快就會發現有更多選項可以獲取和格式化元資料。其中一些可能是慣用的，一些可能需要額外的外掛程式，還有一些甚至可能被認為是過時的或老舊的。為了使這個範例簡短又基本，我們將使用 Groovy 和小的慣用運算式。我們將獲取和 Maven 類似的元資料，前兩個值來自於 `System` 屬性以及由 `versioning` Git 外掛程式所提供的提交雜湊，但建構時間戳記將使用客製化程式碼在當下立即計算。以下程式碼片段顯示了如何做到這一點：

```
plugins {
  id 'java-library'
  id 'net.nemerosa.versioning' version '2.14.0'
}
```

```
version = '1.0.0-SNAPSHOT'

ext {
  buildJdk = [
    System.properties['java.version'],
    '(' + System.properties['java.vendor'],
    System.properties['java.vm.version'] + ')'
  ].join(' ')
  buildOs = [
    System.properties['os.name'],
    System.properties['os.arch'],
    System.properties['os.version']
  ].join(' ')
  buildRevision = project.extensions.versioning.info.commit
  buildTimestamp = new Date().format("yyyy-MM-dd'T'HH:mm:ssXXX")
}
```

這些計算出來的值將作為動態專案屬性來提供，這些屬性可以在建構的後期被其他配置的元素所使用，例如擴充程式（extension）、任務（task）、閉包（closure）（用於 Groovy）、動作（action）（用於 Groovy 和 Kotlin）、以及由 DSL 揭露的其他元素。現在剩下的就是以給定的格式來記錄元資料。

編寫元資料

您可能需要以一種以上的格式或檔案來記錄元資料。格式的選擇取決於預期的使用者。一些使用者需要使用一種其他使用者無法閱讀的獨特格式，而另一些使用者則可能可以理解多種格式。請務必查閱給定的使用者的說明文件以瞭解其支援的格式和選項，並檢查是否可以和您所選擇的建構工具進行整合。您可能會發現可以用在您的建構的外掛程式來簡化您需要的元資料的記錄過程。出於展示目的，我們將使用兩種流行的格式來記錄元資料：Java 屬性檔案（property file）和 JAR 清單（manifest）。

我們可以利用 Maven 的資源過濾（*https://oreil.ly/X1x0q*），它被嵌入到資源外掛程式（*https://oreil.ly/YqOSO*）中，這是每個建構可以存取的外掛程式的核心集的一部分。為了讓它可以運作，我們必須將以下程式碼片段添加到之前的 *pom.xml* 檔案的 `<build>` 部分中：

```
<resources>
  <resource>
    <directory>src/main/resources</directory>
    <filtering>true</filtering>
  </resource>
</resources>
```

我們還需要位於 *src/main/resources* 的伴隨屬性檔案。我選擇了 *META-INF/metadata.properties* 作為要在工件的 JAR 中找到的屬性檔案的相對路徑和名稱，當然，您可以根據需要來選擇不同的命名約定。該檔案依賴於變數佔位符（placeholder）替換，這些變數將會從專案的屬性中解析出來，例如我們在 `<properties>` 部分中所設定的那些。藉由約定，建構檔案中只需要很少的配置資訊。屬性檔案如下所示：

```
build.jdk       = ${build.jdk}
build.os        = ${build.os}
build.revision  = ${build.revision}
build.timestamp = ${build.timestamp}
```

要在 JAR 的清單中記錄元資料需要調整適用於建構檔案的 `jar-maven-plugin` 的配置。以下程式碼片段必須包含在 `<build>` 部分中的 `<plugins>` 部分中。換句話說，它是我們在本節的前面看到的 `git-commit-id` 外掛程式的兄弟：

```
<plugin>
  <groupId>org.apache.maven.plugins</groupId>
  <artifactId>maven-jar-plugin</artifactId>
  <version>3.2.0</version>
  <configuration>
    <archive>
      <manifestEntries>
        <Build-Jdk>${build.jdk}</Build-Jdk>
        <Build-OS>${build.os}</Build-OS>
        <Build-Revision>${build.revision}</Build-Revision>
        <Build-Timestamp>${build.timestamp}</Build-Timestamp>
      </manifestEntries>
    </archive>
  </configuration>
</plugin>
```

請注意，即使此外掛程式是核心外掛程式集的一部分，還是要定義它特定的外掛程式版本。這背後的原因是，為了可重現的建構，我們必須宣告所有外掛程式的版本。否則，您會發現建構的結果可能會有所不同，因為可能會根據用來執行建構的 Maven 的特定版本來解析不同的外掛程式版本。清單中的每個條目都由大寫的鍵和獲取的值來組成。使用 `mvn package` 來執行建構會解析獲取的屬性，將具有解析值的元資料屬性檔案複製到將要添加到最終 JAR 的 *target/classes* 目錄中，並將元資料注入到 JAR 的清單中。我們可以透過檢查所產生的工件的內容來驗證這一點：

```
$ mvn verify
$ jar tvf target/example-1.0.0-SNAPSHOT.jar
     0 Sun Jan 10 20:41 CET 2021 META-INF/
   131 Sun Jan 10 20:41 CET 2021 META-INF/MANIFEST.MF
   205 Sun Jan 10 20:41 CET 2021 META-INF/metadata.properties
```

```
   0 Sun Jan 10 20:41 CET 2021 META-INF/maven/
   0 Sun Jan 10 20:41 CET 2021 META-INF/maven/com.acme/
   0 Sun Jan 10 20:41 CET 2021 META-INF/maven/com.acme/example/
1693 Sun Jan 10 19:13 CET 2021 META-INF/maven/com.acme/example/pom.xml
 109 Sun Jan 10 20:41 CET 2021 META-INF/maven/com.acme/example/pom.properties
```

這兩個檔案如預期般的在 JAR 檔案中找到了。萃取 JAR 並查看屬性檔案和 JAR 清單的內容會產生以下結果：

```
build.jdk       = 11.0.9 (Azul Systems, Inc. 11.0.9+11-LTS)
build.os        = Mac OS X x86_64 10.15.7
build.revision  = 0ab9d51a3aaa17fca374d28be1e3f144801daa3b
build.timestamp = 2021-01-10T20:41:11+01:00

Manifest-Version: 1.0
Created-By: Maven Jar Plugin 3.2.0
Build-Jdk-Spec: 11
Build-Jdk: 11.0.9 (Azul Systems, Inc. 11.0.9+11-LTS)
Build-OS: Mac OS X x86_64 10.15.7
Build-Revision: 0ab9d51a3aaa17fca374d28be1e3f144801daa3b
Build-Timestamp: 2021-01-10T20:41:11+01:00
```

您已經瞭解了如何使用 Maven 來收集元資料。讓我們看看使用屬性檔案和 JAR 清單以及不同的建構工具來記錄元資料的方法：Gradle。對於第一部分，我們將配置由我們應用於建構的 `java-library` 外掛程式所提供的標準 `processResources` 任務。可以將額外的配置附加到前面顯示的 Gradle 建構檔案後面，如下所示：

```
processResources {
  expand(
    'build_jdk'       : project.buildJdk,
    'build_os'        : project.buildOs,
    'build_revision'  : project.buildRevision,
    'build_timestamp': project.buildTimestamp
  )
}
```

請注意，鍵的名稱使用了 _ 作為標記（token）分隔符，這是因為 Gradle 所應用的預設資源過濾機制的緣故。如果我們要使用我們之前在 Maven 中看到的 `.` 的話，Gradle 會期望在資源過濾期間找到具有匹配 `jdk`、`os`、`revision`、和 `timestamp` 屬性的 `build` 物件。那個物件並不會存在，這會導致建構失敗。變更標記分隔符可以避免該問題，但也會迫使我們將屬性檔案的內容變更為以下內容：

```
build.jdk       = ${build_jdk}
build.os        = ${build_os}
build.revision  = ${build_revision}
build.timestamp = ${build_timestamp}
```

配置 JAR 清單是一個簡單的操作，因為 jar 任務為此行為提供了一個進入點，如下面的片段所示，此片段也可以附加到現有的 Gradle 建構檔案的後面：

```
jar {
  manifest {
    attributes(
      'Build-Jdk'       : project.buildJdk,
      'Build-OS'        : project.buildOs,
      'Build-Revision'  : project.buildRevision,
      'Build-Timestamp': project.buildTimestamp
    )
  }
}
```

如前所述，每個清單條目都使用了大寫的鍵及其對應的獲取值。使用 gradle jar 來執行建構應該會產生類似於 Maven 所提供的結果：屬性檔案將被複製到可以包含在最終 JAR 中的目標位置，而它的值佔位符會被替換為實際的元資料中的值，而且 JAR 清單也會因元資料而變的更豐富。檢視 JAR 可以發現它包含了預期的檔案：

```
$ gradle jar
$ jar tvf build/libs/example-1.0.0-SNAPSHOT.jar
     0 Sun Jan 10 21:08:22 CET 2021 META-INF/
    25 Sun Jan 10 21:08:22 CET 2021 META-INF/MANIFEST.MF
   165 Sun Jan 10 21:08:22 CET 2021 META-INF/metadata.properties
```

解壓縮 JAR 並查看每個檔案會產生以下結果：

```
build.jdk       = 11.0.9 (Azul Systems, Inc. 11.0.9+11-LTS)
build.os        = Mac OS X x86_64 10.15.7
build.revision  = 0ab9d51a3aaa17fca374d28be1e3f144801daa3b
build.timestamp = 2021-01-10T21:08:22+01:00
Manifest-Version: 1.0
Build-Jdk: 11.0.9 (Azul Systems, Inc. 11.0.9+11-LTS)
Build-OS: Mac OS X x86_64 10.15.7
Build-Revision: 0ab9d51a3aaa17fca374d28be1e3f144801daa3b
Build-Timestamp: 2021-01-10T21:08:22+01:00
```

太完美了！這就是全部了。我會鼓勵您根據您的需要來添加或刪除鍵 / 值對，並配置其他外掛程式（為了 Maven 和 Gradle 而做），這些外掛程式可能會公開額外的元資料或提供其他方法以特定格式來處理和記錄元資料。

Maven 和 Gradle 的依賴項管理基礎

自 2002 年 Maven *1.x* 出現以來，依賴項管理（dependency management）一直是 Java 專案的主要內容。此功能背後的要點是宣告編譯、測試、和使用特定專案時所需的工件，它們仰賴於附加到工件的元資料，例如其群組標識符、工件標識符、版本，有時還包括分類子（classifier）。此元資料通常使用眾所周知的檔案格式來公開：用來在 *pom.xml* 檔案中表達的 Apache Maven POM（*https://oreil.ly/1Kzp6*）。其他建構工具能夠理解這種格式，甚至可以產生和發布 *pom.xml* 檔案，儘管它們使用了完全不相關的格式來宣告建構的層面，例如在 Gradle 中的 `build.gradle`（Groovy）或 `build.gradle.kts`（Kotlin）建構檔案。

儘管是 Maven 從早期就提供的核心功能，也是 Gradle 的核心功能，但依賴項管理和依賴項解析仍然是許多人的絆腳石。儘管宣告依賴項的規則並不複雜，但您可能會發現自己受到已發布的元資料的擺佈，這些元資料具有無效、誤導、或缺漏的限制。以下小節是使用 Maven 和 Gradle 來進行依賴項管理的入門知識，但絕不是詳盡的解釋——光這個主題就需要一整本書來說明。

換句話說，親愛的讀者，請小心前進，因為前方有惡龍。我會盡力指出最安全的路徑。我們將會從 Maven 開始，因為它是使用 *pom.xml* 檔案格式來定義工件元資料的建構工具。

使用 Apache Maven 進行依賴項管理

您之前可能遇到過 POM 檔案——畢竟它無處不在。模型版本為 4.0.0 的 POM 檔案負責定義製造還有使用工件的方式。在 Maven 版本 4 中，這兩個功能是分開的，儘管模型版本出於相容性的原因而保持不變。預計在引入 Maven 5.0.0 版本時模型格式會發生變化，儘管在撰寫本文時還沒有詳細說明該模型的外觀。有一件事是肯定的：Maven 開發人員熱衷於保持向後相容性。讓我們來看看基礎知識。

依賴項由三個必要元素來標識：`groupId`、`artifactId` 和 `version`。這些元素統稱為 *Maven* 坐標（*Maven coordinates*），或 *GAV* 坐標，其中 GAV，您可能已經猜到，代表 `groupId`、`artifactId`、和 `version`。有時候您可能會發現有一些定義了名為 `classifier` 的第四個元素的依賴項。

讓我們一一分解它們。`artifactId` 和 `version` 都很簡單；前者定義了工件的「名稱」，後者定義了版本號碼。許多不同的版本可能與同一個 `artifactId` 相關聯。`groupId` 用於將一組具有某種關係的工件放在一起——也就是說，它們都屬於同一個專案或提供了彼此密切相關的行為。`classifier` 為工件增加了另一個維度，儘管它是可選的。分類子通常用來區分特定於特定設定的工件，例如作業系統或 Java 版本。在 JavaFX 二進位檔中可以找到作業系統分類子的範例，例如 *javafx-controls-15-win.jar*、*avafx-controls-15-mac.jar* 和 *javafx-controls-15-linux.jar*，它們指明了可用於 Windows、macOS、和 Linux 平台的 JavaFX 控制二進位檔的版本 15。

另一組常見的分類子是 `sources` 和 `Javadoc`，它們指明了包含了來源和產生的說明文件的 JAR 檔案（透過 Javadoc 工具）。GAV 坐標的組合必須是唯一的；否則，依賴項解析機制將很難找到要使用的正確依賴項。

POM 檔案允許您在 `<dependencies>` 部分中定義依賴項，您可以在裡面列出每個依賴項的 GAV 坐標。在最簡單的形式中，它看起來像這樣：

```
<?xml version="1.0" encoding="UTF-8"?>
<project
  xsi:schemaLocation="http://maven.apache.org/POM/4.0.0
  http://maven.apache.org/xsd/maven-4.0.0.xsd"
  xmlns="http://maven.apache.org/POM/4.0.0"
  xmlns:xsi="http://www.w3.org/2001/XMLSchema-instance">
  <modelVersion>4.0.0</modelVersion>
  <groupId>com.acme</groupId>
  <artifactId>example</artifactId>
  <version>1.0.0-SNAPSHOT</version>

  <dependencies>
    <dependency>
      <groupId>org.apache.commons</groupId>
      <artifactId>commons-collections4</artifactId>
      <version>4.4</version>
    </dependency>
  </dependencies>
</project>
```

以這種方式列出的依賴項稱為**直接依賴項**（*direct dependency*），因為它們在 POM 檔案中外顯式的宣告。即使對於可能在目前的 POM 的父（parent） POM 中宣告的依賴項，這種分類也適用。什麼是父 POM ？它就像另一個 *pom.xml* 檔案，只是您的 POM 使用了 `<parent>` 部分將其標記為父 / 子關係。透過這樣，父 POM 定義的配置可以被子 POM 繼承。我們可以透過呼叫 `mvn dependency:tree` 命令來檢視依賴圖（dependency graph），此命令會解析依賴圖並將其列印出來：

```
$ mvn dependency:tree
[INFO] Scanning for projects...
[INFO]
[INFO] -------------------------< com.acme:example >-------------------------
[INFO] Building example 1.0.0-SNAPSHOT
[INFO] --------------------------------[ jar ]---------------------------------
```

```
[INFO]
[INFO] --- maven-dependency-plugin:2.8:tree (default-cli) @ example ---
[INFO] com.acme:example:jar:1.0.0-SNAPSHOT
[INFO] \- org.apache.commons:commons-collections4:jar:4.4:compile
[INFO] ------------------------------------------------------------------------
[INFO] BUILD SUCCESS
[INFO] ------------------------------------------------------------------------
```

在這裡我們可以看到目前的 POM（由它的 GAV 坐標標識為 `com.acme:example:1.0.0-SNAPSHOT`）有一個單一的直接依賴項。在 `commons-collections4` 依賴項的輸出中可以發現兩個額外的元素：第一個是 `jar`，它標識了工件的類型；第二個是 `compile`，它標識依賴項的作用域（scope）。稍後我們將回到作用域，但現在可以這說，如果沒有為依賴項定義外顯式的 `<scope>` 元素時，則其預設作用域會是 `compile`。現在，當我們使用包含了直接依賴項的 POM 時，從使用 POM 的角度來看，它會將這些依賴項當作是傳遞性（transitive）的。下一個範例顯示了該特定設定：

```
<?xml version="1.0" encoding="UTF-8"?>
<project
  xsi:schemaLocation="http://maven.apache.org/POM/4.0.0
  http://maven.apache.org/xsd/maven-4.0.0.xsd"
  xmlns="http://maven.apache.org/POM/4.0.0"
  xmlns:xsi="http://www.w3.org/2001/XMLSchema-instance">
  <modelVersion>4.0.0</modelVersion>
  <groupId>com.acme</groupId>
  <artifactId>example</artifactId>
  <version>1.0.0-SNAPSHOT</version>

  <dependencies>
    <dependency>
      <groupId>commons-beanutils</groupId>
      <artifactId>commons-beanutils</artifactId>
      <version>1.9.4</version>
    </dependency>
  </dependencies>
</project>
```

使用與之前相同的命令來解析和列印依賴圖會產生以下結果：

```
$ mvn dependency:tree
[INFO] Scanning for projects...
[INFO]
[INFO] -------------------------< com.acme:example >-------------------------
[INFO] Building example 1.0.0-SNAPSHOT
[INFO] --------------------------------[ jar ]--------------------------------
[INFO]
[INFO] --- maven-dependency-plugin:2.8:tree (default-cli) @ example ---
```

```
[INFO] com.acme:example:jar:1.0.0-SNAPSHOT
[INFO] \- commons-beanutils:commons-beanutils:jar:1.9.4:compile
[INFO]    +- commons-logging:commons-logging:jar:1.2:compile
[INFO]    \- commons-collections:commons-collections:jar:3.2.2:compile
[INFO] ------------------------------------------------------------------------
[INFO] BUILD SUCCESS
[INFO] ------------------------------------------------------------------------
```

這告訴我們，commons-beanutils 工件在 compile 作用域內設定了兩個依賴項，從 com.acme:example:1.0.0-SNAPSHOT 的角度來看，它們恰好被視為傳遞性的。這兩個傳遞性的依賴項似乎沒有它們自己的直接依賴項，因為它們都沒有列出任何內容。但是，如果您查看 commons-logging POM 檔案，您會發現以下的依賴項宣告：

```
<dependencies>
  <dependency>
    <groupId>log4j</groupId>
    <artifactId>log4j</artifactId>
    <version>1.2.17</version>
    <optional>true</optional>
  </dependency>
  <dependency>
    <groupId>logkit</groupId>
    <artifactId>logkit</artifactId>
    <version>1.0.1</version>
    <optional>true</optional>
  </dependency>
  <dependency>
    <groupId>avalon-framework</groupId>
    <artifactId>avalon-framework</artifactId>
    <version>4.1.5</version>
    <optional>true</optional>
  </dependency>
  <dependency>
    <groupId>javax.servlet</groupId>
    <artifactId>servlet-api</artifactId>
    <version>2.3</version>
    <scope>provided</scope>
    <optional>true</optional>
  </dependency>
  <dependency>
    <groupId>junit</groupId>
    <artifactId>junit</artifactId>
    <version>3.8.1</version>
    <scope>test</scope>
  </dependency>
</dependencies>
```

如您所見，實際上有五個依賴項！然而，其中四個定義了一個額外的 `<optional>` 元素，而其中兩個定義了一個不同的 `<scope>` 值。對生產者（在這種情況下為 `commons-logging`）進行編譯和測試時可能需要標記為 `<optional>` 的依賴項，但使用者不一定需要；這是根據案例來決定的。

現在是時候來討論作用域了，因為我們再次看到了它們。**作用域**（*scope*）會決定是否將依賴項包含在類別路徑（classpath）中，並限制其傳遞性。Maven 定義了六個作用域，如下所示：

`compile`

　如我們之前所見，這是預設的作用域，如果未指定時就會使用它。此作用域內的依賴項將用於專案中的所有類別路徑（編譯、執行時期、測試），並將傳播到使用它們的專案。

`provided`

　和 `compile` 類似，只是它不影響執行時期類別路徑，也不具有傳遞性。在此作用域內設定的依賴項被預期會由託管環境提供，就像封裝為 WAR 並從應用程式伺服器內啟動的 Web 應用程式一樣。

`runtime`

　此作用域指出編譯時不需要依賴項，但執行時則需要依賴項。執行時期和測試類別路徑都包含設定為此作用域的依賴項，而編譯類別路徑則會被忽略。

`test`

　定義編譯和執行測試所需的依賴項。這個作用域不是傳遞性的。

`system`

　類似於 `provided` 依賴項，但必須使用外顯式路徑（相對或絕對路徑）列出。因此，這個作用域被視為是一種不好的實務做法，應該不惜一切代價避免使用。對於少數使用案例而言，它可能會很方便，但您必須承擔後果。充其量，它是留給專家的選擇——換句話說，請想像這個作用域根本不存在。

`import`

　僅適用於 `pom`（如果未指定，則預設為 `jar`）類型的依賴項，並且只能用於在 `<dependencyManagement>` 部分中宣告的依賴項。此作用域內的依賴項會被它們自己的 `<dependencyManagement>` 部分中的依賴項串列替換掉。

<dependencyManagement> 部分有三個目的：為傳遞性依賴項提供版本提示、提供可以使用 import 作用域來匯入的依賴項串列、以及在父一子 POM 組合中使用時提供一組預設值。我們先來看看第一個目的。假設您在 POM 檔案中定義了以下依賴項：

```
<?xml version="1.0" encoding="UTF-8"?>
<project
  xsi:schemaLocation="http://maven.apache.org/POM/4.0.0
  http://maven.apache.org/xsd/maven-4.0.0.xsd"
  xmlns="http://maven.apache.org/POM/4.0.0"
  xmlns:xsi="http://www.w3.org/2001/XMLSchema-instance">
  <modelVersion>4.0.0</modelVersion>
  <groupId>com.acme</groupId>
  <artifactId>example</artifactId>
  <version>1.0.0-SNAPSHOT</version>

  <dependencies>
    <dependency>
      <groupId>com.google.inject</groupId>
      <artifactId>guice</artifactId>
      <version>4.2.2</version>
    </dependency>
    <dependency>
      <groupId>com.google.truth</groupId>
      <artifactId>truth</artifactId>
      <version>1.0</version>
    </dependency>
  </dependencies>
</project>
```

guice 和 truth 工件都將 guava 定義為直接依賴項。這意味著從使用者的角度來看，guava 被視為傳遞性依賴項。如果我們解析並列印出依賴項圖，會得到以下結果：

```
$ mvn dependency:tree
[INFO] Scanning for projects...
[INFO]
[INFO] -------------------------< com.acme:example >-------------------------
[INFO] Building example 1.0.0-SNAPSHOT
[INFO] --------------------------------[ jar ]--------------------------------
[INFO]
[INFO] --- maven-dependency-plugin:2.8:tree (default-cli) @ example ---
[INFO] com.acme:example:jar:1.0.0-SNAPSHOT
[INFO] +- com.google.inject:guice:jar:4.2.2:compile
[INFO] |  +- javax.inject:javax.inject:jar:1:compile
[INFO] |  +- aopalliance:aopalliance:jar:1.0:compile
[INFO] |  \- com.google.guava:guava:jar:25.1-android:compile
[INFO] |     +- com.google.code.findbugs:jsr305:jar:3.0.2:compile
[INFO] |     +- com.google.j2objc:j2objc-annotations:jar:1.1:compile
```

```
[INFO] |     \- org.codehaus.mojo:animal-sniffer-annotations:jar:1.14:compile
[INFO] \- com.google.truth:truth:jar:1.0:compile
[INFO]    +- org.checkerframework:checker-compat-qual:jar:2.5.5:compile
[INFO]    +- junit:junit:jar:4.12:compile
[INFO]    |  \- org.hamcrest:hamcrest-core:jar:1.3:compile
[INFO]    +- com.googlecode.java-diff-utils:diffutils:jar:1.3.0:compile
[INFO]    +- com.google.auto.value:auto-value-annotations:jar:1.6.3:compile
[INFO]    \- com.google.errorprone:error_prone_annotations:jar:2.3.1:compile
[INFO] ------------------------------------------------------------------------
[INFO] BUILD SUCCESS
[INFO] ------------------------------------------------------------------------
```

guava 的解析後版本原來是 25.1-android，因為這是在圖中首先找到的版本。來看看如果我們顛倒依賴項的順序，並在 guice 之前列出 truth 並再次解析圖會發生什麼：

```
$ mvn dependency:tree
[INFO] Scanning for projects...
[INFO]
[INFO] -------------------------< com.acme:example >-------------------------
[INFO] Building example 1.0.0-SNAPSHOT
[INFO] --------------------------------[ jar ]--------------------------------
[INFO]
[INFO] --- maven-dependency-plugin:2.8:tree (default-cli) @ example ---
[INFO] com.acme:example:jar:1.0.0-SNAPSHOT
[INFO] +- com.google.truth:truth:jar:1.0:compile
[INFO] |  +- com.google.guava:guava:jar:27.0.1-android:compile
[INFO] |  |  +- com.google.guava:failureaccess:jar:1.0.1:compile
[INFO] |  |  +- com.google.guava:listenablefuture:jar:
                    9999.0-empty-to-avoid-conflict
[INFO] |  |  +- com.google.code.findbugs:jsr305:jar:3.0.2:compile
[INFO] |  |  +- com.google.j2objc:j2objc-annotations:jar:1.1:compile
[INFO] |  |  \- org.codehaus.mojo:animal-sniffer-annotations:jar:1.17:compile
[INFO] |  +- org.checkerframework:checker-compat-qual:jar:2.5.5:compile
[INFO] |  +- junit:junit:jar:4.12:compile
[INFO] |  |  \- org.hamcrest:hamcrest-core:jar:1.3:compile
[INFO] |  +- com.googlecode.java-diff-utils:diffutils:jar:1.3.0:compile
[INFO] |  +- com.google.auto.value:auto-value-annotations:jar:1.6.3:compile
[INFO] |  \- com.google.errorprone:error_prone_annotations:jar:2.3.1:compile
[INFO] \- com.google.inject:guice:jar:4.2.2:compile
[INFO]    +- javax.inject:javax.inject:jar:1:compile
[INFO]    \- aopalliance:aopalliance:jar:1.0:compile
[INFO] ------------------------------------------------------------------------
[INFO] BUILD SUCCESS
[INFO] ------------------------------------------------------------------------
```

現在，guava 的解析後版本會是 27.0.1-android，因為它是圖中第一個找到的版本。這種特殊的行為會讓令人持續頭疼和沮喪。作為開發人員，我們習慣於版本控制約定，尤其是應用於依賴項版本的語意版本控制（semantic versioning）（*https://semver.org*）。

語意版本控制告訴我們版本標記（由句點來分隔）會根據它們的位置而具有特定的涵義。第一個標記標識了主要版本，第二個標記標識了次要版本，第三個標記標識了建構 / 修補程式 / 修復 / 修訂的版本。習慣上認為 27.0.1 版本會比 25.1.0 還新，因為主編號 27 大於 25。在我們的例子中，圖中的 guava 有兩個版本，27.0.1-android 和 25.1-android , 並且兩者都處在與目前的 POM 的相同距離處——也就是在傳遞圖中的往下一層。

我們可以假設身為開發人員的我們會知道語意版本控制，並且可以清楚地決定哪個版本是較新的，所以 Maven 應該也可以——這就是假設與現實發生衝突的地方！Maven 從不查看版本，它只會查看圖中的位置，這就是為什麼如果我們改變依賴項的順序會得到不同的結果。我們可以使用 <dependencyManagement> 部分來解決這個問題。

<dependencyManagement> 部分中定義的依賴項通常具有三個主要的 GAV 坐標。當 Maven 解析依賴項時，它會查看在這個部份中找到的定義，以查看是否可以匹配到 groupId 和 artifactId，如果有的話，將會使用關聯的 version。依賴項在圖中的深度或在圖中可以找到多少次並不重要。如果有匹配項的話，那麼這個外顯式的版本將是所選的版本。我們可以透過向使用者 POM 添加一個 <dependencyManagement> 部分來驗證此聲明，如下所示：

```
<?xml version="1.0" encoding="UTF-8"?>
<project
  xsi:schemaLocation="http://maven.apache.org/POM/4.0.0
  http://maven.apache.org/xsd/maven-4.0.0.xsd"
  xmlns="http://maven.apache.org/POM/4.0.0"
  xmlns:xsi="http://www.w3.org/2001/XMLSchema-instance">
  <modelVersion>4.0.0</modelVersion>
  <groupId>com.acme</groupId>
  <artifactId>example</artifactId>
  <version>1.0.0-SNAPSHOT</version>

  <dependencyManagement>
    <dependencies>
      <dependency>
        <groupId>com.google.guava</groupId>
        <artifactId>guava</artifactId>
        <version>29.0-jre</version>
      </dependency>
    </dependencies>
  </dependencyManagement>
  <dependencies>
    <dependency>
```

```
      <groupId>com.google.truth</groupId>
      <artifactId>truth</artifactId>
      <version>1.0</version>
    </dependency>
    <dependency>
      <groupId>com.google.inject</groupId>
      <artifactId>guice</artifactId>
      <version>4.2.2</version>
    </dependency>
  </dependencies>
</project>
```

我們可以看到 guava 的宣告使用了 com.google.guava:guava:29.0-jre 坐標，這意味著如果傳遞性依賴項恰好匹配所給定的 groupId 和 artifactId 時，則會使用版本 29.0-jre。我們知道這將會發生在我們的使用者 POM 中，準確地說會發生兩次。在解析並列印出依賴圖時，我們得到以下結果：

```
$ mvn dependency:tree
[INFO] Scanning for projects...
[INFO]
[INFO] -------------------------< com.acme:example >--------------------------
[INFO] Building example 1.0.0-SNAPSHOT
[INFO] --------------------------------[ jar ]--------------------------------
[INFO]
[INFO] --- maven-dependency-plugin:2.8:tree (default-cli) @ example ---
[INFO] com.acme:example:jar:1.0.0-SNAPSHOT
[INFO] +- com.google.truth:truth:jar:1.0:compile
[INFO] |  +- com.google.guava:guava:jar:29.0-jre:compile
[INFO] |  |  +- com.google.guava:failureaccess:jar:1.0.1:compile
[INFO] |  |  +- com.google.guava:listenablefuture:jar:
                    9999.0-empty-to-avoid-conflict
[INFO] |  |  +- com.google.code.findbugs:jsr305:jar:3.0.2:compile
[INFO] |  |  +- org.checkerframework:checker-qual:jar:2.11.1:compile
[INFO] |  |  \- com.google.j2objc:j2objc-annotations:jar:1.3:compile
[INFO] |  +- org.checkerframework:checker-compat-qual:jar:2.5.5:compile
[INFO] |  +- junit:junit:jar:4.12:compile
[INFO] |  |  \- org.hamcrest:hamcrest-core:jar:1.3:compile
[INFO] |  +- com.googlecode.java-diff-utils:diffutils:jar:1.3.0:compile
[INFO] |  +- com.google.auto.value:auto-value-annotations:jar:1.6.3:compile
[INFO] |  \- com.google.errorprone:error_prone_annotations:jar:2.3.1:compile
[INFO] \- com.google.inject:guice:jar:4.2.2:compile
[INFO]    +- javax.inject:javax.inject:jar:1:compile
[INFO]    \- aopalliance:aopalliance:jar:1.0:compile
[INFO] ------------------------------------------------------------------------
[INFO] BUILD SUCCESS
[INFO] ------------------------------------------------------------------------
```

請注意，為 `guava` 選擇的版本確實是 `29.0-jre`，而不是我們在本章前面看到的先前的版本，這讓我們可以確認 `<dependencyManagement>` 部分正在按預期執行其工作。

`<dependencyManagement>` 的第二個目的 —— 列出可以匯入的依賴項，是透過使用 `import` 作用域和 `pom` 類型的依賴項來完成的。這些類型的依賴項通常會定義自己的 `<dependencyManagement>` 部分，儘管這些 POM 還可以添加更多。定義了 `<dependencyManagement>` 部分但沒有 `<dependencies>` 部分的 POM 依賴項被稱為物料清單（bill of materials, BOM）。一般而言，BOM 依賴項定義了一組為了特定目的而在一起的工件。儘管 Maven 說明文件中沒有明確定義，但您可以找到兩種 BOM 依賴項：

程式庫（*library*）

所有宣告的依賴項都屬於同一個專案，即使它們可能具有不同的群組 ID，甚至可能具有不同的版本。您可以在 helidon-bom（*https://oreil.ly/bcMHI*）中看到一個範例，它將 Helidon 專案中的所有工件進行分組。

堆疊（*stack*）

依賴項按行為及其帶來的綜效來進行分組。依賴項可能屬於不同的專案。請參閱 helidon-dependencies（*https://oreil.ly/wgmVx*）中的範例，該範例將先前的 `helidon-bom` 和其他的依賴項（例如 Netty、日誌記錄等）分組在一起。

讓我們把 `helidon-dependencies` 當作是依賴項的來源。檢視這個 POM 時，我們發現在它的 `<dependencyManagement>` 部分中宣告了幾十個依賴項，在下面的程式碼片段中只會看到其中的幾個：

```
<artifactId>helidon-dependencies</artifactId>
<packaging>pom</packaging>
<!-- additional elements elided -->
<dependencyManagement>
  <dependencies>
    <!-- more dependencies elided -->
    <dependency>
      <groupId>io.netty</groupId>
      <artifactId>netty-handler</artifactId>
      <version>4.1.51.Final</version>
    </dependency>
    <dependency>
      <groupId>io.netty</groupId>
      <artifactId>netty-handler-proxy</artifactId>
      <version>4.1.51.Final</version>
    </dependency>
    <dependency>
```

```
      <groupId>io.netty</groupId>
      <artifactId>netty-codec-http</artifactId>
      <version>4.1.51.Final</version>
    </dependency>
    <!-- more dependencies elided -->
  </dependencies>
</dependencyManagement>
```

在我們自己的 POM 中使用這個 BOM 依賴項需要再次使用 <dependencyManagement> 部分。我們還將為 netty-handler 定義一個外顯式依賴項，就像我們之前定義依賴項時所做的那樣，只是這次我們將省略 <version> 元素。POM 最終看起來像這樣：

```
<?xml version="1.0" encoding="UTF-8"?>
<project
  xsi:schemaLocation="http://maven.apache.org/POM/4.0.0
  http://maven.apache.org/xsd/maven-4.0.0.xsd"
  xmlns="http://maven.apache.org/POM/4.0.0"
  xmlns:xsi="http://www.w3.org/2001/XMLSchema-instance">
  <modelVersion>4.0.0</modelVersion>
  <groupId>com.acme</groupId>
  <artifactId>example</artifactId>
  <version>1.0.0-SNAPSHOT</version>

  <dependencyManagement>
    <dependencies>
      <dependency>
        <groupId>io.helidon</groupId>
        <artifactId>helidon-dependencies</artifactId>
        <version>2.2.0</version>
        <type>pom</type>
        <scope>import</scope>
      </dependency>
    </dependencies>
  </dependencyManagement>

  <dependencies>
    <dependency>
      <groupId>io.netty</groupId>
      <artifactId>netty-handler</artifactId>
    </dependency>
  </dependencies>
</project>
```

請注意 helidon-dependencies 依賴項是如何匯入的。我們必須定義一個關鍵元素 <type>，它必須被設定為 pom。還記得本章前面的內容，如果沒有指定值的話，預設情況下依賴項將具有 jar 類型？在這裡我們知道 helidon-dependencies 是一個 BOM；因此它沒有和它關聯的 JAR 檔案。如果我們省略了類型元素，Maven 會發出警告並無法解析 netty-handler 的版本，因此請務必不要忘了正確地設定此元素。解析依賴圖會產生以下結果：

```
$ mvn dependency:tree
[INFO] Scanning for projects...
[INFO]
[INFO] -------------------------< com.acme:example >-------------------------
[INFO] Building example 1.0.0-SNAPSHOT
[INFO] --------------------------------[ jar ]---------------------------------
[INFO]
[INFO] --- maven-dependency-plugin:2.8:tree (default-cli) @ example ---
[INFO] com.acme:example:jar:1.0.0-SNAPSHOT
[INFO] \- io.netty:netty-handler:jar:4.1.51.Final:compile
[INFO]    +- io.netty:netty-common:jar:4.1.51.Final:compile
[INFO]    +- io.netty:netty-resolver:jar:4.1.51.Final:compile
[INFO]    +- io.netty:netty-buffer:jar:4.1.51.Final:compile
[INFO]    +- io.netty:netty transport:jar:4.1.51.Final:compile
[INFO]    \- io.netty:netty-codec:jar:4.1.51.Final:compile
[INFO] ------------------------------------------------------------------------
[INFO] BUILD SUCCESS
[INFO] ------------------------------------------------------------------------
```

我們可以看到選擇了正確的版本，並且 netty-handler 的每個直接依賴項也被解析為傳遞性的。

<dependencyManagement> 部分的第三個也是最後一個目的會在 POM 之間存在著父子關係時發揮作用。POM 格式定義了一個 <parent> 部分，任何 POM 都可以使用該部分與另一個被視為父級 POM 的 POM 建立連結。父級 POM 提供了可由子級 POM 繼承的配置，父級 <dependencyManagement> 部分就是其中之一。Maven 會向上追蹤父級連結，直到它不能再找到父級的定義，然後沿著連結往下處理以解析配置，位於較低層級的 POM 會覆蓋掉由較高層級的 POM 所設定的配置。

這意味著子級 POM 始終可以選擇覆蓋掉父級 POM 所宣告的配置。因此，子級 POM 可以看到在父級 POM 中找到的 <dependencyManagement> 部分，就好像它是在子級 POM 上定義的一樣。我們仍然可以獲得和本節的前兩個目的相同的好處，這意味著我們可以修復傳遞性依賴項的版本並匯入 BOM 依賴項。以下是在父級 POM 自己的 <dependencyManagement> 部分中宣告 helidon-dependencies 和 commons-lang3 的範例：

```xml
<?xml version="1.0" encoding="UTF-8"?>
<project
   xsi:schemaLocation="http://maven.apache.org/POM/4.0.0
   http://maven.apache.org/xsd/maven-4.0.0.xsd"
   xmlns="http://maven.apache.org/POM/4.0.0"
   xmlns:xsi="http://www.w3.org/2001/XMLSchema-instance">
  <modelVersion>4.0.0</modelVersion>
  <groupId>com.acme</groupId>
  <artifactId>parent</artifactId>
  <version>1.0.0-SNAPSHOT</version>
  <packaging>pom</packaging>
  <dependencyManagement>
    <dependencies>
      <dependency>
        <groupId>io.helidon</groupId>
        <artifactId>helidon-dependencies</artifactId>
        <version>2.2.0</version>
        <type>pom</type>
        <scope>import</scope>
      </dependency>
      <dependency>
        <groupId>org.apache.commons</groupId>
        <artifactId>commons-lang3</artifactId>
        <version>3.11</version>
      </dependency>
    </dependencies>
  </dependencyManagement>
</project>
```

由於沒有和這個 POM 檔案關聯的 JAR 檔案，我們還必須將 <packaging> 元素的值外顯式的定義為 pom。子級 POM 需要使用 <parent> 元素來參照此 POM，如下例所示：

```xml
<?xml version="1.0" encoding="UTF-8"?>
<project
  xsi:schemaLocation="http://maven.apache.org/POM/4.0.0
  http://maven.apache.org/xsd/maven-4.0.0.xsd"
  xmlns="http://maven.apache.org/POM/4.0.0"
  xmlns:xsi="http://www.w3.org/2001/XMLSchema-instance">
  <modelVersion>4.0.0</modelVersion>
  <parent>
    <groupId>com.acme</groupId>
    <artifactId>parent</artifactId>
    <version>1.0.0-SNAPSHOT</version>
  </parent>
  <artifactId>example</artifactId>

  <dependencies>
```

```
    <dependency>
      <groupId>io.netty</groupId>
      <artifactId>netty-handler</artifactId>
    </dependency>
    <dependency>
      <groupId>org.apache.commons</groupId>
      <artifactId>commons-lang3</artifactId>
    </dependency>
  </dependencies>
</project>
```

太完美了！準備好這個設定後，是時候再次解析依賴圖並檢查其內容了：

```
$ mvn dependency:tree
[INFO] Scanning for projects...
[INFO]
[INFO] -------------------------< com.acme:example >-------------------------
[INFO] Building example 1.0.0-SNAPSHOT
[INFO] --------------------------------[ jar ]--------------------------------
[INFO]
[INFO] --- maven-dependency-plugin:2.8:tree (default-cli) @ example ---
[INFO] com.acme:example:jar:1.0.0-SNAPSHOT
[INFO] +- io.netty:netty-handler:jar:4.1.51.Final:compile
[INFO] |  +- io.netty:netty-common:jar:4.1.51.Final:compile
[INFO] |  +- io.netty:netty-resolver:jar:4.1.51.Final:compile
[INFO] |  +- io.netty:netty-buffer:jar:4.1.51.Final:compile
[INFO] |  +- io.netty:netty-transport:jar:4.1.51.Final:compile
[INFO] |  \- io.netty:netty-codec:jar:4.1.51.Final:compile
[INFO] \- org.apache.commons:commons-lang3:jar:3.11:compile
[INFO] ------------------------------------------------------------------------
[INFO] BUILD SUCCESS
[INFO] ------------------------------------------------------------------------
```

正如預期的那樣，我們有兩個直接依賴項，它們具有正確的 GAV 坐標，以及前面看到的傳遞性依賴項。一些額外的項目與依賴項管理和解析相關，例如依賴項排除（dependency exclusion）（透過其 GA 坐標來排除傳遞性依賴項）和依賴項發生衝突建構失敗（在圖中找到相同 GA 坐標的不同版本）。但是，最好在這裡停下來，看看 Gradle 在依賴項管理方面提供了我們什麼。

Gradle 依賴項管理

如前所述，Gradle 建立在從 Maven 汲取的經驗教訓之上，並能理解 POM 格式，使其能夠提供類似於 Maven 的依賴項解析能力。Gradle 還提供了額外的功能和更細粒度的控制。本節會參考已涵蓋的主題，因此如果您跳過前一節，或者如果您需要複習 Maven 所提供的依賴項管理，我建議您先閱讀上一節。讓我們看看 Gradle 提供了什麼。

首先，您必須選擇用於編寫建構檔案的 DSL。您的選擇有 Apache Groovy DSL 或 Kotlin DSL。我們將繼續使用前者，因為 Groovy 在真實世界中有更多的範例。從 Groovy 移到 Kotlin 也比從 Kotlin 移到 Groovy 更容易，這意味著使用 Groovy 所編寫的程式碼片段可以逐字的與 Kotlin 一起使用（IDE 可能會建議進行一些變更），而往相反方向移動則同時需要兩種 DSL 的知識。下一步是選擇用來記錄依賴項的格式，選擇有很多；最常見的格式是帶有 GAV 坐標的單一文句，例如：

```
'org.apache.commons:commons-collections4:4.4'
```

以及將 GAV 坐標的每個成員拆分為自己的元素的 Map 文字（literal），例如：

```
group: 'org.apache.commons', name: 'commons-collections4', version: '4.4'
```

請注意，Gradle 選擇使用 `group` 而不是 `groupId`，並且使用 `name` 而不是 `artifactId`，儘管它們的語意是相同的。

下一件要做的事是宣告特定作用域（這是 Maven 的術語）的依賴項，儘管 Gradle 稱呼作用域為**配置**（*configuration*），並且它的行為超出了作用域應有的能力。假設 `java-library` 外掛程式應用在 Gradle 建構檔案上，我們預設可以存取以下配置：

`api`

定義編譯生產程式碼時所需的依賴項，並影響編譯類別路徑。它等效於 `compile` 作用域，因此在產生 POM 時會被如此映射。

`implementation`

定義編譯時所需但被視為實作細節的依賴項；它們比 `api` 配置中的依賴項更靈活。此配置會影響編譯類別路徑，但在產生 POM 時會映射到 `runtime` 作用域。

`compileOnly`

定義編譯時所需但執行時不需的依賴項。此配置會影響編譯類別路徑，但這些依賴項不與其他類別路徑共享。此外，它們不會映射到產生的 POM。

`runtimeOnly`

此配置中的依賴項僅用於執行，並且僅影響執行時期類別路徑。它們在產生 POM 時會映射到 `runtime` 作用域。

`testImplementation`

定義編譯測試程式碼時所需的依賴項，並影響 `testCompile` 類別路徑。它們在產生 POM 時會映射到 `test` 作用域。

`testCompileOnly`

定義編譯測試程式碼時而不是執行時所需的依賴項。此配置會影響 `testCompile` 類別路徑，但這些依賴項不會和 `testRuntime` 類別路徑共享。此外，它們不會映射到產生的 POM。

`testRuntimeOnly`

要執行測試程式碼需要具有此配置的依賴項，並且只會影響 `testRuntime` 類別路徑。它們在產生 POM 時會映射到 `test` 作用域。

根據您所使用的 Gradle 版本，您可能會看到其他的配置，包括以下的老舊配置（它們在 Gradle 6 中已棄用並在 Gradle 7 中被刪除）：

`compile`

此配置被切分為 `api` 和 `implementation`。

`runtime`

已棄用，取而代之的是 `runtimeOnly`。

`testCompile`

已棄用並改用 `testImplementation`，以與 `implementation` 配置的名稱保持一致。

`testRuntime`

已棄用並改用 `testRuntimeOnly` 以與 `runtimeOnly` 保持一致。

和 Maven 一樣，類別路徑會遵循階層結構。編譯類別路徑可以被執行時期類別路徑使用，因此在 `api` 或 `implementation` 配置中設定的每個依賴項也可用在執行上。測試編譯（test complile）類別路徑也可以使用這個類別路徑，從而使測試程式碼可以看到生產程式碼。執行時期和測試類別路徑會由測試執行時期（test runtime）類別路徑使用，以讓測試執行可以存取到目前為止所提到的所有配置中定義的所有依賴項。

和 Maven 一樣，依賴項可以從儲存庫解決。與 Maven 不同的是，Maven 本地端和 Maven Central 儲存庫是始終可用的，但在 Gradle 中，我們必須外顯式地定義依賴項可以使用的儲存庫。Gradle 允許您定義遵循了標準 Maven 佈局、Ivy 佈局、甚至具有平面佈局的本地端目錄的儲存庫。它還提供了配置最常見的儲存庫 Maven Central 的常規選項。我們現在將使用 `mavenCentral` 作為我們唯一的儲存庫。將到目前為止我們所看到的所有內容放在一起，可以產生一個如下所示的建構檔案：

```
plugins {
  id 'java-library'
}

repositories {
  mavenCentral()
}

dependencies {
  api 'org.apache.commons:commons-collections4:4.4'
}
```

我們可以透過呼叫 `dependencies` 任務來列印解析的依賴圖。但是，這將會列印每個配置的圖，因此我們將只列印編譯類別路徑的解析依賴圖，以保持輸出簡短，並展示可以為此任務而定義的額外設定：

```
$ gradle dependencies --configuration compileClasspath

> Task :dependencies

------------------------------------------------------------
Root project
------------------------------------------------------------

compileClasspath - Compile classpath for source set 'main'.
\--- org.apache.commons:commons-collections4:4.4
```

如您所見，這裡只列印了一個依賴項，因為 `commons-collections` 並沒有任何使用者看得見的本身的直接依賴項。

讓我們看看當我們配置另一個會引入額外的傳遞性依賴項的依賴項時會發生什麼事，但這一次我將使用會展現出 `api` 和 `implementation` 都會貢獻內容至編譯類別路徑的 `implementation` 配置。

更新後的建構檔案如下所示：

```
plugins {
  id 'java-library'
}

repositories {
  mavenCentral()
}

dependencies {
  api 'org.apache.commons:commons-collections4:4.4'
  implementation 'commons-beanutils:commons-beanutils:1.9.4'
}
```

現在，使用和之前相同的配置來執行依賴項任務會產生以下結果：

```
$ gradle dependencies --configuration compileClasspath

> Task :dependencies

------------------------------------------------------------
Root project
------------------------------------------------------------
compileClasspath - Compile classpath for source set 'main'.
+--- org.apache.commons:commons-collections4:4.4
\--- commons-beanutils:commons-beanutils:1.9.4
     +--- commons-logging:commons-logging:1.2
     \--- commons-collections:commons-collections:3.2.2
```

這告訴我們，我們的使用者專案有兩個會貢獻內容至編譯類別路徑的直接依賴項，其中一個依賴項帶來了兩個額外的依賴項，從使用者的角度來看，它們是傳遞性的。如果由於某種原因，您不想將這些傳遞性依賴項引入依賴圖中，則可以在宣告它們的直接依賴項上添加一個額外的配置區塊，如下所示：

```
plugins {
  id 'java-library'
}

repositories {
  mavenCentral()
}

dependencies {
  api 'org.apache.commons:commons-collections4:4.4'
  implementation('commons-beanutils:commons-beanutils:1.9.4') {
    transitive = false
  }
}
```

再次執行 dependencies 任務，現在只會顯示直接依賴項，而沒有傳遞性依賴項了：

```
$ gradle dependencies --configuration compileClasspath

> Task :dependencies

------------------------------------------------------------
Root project
------------------------------------------------------------

compileClasspath - Compile classpath for source set 'main'.
+--- org.apache.commons:commons-collections4:4.4
\--- commons-beanutils:commons-beanutils:1.9.4
```

在繼續之前，我想介紹的最後一個層面是——和 Maven 不同，Gradle 能夠理解語意版本控制，並且會在依賴項解析期間採取對應的行動，因而會選擇最高的版本號碼。我們可以透過對同一個依賴項進行兩個版本的配置來驗證這一點，無論它們是直接的還是傳遞性的，如下面的程式碼片段所示：

```
plugins {
  id 'java-library'
}

repositories {
  mavenCentral()
}

dependencies {
  api 'org.apache.commons:commons-collections4:4.4'
  implementation 'commons-collections:commons-collections:3.2.1'
  implementation 'commons-beanutils:commons-beanutils:1.9.4'
}
```

在本案例中，我們已經為 commons-collections 版本 3.2.1 宣告了一個直接依賴項。我們從之前的執行過程中知道 commons-beanutils:1.9.4 引入了 commons-collections 的 3.2.2 版本。由於 3.2.2 被認為是比 3.2.1 還新，我們預期 3.2.2 將是解析的結果。呼叫 dependencies 任務會產生以下結果：

```
$ gradle dependencies --configuration compileClasspath

> Task :dependencies

------------------------------------------------------------
```

```
Root project
------------------------------------------------------------

compileClasspath - Compile classpath for source set 'main'.
+--- org.apache.commons:commons-collections4:4.4
+--- commons-collections:commons-collections:3.2.1 -> 3.2.2
\--- commons-beanutils:commons-beanutils:1.9.4
     +--- commons-logging:commons-logging:1.2
     \--- commons-collections:commons-collections:3.2.2

(*) - dependencies omitted (listed previously)
```

正如預期的那樣，它選擇了 `3.2.2` 版本。輸出甚至包含一個指示符，告訴我們是在何時將依賴項版本設定為與請求不同的值。版本也可以被配置成固定的，而不管它們的語意版本控制方案如何，甚至設成更低的版本。這是因為 Gradle 為依賴項解析策略提供了更靈活的選項，而這屬於進階主題的領域，像是依賴項鎖定、嚴格與建議版本、依賴項重定位、平台和強制平台（enforced platform）（Gradle 與 BOM 工件互動的方式）等等。

容器的依賴項管理基礎

進一步沿著軟體開發週期前進，您可能會遇到需要將 Maven 和 Gradle 專案封裝到容器映像中的步驟。就像專案中的其他依賴項一樣，您的容器映像也必須得到適當的管理，並與其他所需的工件互相協調。第 3 章詳細地討論了容器，但本節主要關注容器映像管理的一些細節。與自動化建構工具 Maven 和 Gradle 中的依賴項管理一樣，未來的路上可能會有更多的惡龍。

正如您在第 3 章中所瞭解到的，容器是使用最常被使用的 Dockerfile 所定義的容器映像來啟動的。Dockerfile 負責定義將被用來建構想要執行的容器的映像的每一層。從這個定義中，您將獲得一個基底分佈層、程式碼庫和框架、還有執行您的軟體所需的任何其他檔案或工件。在這裡，您還會定義任何必要的配置（例如，開放連接埠、資料庫憑證、和對訊息傳遞伺服器的參照）以及任何必需的使用者和權限。

這將是我們在本節首先會討論的 Dockerfile 的第 1 行，或者在多階段建構 Dockerfile 的情況下，它們會是以指令 `FROM` 開頭的那幾行。和 Maven POM 類似，一個映像可以從一個 `parent` 映像來建構，而此映像又可以從另一個父級映像建構——這會是一個一路直到原始祖先級 `base` 映像的階層結構。在這裡，我們必須特別注意映像的構成方式。

您可能還記得第 3 章中的內容，Docker 映像的版本控制旨在為您的軟體開發階段提供靈活性，以及讓您對在必要時您所使用的映像會是最新的維護更新這件事具有信心。大多數情況下，這是透過參照特殊的映像版本 `latest`（如果未指定版本時，這就是預設版本）來完成的，該請求將會檢索映像假定的最新版本。雖然不是一個完美的比較，但這很像使用 Java 依賴項的 `snapshot` 版本。

在開發過程中這一切都很好，但是當涉及到對生產中的新錯誤進行故障排除時，生產映像工件中的這類型的版本控制會使故障排除更具挑戰性。一旦使用此預設的 `latest` 版本來建構映像以代替父映像或基底映像時，要複製該建構可能會很困難，甚至是不可能的。正如您希望避免在生產版本中使用快照依賴項一樣，我建議鎖定您的映像版本，並避免使用預設的 `latest` 版本以限制移動部份的數量。

從安全性的角度來看，僅僅鎖定您的映像版本是不夠的。當您建構容器時請只用受信任的基底映像。這種提示看起來應該很明顯，但第三方註冊中心通常對儲存在其中的映像沒有任何的治理策略。瞭解哪些映像可在 Docker 主機上使用、瞭解其出處並查看其內容非常重要。您還應該啟用 Docker Content Trust（DCT）以進行映像驗證，並僅將經過驗證的套件安裝到映像中。

請使用沒有包含那些可能會導致更大攻擊面的不必要軟體套件的最小基底映像。容器中的組件越少，可用的攻擊向量的數量就會越少，而且最小的映像也會產生更好的效能，因為磁碟上的位元組還有複製映像的網路流量都更少了。BusyBox 和 Alpine 是建構最小基底映像的兩個選項。透過外顯式地指定軟體套件的所有版本或您拉入映像的任何其他工件，請仔細注意您在經過驗證的基底映像之上所建構的任何其他容器層。

工件發布

到目前為止，我已經討論了工件和依賴項是如何解析的，通常是從被稱為儲存庫的位置進行，但是什麼是儲存庫，以及如何將工件發布到它裡面呢？在最基本的意義上，**工件儲存庫**（*artifact repository*）是追蹤工件的檔案儲存區。儲存庫會收集每個已發布工件的元資料，並使用該元資料來提供額外的功能，例如搜尋、歸檔、存取控制串列（access control list, ACL）等。工具可以利用此元資料來提供其他功能，例如弱點掃描（vulnerability scanning）、度量（metric）、分類（categorization）等。

我們可以為 Maven 依賴項（可以透過 GAV 坐標解析的依賴項）使用兩種類型的儲存庫：本地端和遠端。Maven 使用本地端檔案系統中的可配置目錄來追蹤已解決的依賴項。這些依賴項可能是從遠端儲存庫下載的，或者由 Maven 工具本身直接放置在那裡的。此目錄

通常稱為 *Maven Local*，它的預設位置是 *.m2/repository*，位於目前的使用者的主目錄中。此位置是可配置的。另一端是遠端儲存庫，由儲存庫軟體來處理，例如 Sonatype Nexus Repository、JFrog Artifactory 等。最著名的遠端儲存庫是 Maven Central，它是用於解析工件的典範儲存庫。

現在我們來討論如何將工件發布到本地端和遠端儲存庫中。

發布到 Maven Local

Maven 提供了三種將工件發布到 Maven Local 儲存庫的方法，其中兩種是外顯式的，另一種是內隱式的。我們已經介紹了內隱式的——它發生在每次 Maven 從遠端儲存庫解析依賴項時；因此，工件及其元資料（關聯的 *pom.xml*）的副本將被放置在 Maven Local 儲存庫中。此行為預設會發生，因為 Maven 使用 Maven Local 作為快取以避免再次透過網路來請求工件。

將工件發布到 Maven Local 的另外兩種方法是外顯式地將檔案「安裝」到儲存庫中。Maven 有一組生命週期階段，**安裝**（*install*）是其中一個。這個階段被 Java 開發人員所熟知，因為它被用來（和濫用來）進行編譯、測試、封裝、和安裝工件到 Maven Local 中。Maven 生命週期階段遵循預先決定的順序：

```
Available lifecycle phases are: validate, initialize, generate-sources,
process-sources, generate-resources, process-resources, compile,
process-classes, generate-test-sources, process-test-sources,
generate-test-resources, process-test-resources, test-compile,
process-test-classes, test, prepare-package, package, pre-integration-test,
integration-test, post-integration-test, verify, install, deploy,
pre-clean, clean, post-clean, pre-site, site, post-site, site-deploy.
```

階段會按順序執行，直到找到最終階段。因此，呼叫的 *install* 通常會導致幾乎完整的建構（除了 *deploy* 和 *site* 之外）。我提過 *install* 被濫用，因為大多數時候只要呼叫 *verify* 就足夠了，也就是在 *install* 之前的階段，因為前者將會強制進行編譯、測試、套件、和整合測試，並不會用不需要的工件來污染 Maven Local。這絕不是建議要完全放棄 *install* 以支持總是使用 *verify*，因為有時測試會需要從 Maven Local 來解析工件。最重要的是要瞭解每個階段的輸入 / 輸出及其後果。

回到安裝。將工件安裝到 Maven Local 的第一種方法是簡單地呼叫 *install* 階段，如下所示：

```
$ mvn install
```

這會將所有的 *pom.xml* 檔案依照 `artifactId-version.pom` 約定來進行重新命名後所得到的副本以及每個附加的工件放入 Maven Local 中。附加的工件通常是建構所產生的二進位 JAR，但也可以包括其他 JAR，例如 `-sources` 和 `-javadoc` JAR。安裝工件的第二種方法是使用一組參數手動地呼叫 `install:install-file` 目標。假設您有一個 JAR（*artifact.jar*）和一個和它匹配的 POM 檔案（*artifact.pom*），您可以透過以下方式來安裝它們：

```
$ mvn install:install-file -Dfile=artifact.jar -DpomFile=artifact.pom
```

Maven 將讀取在 POM 檔案中找到的元資料，並根據解析的 GAV 坐標將檔案放置在相應的位置。可以覆蓋 GAV 坐標、動態產生 POM，或者當 JAR 內部已包含副本時，甚至可以省略外顯式的 POM（這通常是使用 Maven 來進行建構時的 JAR 的情況；另一方面，Gradle 預設不會包含 POM）。

Gradle 有一種將工件發布到 Maven Local 的方法，那就是應用 `maven-publish` 外掛程式。該外掛程式為專案增加了新的能力，例如 `publishToMavenLocal` 任務；顧名思義，它會將建構的工件和產生的 POM 複製到 Maven Local。和 Maven 不同，Gradle 不是使用 Maven Local 作為快取，因為它有自己的快取基礎架構。因此，當 Gradle 解析依賴項時，檔案會被放置在不同的位置，通常是 *.gradle/caches/modules-2/files-2.1*，位於目前的使用者的主目錄中。

以上是發布到 Maven Local 的過程。現在讓我們看看遠端儲存庫。

發布到 Maven Central

Maven Central 儲存庫是允許 Java 專案可以每天進行建構的支柱。執行 Maven Central 的軟體是 *Sonatype Nexus Repository*，它是 Sonatype 提供的工件儲存庫。由於它在 Java 生態系統所扮演的重要角色，Maven Central 設定了一組發布工件時必須遵循的規則；Sonatype 已經出版了一份指南（*https://oreil.ly/xfhNd*）來解釋先決條件和規則。我強烈建議您讀完該指南，以防從本書出版以後某些要求已被更新。簡而言之，您必須確保以下事項：

- 您必須證明具有目標 `groupId` 的反向網域（reverse domain）的所有權。如果您的 `groupId` 是 `com.acme.*` 的話，那麼您就必須擁有 `acme.com`。
- 發布二進位 JAR 時，您還必須提供 `-sources` 和 `javadoc` JAR，以及一個匹配的 POM——也就是至少四個分別的檔案。
- 發布 POM 類型的工件時，只需要 POM 檔案。
- 所有工件的 PGP 簽名檔案也必須被提交出來。用於簽名的 PGP 密鑰必須在公鑰伺服器上發布，以便 Maven Central 驗證簽名的真偽。

* 也許一開始讓大多數人感到困惑的層面是：POM 檔案必須符合最小元素集合，例如 `<license>`、`<developers>`、`<scm>` 等。這些元素在指南中有進行描述；省略其中任何一個都將導致發布時產生失敗，結果工件根本不會發布。

透過使用 PomChecker（*https://oreil.ly/E7LP1*）專案，我們可以避免最後一個問題，或者至少可以在開發過程中更早地偵測到它。PomChecker 可以透過多種方式來呼叫：作為獨立的 CLI 工具、作為 Maven 外掛程式、或作為 Gradle 外掛程式。這種靈活性使它成為在本地端環境或 CI/CD 生產線中驗證 POM 的理想選擇。您可以像這樣使用 CLI 來驗證 *pom.xml* 檔案：

```
$ pomchecker check-maven-central --pom-file=pom.xml
```

如果您的專案是使用 Maven 來建構的，您可以呼叫 PomChecker 外掛程式，而無須在 POM 中進行配置，如下所示：

```
$ mvn org.kordamp.maven:pomchecker-maven-plugin:check-maven-central
```

此命令將解析最新版本的 `pomchecker-maven-plugin` 並使用目前的專案作為輸入來立即執行它的 `check-maven-central` 目標。使用 Gradle，您必須外顯式地配置 `org.kordamp.gradle.pomchecker` 外掛程式，因為 Gradle 不像 Maven 那樣會提供呼叫內聯（inline）外掛程式的選項。

必須應用於建構的最後一點配置是發布機制本身。如果您使用 Maven 來進行建構，請將以下內容添加到您的 *pom.xml* 中：

```
<distributionManagement>
  <repository>
    <id>ossrh</id>
    <url>https://s01.oss.sonatype.org/service/local/staging/deploy/maven2/</url>
  </repository>
  <snapshotRepository>
    <id>ossrh</id>
    <url>https://s01.oss.sonatype.org/content/repositories/snapshots</url>
  </snapshotRepository>
</distributionManagement>

<build>
  <plugins>
    <plugin>
     <groupId>org.apache.maven.plugins</groupId>
     <artifactId>maven-javadoc-plugin</artifactId>
     <version>3.2.0</version>
      cutions>
       cution>
```

```
        <id>attach-javadocs</id>
        <goals>
          <goal>jar</goal>
        </goals>
        <configuration>
          <attach>true</attach>
        </configuration>
      </execution>
    </executions>
  </plugin>
  <plugin>
    <groupId>org.apache.maven.plugins</groupId>
    <artifactId>maven-source-plugin</artifactId>
    <version>3.2.1</version>
    <executions>
      <execution>
        <id>attach-sources</id>
        <goals>
          <goal>jar</goal>
        </goals>
        <configuration>
          <attach>true</attach>
        </configuration>
      </execution>
    </executions>
  </plugin>
  <plugin>
    <groupId>org.apache.maven.plugins</groupId>
    <artifactId>maven-gpg-plugin</artifactId>
    <version>1.6</version>
    <executions>
      <execution>
        <goals>
          <goal>sign</goal>
        </goals>
        <phase>verify</phase>
        <configuration>
          <gpgArguments>
            <arg>--pinentry-mode</arg>
            <arg>loopback</arg>
          </gpgArguments>
        </configuration>
      </execution>
    </executions>
  </plugin>
  <plugin>
    <groupId>org.sonatype.plugins</groupId>
```

```
        <artifactId>nexus-staging-maven-plugin</artifactId>
        <version>1.6.8</version>
        <extensions>true</extensions>
        <configuration>
          <serverId>central</serverId>
          <nexusUrl>https://s01.oss.sonatype.org</nexusUrl>
          <autoReleaseAfterClose>true</autoReleaseAfterClose>
        </configuration>
      </plugin>
    </plugins>
  </build>
```

請注意，此配置會產生 `-sources` 和 `-javadoc` JAR、使用 PGP 對所有附加的工件進行簽名、並將所有工件上傳到給定的 URL，而它恰好是 Maven Central 支援的 URL 之一。`<serverId>` 元素指明您必須在 *settings.xml* 檔案中具有的憑證（否則，上傳將失敗），或者您也可以將憑證定義為命令行參數。

您可能希望將外掛程式配置放在 `<profile>` 部分中，因為配置的外掛程式提供的行為僅在發布版本被公佈時才需要；在主生命週期階段序列的執行期間沒有理由產生額外的 JAR。這樣做時，您的建構將只會執行最少的步驟集合，因此速度會更快。

另一方面，如果您使用了 Gradle 來進行發布，則必須配置一個可以發布到 Sonatype Nexus Repository 的外掛程式，最新的此類外掛程式是 io.github.gradle-nexus.publish-plugin（*https://oreil.ly/MdCNh*）。配置 Gradle 來完成這項工作的方法不止一種。慣用語的變化比您必須在 Maven 中進行的配置還要快。我建議您查閱 Gradle 官方指南，瞭解在這種情況下需要做什麼。

發布到 Sonatype Nexus Repository

您可能還記得 Maven Central 是使用 Sonatype Nexus Repository 來執行的，因此為何上一節中顯示的配置也適用於此處也就不足為奇了，因此您只需變更發布 URL 以匹配 Nexus 儲存庫。不過這裡給您一個警告：Maven Central 應用的嚴格驗證規則通常不適用於客製化的 Nexus 安裝。也就是說，Nexus 可以選擇如何配置用來管理工件的發布的規則。例如，對於在您的組織內執行的 Nexus 實例，這些規則可能會放寬，或者在其他領域可能會更嚴格。最好查閱貴組織提供的有關將工件發布到它們自己的 Nexus 實例的說明文件。

有一點很清楚：如果您將工件發布到組織的 Nexus 儲存庫，並且最終必須發布到 Maven Central 時，那麼從一開始就遵循 Maven Central 的規則會是一個好主意——只要這些規則不和您組織的規則衝突的話。

發布到 JFrog Artifactory

JFrog Artifactory 是另一個流行的工件管理選項，它提供與 Sonatype Nexus Repository 類似的功能，同時添加了其他功能，包括與屬於 JFrog 平台的其他產品整合（例如 Xray 和 Pipelines）。我非常喜歡的一個特殊功能是工件在發布之前不需要在原始檔上簽名。Artifactory 可以使用您的 PGP 密鑰或站點範圍的 PGP 密鑰來執行簽名。這減輕了您在本地端和 CI 環境中設定密鑰的負擔，並且在發布期間傳輸更少位元組。和以前一樣，我們之前看到的 Maven Central 發布配置也適用於 Artifactory，只需變更發布 URL 以匹配 Artifactory 實例。

和 Nexus 一樣，Artifactory 允許您將工件同步到 Maven Central，並且您也必須遵循發布到 Maven Central 的規則。因此，從一開始就發布格式良好的 POM、原始碼和 Javadoc JAR 是一個好主意。

總結

我們在本章中介紹了很多概念，但主要的收穫應該是，在進行建構軟體或想要在競爭中取得領先時，僅靠工件本身並不足以獲得最佳結果。工件通常具有和它們關聯的元資料，例如它們的建構時間、依賴項版本和環境。此元資料可用於追蹤特定工件的來源、幫助將其轉變為可重現的工件、或支援產生軟體材料清單（software bill of materials, SBOM），而這剛好是另一種元資料格式。此外，此元資料的存在可以極大地增強可觀察性、監控和其他有關建構生產線的健康和穩定性的問題。

對於依賴項，我們看到了使用流行的 Java 建構工具（例如 Apache Maven 和 Gradle）來解析依賴項的基礎知識。當然，比本章所討論的更深入是有必要的。這些主題當然可以單獨寫一本書。請務必留意這些建構工具的更高版本所提供的有關該領域的改進。

最後，我們介紹了如何將 Java 工件發布到流行的 Maven Central 儲存庫，因為它需要遵循一組特定的指南才能成功發布。Maven Central 是典範的儲存庫，但它不是唯一的。Sonatype 提供了 Sonatype Nexus Repository，JFrog 提供了 JFrog Artifactory，這也是在內部位置（例如您自己的組織或公司）管理工件的非常流行的選擇。

第七章

保護您的二進位檔

Sven Ruppert
Stephen Chin

> 資料是資訊時代的污染問題，保護隱私是環境性的挑戰。
>
> —Bruce Schneier, *Data and Goliath*

軟體安全是任何全面性的 DevOps 部署的關鍵部分。過去一年中發現的新漏洞引起了人們對虛弱的軟體安全性所產生的後果的關注，從而促使制定了新的政府安全法規。要滿足這些新法規的影響跨越了整個軟體生命週期，一路從開發一直到生產。因此，DevSecOps 是每個軟體開發人員和 DevOps 專業人士都需要瞭解的東西。

在本章中，您將學習如何評估您的產品和組織的安全漏洞風險。我們還將介紹用於安全測試的靜態和動態技術，以及用於風險評估的評分技術。

無論您的角色是什麼，您都將能做更充分的準備來保護您組織的軟體交付生命週期。但首先讓我們更深入地瞭解，如果您不關注安全性並採取措施來保護您的軟體供應鏈時會發生什麼後果。

供應鏈安全受損

事情是從 2020 年 12 月初開始的，當時 FireEye 公司注意到它已成為網路攻擊的受害者，這個攻擊很了不起，因為該公司是專門從事偵測和抵禦網路攻擊的。內部分析指出，攻擊者設法竊取了 FireEye 的內部工具，而 FireEye 使用了這些工具來檢查其客戶的 IT 基礎架構的弱點。這個高度專業化的工具箱針對了駭入網路和 IT 系統的行為進行了優化，而這一旦落入駭客手中將會是一個巨大的風險。直到後來才發現此漏洞與被稱為 *SolarWinds hack*（2020 年美國聯邦政府資料洩露事件）的大規模網路攻擊有關聯（FireEye 後來透過合併成為 Trellix）。

SolarWinds 是一家總部位於美國的公司，專門從事複雜 IT 網路結構的管理。為此，該公司開發了 Orion 平台。該公司本身擁有超過 300,000 名在組織內部使用該軟體的活躍客戶。用於管理網路組件的軟體必須在 IT 系統中配備大量的管理權限，以便能夠執行其任務，這是駭客在他們的攻擊策略中所使用的關鍵點之一。辨識出 FireEye 駭客攻擊與後來的大規模網路攻擊之間有關聯需要一些時間，因為影響鏈不像以前的漏洞洩露那樣直接。

由於 SolarWinds 的漏洞被不當利用和漏洞被發現之間存在很長的時間間隔，許多公司和政府組織最終都受到了這次攻擊的影響。在幾週的時間內，總共有 20,000 次成功的攻擊發生。由於攻擊的樣式都相似，所以安全研究人員能夠確定這些攻擊是相關的。其中一個共同特徵是，所有受到攻擊的組織都使用了 SolarWinds 軟體來管理其網路基礎架構。

攻擊者使用 FireEye 工具侵入 SolarWinds 網路。他們攻擊了負責為 Orion 軟體平台建立二進位檔的 CI 生產線。軟體交付生產線被修改過，每次執行新版本時，所產生的二進位檔都會受到破壞，並包含駭客所準備的後門。Orion 平台在這裡被用來當作特洛伊木馬，將受感染的二進位檔傳遞給數千個網路。任何對指紋進行檢查的接收者都會看到二進位檔是有效的，因為那是由他們所信任的供應商 SolarWinds 簽名的，而這種信任關係正是這次網路攻擊被利用來攻擊下游網路的漏洞。

執行此攻擊的方式的確切說明如下：SolarWinds 公司對其軟體進行了更新，並透過自動更新程序將這些二進位檔提供給所有 300,000 名客戶，有將近 20,000 名客戶在短時間內安裝了此更新。受感染的軟體在被啟動後等待了大約兩週，然後開始在受感染的系統中傳播。這還不夠糟糕，隨著時間的推移，更多的惡意軟體會被動態載入，如果不進行完全重新建構就無法修復受損的系統。

往後退一步，讓我們區分一下 SolarWinds 公司的角度和受影響客戶的角度。是誰有責任來減輕這種攻擊，如果您自己受到影響，程序會是什麼樣子？您可以使用哪些工具來識別和解決漏洞？誰可以對此類攻擊採取行動，以及在漏洞時間軸的什麼時間點進行？

從供應商角度看安全性

首先，讓我們從會向其客戶分發軟體的軟體製造商（在本例中為 SolarWinds）的角度開始。當發生供應鏈攻擊時，您必須做好準備，因為您將只是病毒軟體的載體而已。與傳統攻擊相比，損害會被放大，因為您讓駭客能夠在成千上萬的客戶中打開一個安全漏洞。要防止這種情況發生，需要在您的軟體開發和分發程序中採用嚴格的方法。

保護您的軟體交付生產線中所使用的工具是最重要的層面之一，因為它們可以存取您的內部系統，並且可以惡意修改您的軟體生產線中的二進位檔。然而，這件事頗具挑戰性，因為軟體交付生命週期中所使用的直接和間接工具數量會不斷增加而擴大了攻擊面。

從客戶角度看安全性

作為像 SolarWinds 這樣的供應商的客戶，必須考慮價值鏈（value chain）中的所有元素，包括軟體開發人員日常使用的所有工具。您還必須檢查從 CI/CD 系統產生的二進位檔是否存在著修改或漏洞注入的可能性，使用安全且可追溯的材料清單來對被使用的所有組件進行概覽至關重要。歸根結底，只有將自己的產品分解為其組成部分，並對每個元素進行安全審查後，對整件事才會有所幫助。

作為使用者，您該如何保護自己？價值鏈中的所有元素都必須經過嚴格審查的方法也適用於這裡。如 SolarWinds 案例所示，個人指紋和機密來源的私密使用並不能提供最佳保護，使用的組件必須經過更深層次的安全檢查。

完全影響圖

完全影響圖（*full impact graph*）表達應用程式中受已知漏洞影響的所有區域。要分析完全影響圖需要工具來檢查已知的弱點。只有當這些工具能夠識別和表達跨技術邊界的相互關係時，它們才能充分發揮其潛力。如果不考慮完全影響圖，我們很容易就只會關注一種技術，這很快就會導致危險的偽安全性。

例如，假設我們正在使用 Maven 建構一個 JAR；此 JAR 將在 WAR 中使用，以部署在 servlet 容器中。此外，最好將此 JAR 封裝到 Docker 映像中以部署到生產環境。生產配置也儲存在用來組織 Docker 部署的 Helm 圖表中。假設我們可以在 WAR 中識別出這個被破解的 JAR，而此 WAR 是由 Helm 圖表來部署的 Docker 映像的一部分，而這個映像是正在使用的生產環境的一部分。從 Helm 圖表一直追蹤漏洞到封裝的 JAR 需要有關完全影響圖的知識。

SolarWinds 駭客攻擊展現了我們需要分析完全影響圖，據以發現供應鏈中的漏洞。如果您在二進位檔中發現漏洞，則該漏洞的相關性取決於檔案的使用方式。您需要知道該檔案會在哪裡使用，以及如果在操作環境中使用此弱點可能導致的潛在風險。如果您不在任何地方使用此二進位檔，則該漏洞不會造成任何傷害；但是，如果它被使用在公司的關鍵領域，就會產生重大風險。

假設我們只專注於掃描 Docker 映像。我們會得到 Docker 映像包含了漏洞這樣的資訊，並且可以緩解 Docker 映像中的漏洞。但是我們缺少使用了這個受到感染的二進位檔的所有其他地方的資訊。我們需要知道這個二進位檔在所有不同的容器層和技術中的使用情況，只關注 Docker 映像內部的使用，可能會導致在我們的環境中直接使用了這個二進位檔的那些部分出現安全漏洞。

在第 178 頁的「通用漏洞評分系統」中，我們將向您展示如何使用環境度量來精確評估語境，並使用此資訊來進行更明智的風險評估。

保護您的 DevOps 基礎架構

現在您瞭解了安全漏洞的影響，是時候看看我們可以怎麼來提高整個軟體開發生命週期的安全性了。首先，我們來瞭解一下 DevOps 環境中使用的程序和角色。

DevSecOps 的興起

讓我們簡要回顧一下開發和營運是如何合併成為 DevOps 的，因為這在引入安全性方面有著核心作用。DevOps 啟始於一個基本認識，也就是開發人員和營運這兩個領域必須更緊密地合作才能提高生產力。DevOps 的基本階段可以直接映射成建構和交付軟體到生產的程序。

在 DevOps 之前，職責的區分很明顯，發布版本被用來作為群組之間的交接點。DevOps 將角色變更為更具包容性；開發人員需要瞭解進行生產部署的複雜性，反之亦然。這種變化需要更進階的自動化工具和儲存庫，以及共享的知識和程序。

但是安全性呢？安全性不是、也不應該是軟體開發中的明確步驟。安全性是貫穿生產和營運的所有階段的跨域問題，這反過來又使人們意識到沒有專門的安全官可以單獨完成這項工作。整個團隊都要負責安全性問題，就像他們要負責品質問題一樣。

這種認識的結果是建立了 *DevSecOps* 一詞。然而，此處有一些微妙之處也不容忽視。並非生產鏈中的每個人都能同樣出色地完成所有工作，每個人都有自己的特質，並且在某些領域更有效率。因此，即使是在 DevSecOps 組織中，有的團隊成員更關心開發領域，而另一些則在營運領域有自己的優勢。

SRE 在安全性中扮演的角色

開發和營運專業化的一個例外是**網站可靠性工程師**（*site reliability engineer, SRE*）角色，該術語最初來自 Google，用來描述團隊中處理服務可靠性的人員。SRE 工作所依據的度量稱為**故障預算**（*failure budget*）。在此假設軟體會出現故障，而這正是導致停機的原因。服務具有特定的故障預算或停機時間預算（downtime budget），SRE 的目標是在透過減少由於錯誤、損壞、或網路攻擊而導致的停機時間，將服務正常上線時間保持在規定的預算範圍內。為了達成這些目標，SRE 可能會選擇在軟體的升級上投入較多資源在停機時間這個層面上，這些升級可用於為系統來部署品質上和安全性上的改善。

因此，SRE 是團隊的一個成員，其作用是確保系統的強固性和新功能的引入之間的平衡。為此，SRE 最多有 50% 的工作時間用來專注於營運任務和職責，這段時間應該用於自動化系統並提高品質和安全性；SRE 的其餘時間都花在開發人員的工作上，並參與了新功能的實作。現在我們來到了一個令人興奮的問題：SRE 是否也該負責安全性？

SRE 的這個角色可以位於 DevSecOps 結構的中間，因為他們的工作時間和技能在開發和營運這兩個區域之間幾乎是平均分配的，因此這兩個概念可以在同一個組織內共存。

SRE 通常是具有多年經驗的開發人員，而現在專攻營運領域，或者是具有多年專業經驗的管理員，現在卻有意進入軟體開發領域。考慮到這一點，SRE 的位置是合併開發和營運策略以解決跨領域問題的理想場所。

再次考慮 SolarWinds 的範例，問題在於誰在價值鏈中對漏洞採取行動時的影響力最大。為此，我們將看看開發和營運這兩個領域以及可用的選項。

靜態和動態安全性分析

有兩種主要的安全性分析類型：靜態應用程式安全性測試和動態應用程式安全性測試。我們來看看它們意味著什麼，以及這兩種方法有何不同。

靜態應用程式安全性測試

靜態應用程式安全性測試（*static application security testing, SAST*）會在特定時間點分析應用程式。它是靜態的，焦點是放在識別和定位已知漏洞。

SAST 是一個所謂的清晰測試（clear-testing）程序，在其中您可以查看系統內部以進行分析。對於此程序，您需要有權限存取要測試的應用程式的原始碼。但是，操作的執行時期環境不一定是可用的。應用程式不必為此程序而執行，這就是為什麼也使用術語靜態（*static*）的原因。使用 SAST 可以識別三種類型的安全威脅：

- 原始碼在功能性領域中是否存在著漏洞，例如允許「受污染的程式碼」被走私進來？這些路線可以在以後被用來將惡意軟體滲透進來。
- 是否有任何原始碼行允許您連接到檔案或某些物件類別？重點也放在偵測和防止惡意軟體的引入。
- 應用程式等級是否存在著允許您與其他程式進行互動而被忽視的漏洞？

不過需要注意的是，原始碼的分析本身就是一件複雜的事情。靜態安全性分析領域還包含了讓您能夠決定和評估所有被包含的直接和間接依賴項的工具。

一般而言，各種 SAST 工具應該要定期檢查原始碼。SAST 原始碼掃描器還必須透過初始實作來適應您組織的需求，以將掃描器調整到您各自的領域。開放 Web 應用程式安全性專案（Open Web Application Security Project, OWASP）基金會可以提供幫助；它不僅列出了典型的安全性漏洞，還會推薦合適的 SAST 工具。

SAST 方法的優點

和在軟體交付程序後期所進行的安全性測試相比，靜態安全性分析方法具有以下優勢：

- 由於漏洞偵測測試是在開發階段進行的，因此和只能在執行時進行的偵測相比，消除弱點的成本效益要高得多。透過存取原始碼，您還可以瞭解這個漏洞是如何產生的，並防止它在未來再次發生。使用不透明的測試程序無法獲得這些發現。
- 可以進行部分分析，這意味著即使是不可執行的原始碼文本也可以進行分析。靜態安全分析可以由開發人員自己進行，大大減少了對安全性專家的需求。

也可以在原始碼等級對系統進行 100% 分析，但動態方法無法保證這一點。不透明測試（opaque-testing）系統只能執行滲透測試，這是一種間接分析。

SAST 方法的缺點

由於您是從原始碼就開始進行，SAST 似乎有可能成為最全面的安全性掃描方法。然而，在實務上它存在一些根本性的問題：

- 程式設計工作經常會受到影響，這反過來又將自己變成特定於領域的錯誤。開發人員會過於關注安全性測試和相關的錯誤修復。
- 工具可能是有問題的。這會特別發生在當掃描器尚未適應您的整個技術堆疊的時候。如今，大多數系統都是多程式語言的。要獲得已知漏洞的完整列表，您需要一個支援所有直接或間接技術的工具。
- SAST 通常會完全取代後續的安全性測試。但是，和執行中的應用程式直接相關的所有問題仍然不會被偵測到。
- 只關注原始碼是不夠的。如果可能的話，靜態掃描必須分析二進位檔和原始碼。

在第 183 頁的「多少才夠？」小節中，我們將說明為什麼您應該先關注掃描二進位檔。

動態應用程式安全性測試

動態應用程式安全性測試（*dynamic application security testing, DAST*）是對正在執行中的應用程式（通常是正在執行的 Web 應用程式）的安全性分析，為了盡可能地識別應用程式中的弱點而執行了各種各樣的攻擊場景。術語**動態**（*dynamic*）代表它必須可以使用正在執行的應用程式來執行測試，測試系統的行為必須與生產環境相同這點非常重要，即使是微小的變化也可能代表嚴重的差異，其中包括不同的配置或上游的負載平衡器和防火牆。

DAST 是一個不透明測試程序，其中應用程式只能從外部查看。所使用的技術和安全性檢查的類型無關，因為應用程式只能被一般性和外部性地存取。這意味著可以從原始碼中獲得的所有資訊對於此類的測試都是看不到的。因此，測試人員可以使用一組通用工具來測試典型問題。基準 OWASP 專案為您為自己的專案選擇掃描器提供了合理的幫助。這會評估各個和特定應用程式背景相關的工具的效能。

DAST 的優勢

DAST 程序具有以下優點：

- 安全性分析以與技術無關的方式工作。
- 掃描器會在執行測試的執行時期環境中發現錯誤。
- 偽陽性率低。

- 這些工具可以在基本功能性應用程式中發現錯誤的配置。例如，您可以識別其他掃描器無法識別的效能問題。
- DAST 程式可用於開發過程中的所有階段和後續的操作上。

DAST 掃描器的概念和真正的攻擊者用在他們的惡意軟體上的相同。因此，它們提供了有關弱點的可靠回饋。測試結果一再重申，大多數 DAST 工具可以識別 OWASP 基金會所列出的前 10 大最常見威脅（*https://oreil.ly/3MmBn*）。

DAST 的缺點

使用 DAST 工具有幾個缺點：

- 掃描器被程式設計成對功能性 web 應用程式執行特定攻擊，並且通常只能由具有產品必要知識的安全性專家來進行調整。因此，個人可以進行擴展的空間很小。
- DAST 工具很慢；可能需要幾天的時間才能完成分析。
- DAST 工具會在開發週期的後期才發現一些安全漏洞，而這些漏洞原本可以透過 SAST 更早發現。因此，解決相關問題的成本高於應有的水準。
- DAST 掃描是基於已知的錯誤，掃描新型攻擊需要相對較長的時間。因此，要修改現有的工具通常是不可能的。如果可行，則需要深入瞭解攻擊向量本身，以及如何在 DAST 工具中實作它。

比較 SAST 和 DAST

表 7-1 總結了 SAST 和 DAST 測試方法之間的差異。

表 7-1　SAST 對比 DAST

SAST	DAST
清晰的安全測試 • 測試人員可以存取底層框架、設計和實作。 • 應用程式由內而外進行測試。 • 這種類型的測試代表了開發人員的方法。	不透明的安全測試 • 測試人員不瞭解建構應用程式的技術或框架。 • 應用程式是由外向內測試的。 • 這種類型的測試代表了駭客的方法。
需要原始碼 • SAST 不需要部署的應用程式。 • 它在不執行應用程式的情況下分析原始碼或二進位檔。	需要一個正在執行的應用程式 • DAST 不需要原始碼或二進位檔。 • 它透過執行應用程式來進行分析。

SAST	DAST
在 SDLC 早期發現漏洞 • 一旦程式碼被視為功能完整，就可以執行掃描。	在 SDLC 結束時發現漏洞 • 開發週期完成後才可以發現漏洞。
修復漏洞的成本更低 • 由於漏洞是在 SDLC 中較早發現的，因此修復它們更容易、更快捷。 • 通常可以在程式碼進入 QA 週期之前修復查找結果。	修復漏洞的成本更高 • 由於漏洞是在 SDLC 快結束時才發現的，因此修復通常會被推到下一個開發週期。 • 關鍵漏洞可用緊急版本的方式來修復。
無法發現執行時期和環境問題 • 由於該工具掃描靜態程式碼，它無法發現執行時期漏洞。	可以發現執行時期和環境問題 • 由於該工具對正在執行的應用程式使用動態分析，因此能夠發現執行時期漏洞。
通常支援各種軟體 • 範例包括 Web 應用程式、Web 服務和胖客戶端（thick client）。	通常僅掃描 Web 應用程式和 Web 服務 • DAST 對其他類型的軟體沒有用處。

如果您查看這兩種類型的安全性測試的優缺點，您會發現它們並不是相互排斥的。相反的，這些方法完美地互補。SAST 可用於識別已知漏洞，DAST 可用於識別未知的漏洞。這種情況主要發生在新的攻擊是基本於常見漏洞的樣式時。如果您在生產系統上執行這些測試，您還可以獲得有關整個系統的知識。但是，一旦您在測試系統上執行 DAST，您就會再次失去最後提到的這些功能。

交談式應用程式安全性測試

交談式應用程式安全性測試（*interactive application security testing, IAST*）會使用軟體工具來評估應用程式效能並識別漏洞。IAST 採用「類代理人（agent-like）」的方法；代理人和感測器會執行以在自動測試、手動測試或兩者的混合測試期間持續的分析應用程式功能。

程序和回饋會在 IDE、CI 或 QA 環境、或生產程序中即時地發生。感測器可以存取以下內容：

- 所有原始碼
- 資料和控制流
- 系統配置資料

- Web 組件
- 後端連接資料

IAST、SAST 和 DAST 之間的主要區別在於 IAST 在應用程式內部執行，可以存取所有靜態組件以及可展現全貌的執行時期資訊，它是靜態和動態分析的結合。但是，動態分析部分並不是純粹的不透明測試，因為它是在 DAST 中實作的。

IAST 有助於及早發現潛在問題，因此 IAST 可以將消除潛在成本和延遲的成本降至最低。這是由於使用了*左移*（*shift left*）方法，這意味著它是在專案生命週期的早期階段進行的。和 SAST 類似，IAST 分析提供了完整且資料豐富的程式碼行，以便安全性團隊可以立即尋找特定的錯誤。借助該工具可以存取的大量資訊，我們可以精確地識別漏洞的來源。與其他動態軟體測試不同，IAST 可以輕鬆地整合到 CI/CD 生產線中。評估會在生產環境中即時進行。

另一方面，IAST 工具會減慢應用程式的執行速度，這是因為代理人自己變更了位元碼（bytecode）。這導致整個系統的效能降低。變更本身也可能導致生產環境出現問題。使用代理人代表了潛在的危險來源，因為這些代理人也可能像 SolarWinds 駭客事件那樣遭到破解。

執行時期應用程式自我保護

執行時期應用程式自我保護（*runtime application self-protection, RASP*）是從內部來保護應用程式的方法。檢查在執行時期進行，通常包括在執行時查找可疑命令。

使用 RASP 方法，您可以即時檢查生產機器上的整個應用程式語境。此處會檢查所有處理的命令是否存在著可能的攻擊樣式，因此，此程序的目的在於識別現有的、以及尚不為人所知的安全漏洞和攻擊樣式。在這裡，它清楚地牽涉到人工智慧和機器學習（ML）技術的使用。

RASP 工具通常可用於兩種操作模式。第一種操作模式（監控）僅限於觀察和報告可能的攻擊，第二種操作模式（保護）則包括即時地且直接地在生產環境中實作防禦措施。RASP 的目標在填補應用程式安全測試和網路邊界控制所遺留的空白。SAST 和 DAST 對即時資料和事件流沒有足夠的可見度，無法防止漏洞溜過驗證程序或阻止在開發程序中被忽視的新威脅。

RASP 類似於 IAST。主要差別在於 IAST 側重於識別應用程式中的漏洞，而 RASP 側重於防止可以利用這些漏洞或其他攻擊媒介的網路安全攻擊。

RASP 技術具有以下優點：

- RASP 在應用程式啟動後（通常在生產中）用額外的保護層補充了 SAST 和 DAST 之不足。
- RASP 可以透過更快的開發週期來輕鬆應用。
- 可以在 RASP 中檢查和識別出非預期的條目。
- RASP 透過提供有關可能漏洞的全面分析和資訊，使您能夠對攻擊做出快速反應。

但是，由於 RASP 工具位於應用程式伺服器上，它們會對應用程式效能產生不利影響。此外，RASP 技術可能不符合法規或內部準則，因為它將允許安裝其他軟體或自動阻斷服務。使用這種技術也會給人一種虛假的安全感，不能替代應用安全性測試，因為它不能提供全面的保護。最後，應用程式也必須離線，直到漏洞被消除為止。

雖然 RASP 和 IAST 具有相似的方法和用途，但 RASP 不會執行廣泛的掃描，而是作為應用程式的一部分來執行以檢查流量和活動。兩者都會在攻擊發生時立即提報；對於 IAST，這是發生在測試時，而對於 RASP，它發生在生產的執行時期。

SAST、DAST、IAST 和 RASP 總結

所有方法都提供了廣泛的選項來武裝自己以應對已知和未知的安全漏洞。在選擇方法時，對您自己的需求和公司的需求進行協調是必不可少的。

使用 RASP 時，應用程式可以在執行時期保護自己免受攻擊。對您的活動和傳輸到應用程式的資料的持續監控讓它可以根據執行時期環境進行分析。在這裡，您可以選擇純監控或警報，以及主動的自我保護。但是，使用 RASP 方法會將軟體組件添加到執行時環境中以獨立地操作系統，這將對效能產生影響。透過這種方法，RASP 可以專注於偵測和防禦當前的網路攻擊，因此它會分析資料和使用者行為以識別可疑活動。

IAST 方法結合了 SAST 和 DAST 方法，並且已經在 SDLC 中使用，也就是在開發本身中使用了。這意味著和 RASP 工具相比，IAST 工具已經更「向左」了。和 RASP 工具的另一個區別是 IAST 是由靜態、動態、和手動測試組成。很明顯的，IAST 更常位於開發階段。動態、靜態、和手動測試的組合確保了全面的安全性解決方案，但此時我們也不應低估手動和動態安全性測試的複雜性。

DAST 方法聚焦於駭客如何接近系統。整個系統被視為不透明的，並且攻擊會在我們不知道它所使用的技術的情況下發生。這裡的重點是針對最常見的漏洞來強化生產系統，但別忘了這項技術只能在生產週期結束時使用。

如果您可以存取所有系統組件的話，就可以有效地使用 SAST 方法來解決已知的安全漏洞和授權問題。此程序是整個技術堆疊可以受到直接控制的唯一保證。SAST 方法的焦點是靜態語意，反過來說，它對動態語境中的安全漏洞完全視而不見。一個巨大的優勢是這種方法可以和原始碼的第一行一起使用。

根據我的經驗，如果您從 DevSecOps 或更一般性的 IT 安全性開始，SAST 方法是最有意義的選擇。這是可以用最小的努力來消除最大的潛在威脅的地方，它也是一種可以在生產線的所有步驟中使用的程序，只有當系統中的所有組件都針對已知的安全漏洞進行保護時，以下方法才會顯示出它們的最大潛力。在引入了 SAST 之後，我將使用 IAST 方法，最後再使用 RASP 方法。這也確保了各個團隊可以隨著任務的發展而成長，並且不會在生產中出現障礙或延誤。

通用漏洞評分系統

通用漏洞評分系統（*Common Vulnerability Scoring System, CVSS*）背後的基本思想是提供安全漏洞嚴重性的一般分類機制，用不同的角度來評估發現的弱點。這些元素會彼此權衡以獲得介於 0 到 1 之間的標準化數值。

像 CVSS 這樣的評級系統允許我們抽象地評估各種弱點並從中導出後續行動。重點是將這些薄弱環節的處理進行標準化，因此，您可以根據值的範圍來定義所要進行的動作。

原則上，可以將 CVSS 描述成使用預定義的因子來將機率和最大可能損壞關聯起來。其基本公式是風險 = 發生機率 × 損害。

這些 CVSS 度量分為三個正交（orthogonal）區域，它們的權重彼此不同，稱為基本度量（Basic Metric）、時間度量（Temporal Metric）、以及環境度量（Environmental Metric）。在每個區域中會查詢這些不同的層面，並必須為它們指派一個值。三個群組值的加權和隨後的組合會給定最終的結果，我們會在下一節詳細探討這些度量。

CVSS 基本度量

基本度量（*basic metric*）構成了 CVSS 評級系統的基礎。查詢這個區域的各層面的目的是要記錄不會隨時間而變化的那些漏洞的技術細節，因此評估會與其他會變化的元素無關。不同的各方可以進行基底值（base value）的計算，它可以由發現者、相關專案或產品的製造商、或負責這一弱點的電腦緊急應變小組（computer emergency response team, CERT）來完成。我們可以想像，基於這個最初的決定，值本身會因為各個群組追求的目標不同而變得不同。

基底值會評估要透過此安全漏洞來進行成功的攻擊所需要的先決條件，這是目標系統上是否必須有可用的使用者帳戶、還是系統能否在不知道系統使用者的情況下受到損害這兩者之間的區別。這些先決條件在系統是否會在網際網路上容易受到攻擊，或是否需要對受影響的組件進行實體存取等方面扮演著重要的角色。

基底值還應該要反映攻擊執行的複雜程度。在這種情況下，複雜性與必要的技術步驟有關，包括評估是否有必要和一般使用者進行互動、是否足以鼓勵任何使用者進行互動、或者此使用者是否必須屬於特定的系統群組（例如，管理員）？正確的分類不是一個簡單的程序；評估新漏洞需要準確地瞭解該漏洞和相關系統。

基本度量還考慮了此攻擊可能對受影響組件所造成的損害。三個值得關注的領域如下：

機密性（*confidentiality*）

　　從系統中萃取資料的可能性

完整性（*integrity*）

　　操縱系統的可能性

可用性（*availability*）

　　完全阻止系統的使用

您必須注意這些關注領域的權重。在某種情況下，資料被盜可能比被變更的資料更糟糕；而在另一種情況下，組件的不可用可能是最嚴重的一種損壞。

自 CVSS 版本 3.0 起也可使用**作用域度量**（*scope metric*）。該度量著眼於受影響的組件對其他系統組件的影響。例如，在一虛擬化環境中的被破解的元素可以存取營運商系統。成功變更到此作用域代表整個系統會面臨更大風險，因此也使用此因素來進行評估。這件事展示了對值的解讀也需要根據自己的情況進行調整，這將我們帶到了時間和環境度量上。

CVSS 時間度量

漏洞評估的時間相關組件在**時間度量**（*temporal metric*）群組中匯集在一起。

會隨時間變化的元素會影響這些時間度量。例如，利用漏洞的工具的可用性可能會發生變化。這些工具可以是漏洞利用程式碼或分步說明，我們必須區分漏洞是理論上的還是製造商已經官方確認過的，所有這些事件都會改變基底值。

時間度量是獨一無二的，因為基底值只能減少而不能增加。初始評級的目標是要表達最壞的情況。如果您牢記在對漏洞進行初步評估期間有著利益正在彼此競爭的話，這種做法既有優點也有缺點。

對初始評估的影響來自外部框架條件。這些發生在未定義的時間範圍內，也和實際的基本評估無關。即使在基底值調查期間已經存在著漏洞利用，這些知識也不會包含在主要評估中。然而，基底值只能透過時間度量來減少。

這就是發生衝突的地方。發現安全漏洞的個人或團體試圖將基底值設定成盡可能的高。嚴重程度高的漏洞可以賣出更高的價格，並獲得更多的媒體關注。發現這種差距的個人 / 團體的聲譽會因而提高，受到影響的公司或專案則會對完全相反的評估結果感興趣。因此，這取決於是誰發現了安全漏洞、審查程序應該如何進行、以及由哪個機構進行第一次評估。該值將由環境度量進一步調整。

CVSS 環境度量

環境度量（*environmental metric*）是使用您自己的系統環境來評估安全性漏洞的風險，根據實際情況來調整評估結果。與時間度量相比，環境度量可以在兩個方向上校正基底值，因此環境可以導致更高的分類效果，並且還必須不斷適應您自己的環境變化。

舉一個製造商已提供安全性漏洞的修補程式的例子。僅僅進行這項修改就導致了時間度量的總值變少了，但只要還沒有在您自己的系統中啟用修補程式，總值就必須透過環境度量再次大幅向上修正。這是因為一旦有修補程式可用時，便可以用它來更瞭解安全漏洞及其效果。攻擊者有更詳細的資訊可以利用，從而降低了尚未加固的系統的抵抗力。

在評估結束時，會根據前面提到的三個值計算出最終分數，然後將結果值指派給值群組。但還有一點經常會被忽視。在許多情況下，最終分數只是簡單地結轉（carry over）而無需利用環境分數進行單獨調整，這種行為會導致對整個相關的系統得到不正確的危險評估結果。

CVSS 實務

有了 CVSS，我們就有了一個評估和評等軟體安全漏洞的系統。由於沒有替代品，CVSS 已成為業界標準；該系統已在全球範圍內使用了 10 多年，並且還在不斷開發中。評估由三個部分組成。

首先，基本分數描述了純粹技術上的最壞情況。第二個組成部分是根據外部影響來評估和時間相關的修正——包括進一步的發現、工具、或針對此安全漏洞的修補程式——這可用於降低分數值。評估的第三個成分是您自己和此漏洞相關的系統環境。考慮到這一點，安全漏洞會根據現場的實際情況進行調整。最後但並非最不重要的一點是，從這三個值進行總體評估，並得出介於 0.0 到 10.0 間的數字。

此最終值可用於控制您自己的組織回應以防禦安全漏洞。乍看之下，一切都感覺很抽象，因此需要一些實務來感受 CVSS 的應用，而這可以透過您自己系統的經驗來開發。

確定安全性分析範圍

每當我們處理安全性問題時，總是會出現以下問題：要付出多少努力才足夠、應該從哪裡開始、多快能得到第一個結果？在本節中，我們將討論如何採取這些第一步。為此，我們著眼於兩個概念並考慮相關的影響。

上市時間

您可能聽說過**上市時間**（*time to market*）這個術語，但這與安全性有何關係呢？一般而言，這個詞意味著將所需的功能透過開發，盡快地從概念轉移到生產環境中。這使客戶可以開始從新功能中受益，從而增加業務價值。

乍看之下，上市時間似乎只關注業務使用案例，但在應用於安全性修復時它同樣相關。對整個系統盡快地啟動所需的修正也是最佳的做法。簡而言之，**上市時間**這個術語是安全性實作的一個常見且有價值的目標。

業務使用案例的程序應該與修復安全性漏洞的程序相同。它們都需要盡量自動化，並且所有和人類的互動都必須盡量短。所有浪費時間的互動都會增加漏洞被用在生產系統的可能性。

製造或購買

在雲端原生堆疊的所有層中，大部分軟體和技術都是購買或獲取得來的，而不是製造出來的。我們將遍歷圖 7-1 中的各個層，並討論每一層的軟體組成。

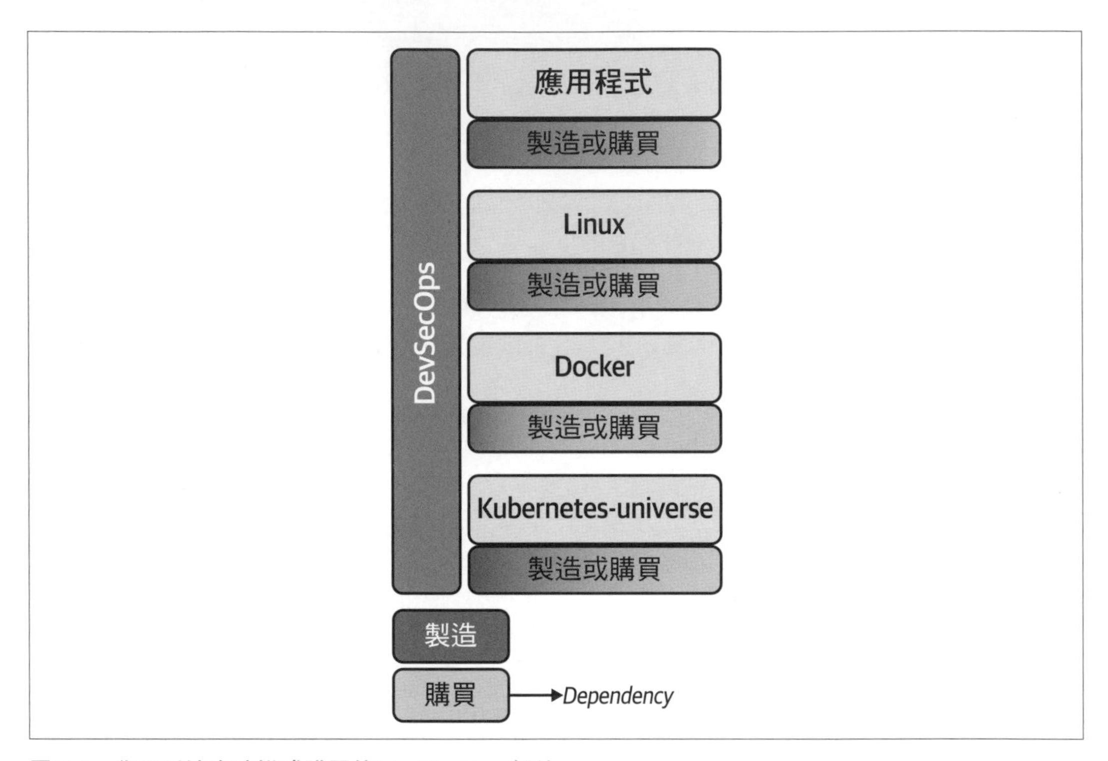

圖 7-1　您可以決定建構或購買的 DevSecOps 組件

第一層是應用程式本身的開發。假設我們正在使用 Java 並使用 Maven 作為依賴項管理器，和我們自己編寫的行數相比，我們很可能會間接地添加更多的程式碼行作為依賴項。依賴項是更重要的部分，而第三方會開發它們。我們必須小心，最好檢查這些外部的二進位檔是否存在著已知漏洞。在合規性和授權使用這兩方面，我們應該有相同的行為。

下一層是作業系統，通常是 Linux。同樣的，我們會新增配置檔案，其餘的是現有的二進位檔。結果會是一個在作業系統內部執行的應用程式，它是基於我們的配置的一些外部二進位檔的組合。

接下來的兩個層——Docker 和 Kubernetes——會讓我們得到相同的結果。到目前為止，我們還沒有關注生產線本身的工具堆疊。所有直接或間接用於 DevSecOps 的程式和工具程式都會建立依賴項。到目前為止，所有層的依賴項都是其中最重要的部分。針對已知漏洞來檢查這些二進位檔是合乎邏輯的第一步。

一次性和經常性的努力

比較針對已知漏洞和合規性問題的掃描工作，我們發現其中存在著一些差異。讓我們從合規問題開始。

合規性問題

確定合規性範圍的第一步是定義哪些授權可以被用在生產線的哪個部分。被允許的授權的定義包括了開發程序中的依賴項，以及工具和執行時期環境的使用。所定義的非關鍵授權類型應透過專門的合規性程序進行檢查。有了這個被允許的授權類型列表，我們可以開始使用建構自動化來定期掃描完整的工具堆疊。在機器發現違規後，我們必須刪除這個元素，並且必須用另一個獲得授權的元素來替換它。

漏洞

與修復漏洞所需的工作量相比，持續性掃描漏洞的工作量很少。處理已發現的漏洞需要稍微不同的工作流程。透過更顯著的準備工作，建構自動化也可以定期完成這件工作。漏洞的識別將觸發包含了人機互動的工作流程。漏洞必須在內部進行分類，從而決定下一步要採取的行動。

多少才夠？

因此，讓我們回到本節最初的問題。多少的掃描才夠？沒有任何的變更會小到可以忽視，因為所有和添加或變更依賴項有關的變更都會導致您重新評估安全性並執行新的掃描。檢查已知漏洞或檢查正在使用的授權可以透過自動化來有效率地執行。

另一個不應被低估的點是，進行這類檢查的品質是恆定的，因為此時並沒有人類參與其中。如果不斷檢查所有依賴項並沒有減慢價值鏈的速度，那麼這是一項值得的投資。

合規性與漏洞

合規性問題和漏洞之間還存在著另外一個差別。如果存在合規性問題，那麼它將是整個環境中的一個單一的點。這個部分只是一個缺陷，不會影響環境的其他元素，如圖 7-2 所示。

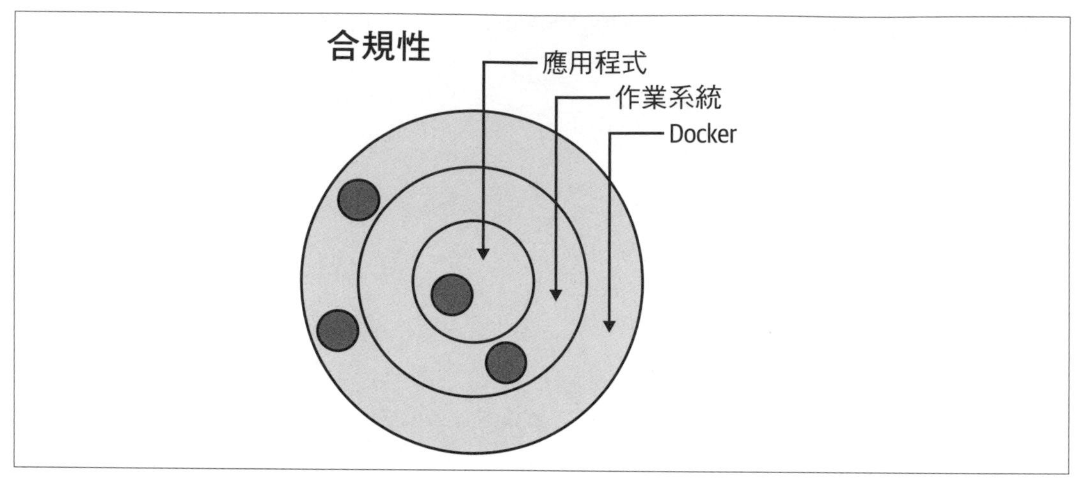

圖 7-2　可以發現合規性問題的應用程式的層

漏洞可以組合成不同的攻擊向量

漏洞有點不同。它們不僅存在於它們所在的位置。此外，它們可以與環境的任何額外層中的其他現有漏洞結合使用，如圖 7-3 所示。漏洞可以組合成不同的攻擊向量，必須查看和評估每個可能的攻擊向量本身。應用程式的不同層中的一組小漏洞可以組合成一個高度危險的風險。

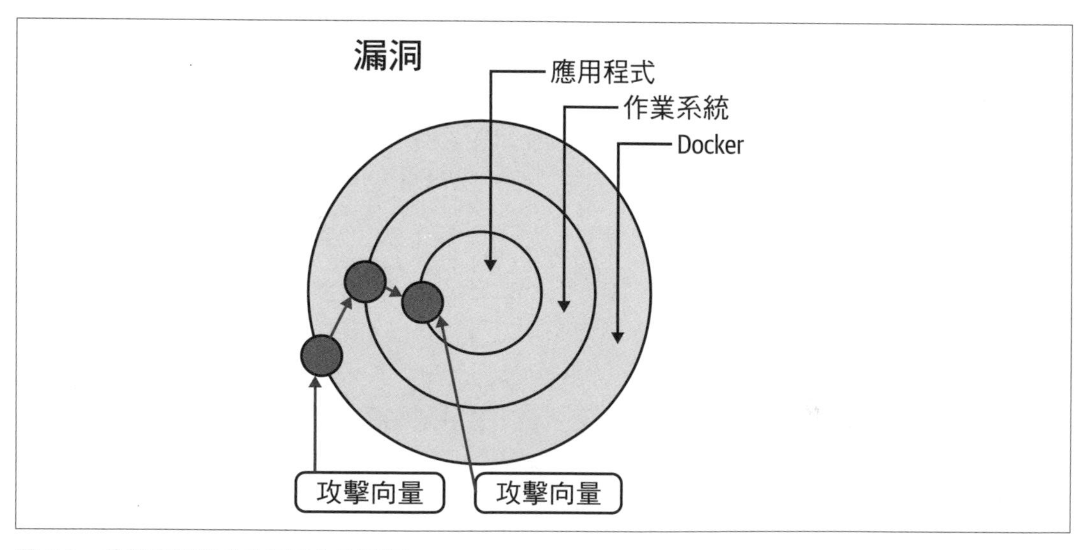

圖 7-3　位於應用程式多個層中的漏洞

漏洞：從開始到生產修復的時間軸

我們一次又一次地在 IT 新聞中讀到一些關於已被利用的安全性漏洞的資訊。這個漏洞的分類越嚴重，這個資訊受一般媒體的關注度就越高。大多數時候，我們沒有聽到和讀到所有被發現的安全性漏洞，這些漏洞不像 SolarWinds hack 那樣廣為人知。漏洞的典型時間軸如圖 7-4 所示。

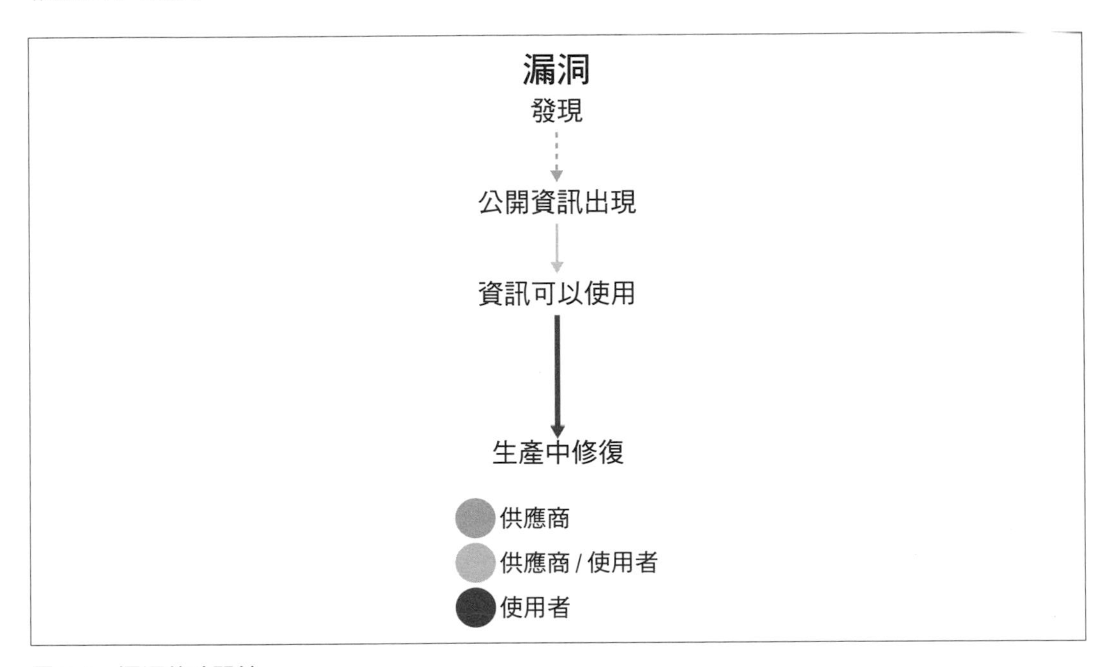

圖 7-4　漏洞的時間軸

建立漏洞

讓我們從漏洞的誕生開始。這可以透過兩種方式完成——一方面，它可能發生在任何編寫出不幸的原始碼片段組合而造成安全漏洞的開發人員身上；另一方面，也可以基於針對性的操縱。但是，這對安全漏洞生命線的進一步發展基本上沒有影響。在下文中，我們假設已經建立了一個安全漏洞，且它現在在某些軟體中處於活動狀態。它們可以是作為依賴項整合到其他軟體專案中的可執行程序或程式庫。

發現漏洞

在大多數情況下，我們無法準確瞭解安全性漏洞是何時建立的，但讓我們假設安全性漏洞存在著並且在某個時候會被發現。依據先發現安全性漏洞的對象，可能會發現幾種不同的情況。

如果惡意行為者發現了安全性漏洞，他們可能會嘗試對其保密，以便從中獲利。獲利的兩種方式是自己利用安全性漏洞，或將有關安全性漏洞的資訊出售給相關者。無論哪種情況，他們越快從安全性漏洞中獲利，漏洞就越不可能被發現和修補。

相反的，如果有道德的攻擊者發現了安全性漏洞，他們會先驗證此安全性漏洞可以被不造成任何損害的情況下利用，然後再把它披露給受影響的各方。這裡通常也存在著經濟動機。它們可能是公司所給的漏洞賞金和獎勵，因為公司會意識到具有潛在的安全性漏洞並願意付費給他們來把它們披露給公司而不是其他攻擊者。此外，維護漏洞資料庫的公司會被鼓勵去發現安全性漏洞，並在公諸於世之前把它披露給客戶群。

還有一種可能是公司自己發現了安全性漏洞。在這種情況下，公司可能傾向於隱藏漏洞或表示其為無害的。但是，最好的方法是盡快修復該漏洞，因為惡意行為者可能很快就會發現該漏洞，或者可能已經知道該漏洞並等著利用它。

不管漏洞資料庫是透過什麼途徑獲得有關漏洞的知識的，只有當資訊到達這些點之一時，隨著時間的推移，我們才能假設這些知識將可供公眾使用。

漏洞的公開可用性

每個安全性漏洞提供者都擁有所有已公開披露的漏洞的一個子集合。要獲得更全面的漏洞集合，您需要聚合多個來源。此外，由於漏洞資料庫會不斷更新，這件事需要一個自動化的程序來完成。

同樣重要的是，漏洞必須要讓機器能夠進行進一步的處理。這需要包括 CVE 或 CVSS 值等關鍵元資訊。例如，CVSS 值可用於 CI 環境中，以在達到特定閾值時打斷進一步的處理。

作為最終使用者，實際上只有一種方法可以到達這裡。您不應直接聯繫供應商，而是要依賴那些整合了各種來源並提供了經過處理和合併的資料庫的服務。由於這些資訊通常代表著相當大的財務價值，因此此類資料集的商業供應商會投入大量資源以確保它是正確的而且是最新的。

修復生產中的漏洞

一旦資訊被公開披露，並透過眾多安全性供應商其中之一提供給您時，您就可以開始採取行動了。關鍵因素是您的組織去識別和緩解安全性漏洞所需的時間。

第一步是使用您選擇的安全性供應商所提供的漏洞。這最好能透過 API 完全自動化，您可以使用該 API 來處理漏洞、持續掃描您的生產部署的安全性掃描器、以及快速地通知您有關任何新漏洞的報告。

下一步是開發、測試和部署解決安全性漏洞的修復程式。只有將此過程實作成高度自動化才能在交付程序中縮短回應時間。如果相關團隊可以輕鬆做出必要的決定，這也是一個優勢。在這一點上，冗長的審批程序會適得其反，還會對公司造成廣泛的損害。

可以改善回應時間的另一點是在開發的早期階段捕獲安全性漏洞。透過在所有生產階段提供安全性資訊，可以更早地發現漏洞並降低緩解它們的成本。我們將在第 192 頁的「安全性左移」中更詳細地討論這一點。

測試覆蓋率是您的安全帶

如果無法使用有關安全性漏洞的最佳知識，那麼這些知識將毫無用處。但是，您在軟體開發中有哪些工具可以針對已知的安全性漏洞採取有效措施？我想特別強調一個度量：您自己的原始碼部分的測試覆蓋率（test coverage）。如果您有強大的測試覆蓋率，您可以對系統進行變更並依賴測試套組（test suite）。如果對所有受影響的系統組件都進行了順利的測試，那麼從技術角度來看，就沒有什麼能阻礙軟體的可用性。

但是，讓我們仔細看看各種情況。在大多數情況下，我們會透過變更為用於相同依賴項的版本來消除已知的安全性漏洞。因此，有效率的版本管理可為您提供快速反應所需的敏捷性。在極少數情況下，受影響的組件必須換成其他製造商的語意上相等的東西。並且要將同樣組件的版本的新組合分類為有效，我們需要強大的測試覆蓋率。手動測試將遠遠超出可接受的時間範圍，並且無法在每次執行中都以相同的品質進行。與傳統的行（line）或分支（branch）覆蓋率相比，突變測試（mutation testing）提供您更具體的測試覆蓋率。

要瞭解基於所有已知漏洞的完整影響圖，瞭解依賴項包含的所有套件管理器至關重要，只關注技術堆疊中的某一層是遠遠不夠的。像 Artifactory 這樣的套件管理器可以提供資訊，包括特定於供應商的元資料。這可以透過像 JFrog Xray 這樣的安全性掃描工具來擴增，這些工具使用這些知識，並可以掃描託管在由您的套件管理器負責管理的儲存庫中的所有二進位檔。

品質門方法論

在安全回應方面，IT 專案的成功取決於最終使用者的儘早加入和參與、高階管理者的支持、以及明確的業務目標的制定。透過管理這些因素，軟體專案可以快速解決安全性漏洞並降低公司的風險。

對高階管理者全面支持的需求，透過使用能夠進行干預的準則來及時地且系統化地控制 IT 專案的品質和進度。透過指定準則，管理者有兩種控制軟體開發程序的方法：

- 準則是開發人員必須遵守的專案管理規範。
- 專案管理可以在偏離既定目標的情況下進行干預。

負責設定和執行這些準則的小組可能因管理系統而異。角色的分配也是一而再再而三的爭論議題。然而，事實證明，所有團隊成員的更實質性參與會導致動態和成功的結構。

在專案控制的背景下，可以採取措施來抵消專案內的不良發展。對於專案參與者來說理想情況是安全性風險不會影響專案的繼續執行。但是，在極端情況下，也可以取消該專案。及時性意味著能夠在發生重大經濟損失之前採取行動。

然而在此同時，這是以相關和可衡量的結果為前提，以使有效的專案控制變得明智和可能。專案內某個活動結束時是一個合適的時間，因為有結果可以檢查。但是，由於專案內的活動量很大，專案管理團隊過於頻繁的檢查會減慢專案的進度。此外，許多平行專案（都必須被監控）會給專案管理帶來更大的負擔。

中庸的立場是在特定的重要點建立控制和指導，以作為每個專案的約束力。為此，品質門提供了檢查各個品質目標的滿足程度的機會。*品質門*（*quality gate*）是專案中的一個特殊時間點，在該時間點上，會根據對品質相關標準的正式審查來做出關於專案要繼續或終止的決定。

打個比方，品質門是專案各個程序步驟之間的障礙：一旦達到品質門，只有滿足所有準則或至少要滿足夠多的準則，專案才能繼續進行。這確保了在品質門時專案的所有結果都夠好，以便能夠繼續使用它們。使用品質門的準則，一方面可以確定結果，另一方面可以確定結果的定性要求，然後可以使用它們來定義各個專案階段之間的介面。為了建立品質門，某些結構、活動、角色、文件、和資源是必要的，這些都會總結在品質門參考程序中。

品質門參考程序會基於公司的需要來進行精確的設計。品質門起源於汽車開發和技術產品的生產，但它們越來越滲入到系統開發專案中，最近也進入純軟體開發專案中。

批量生產（series production）中的品質門依賴於統計上確定的值，這些值可用作未來專案控制活動的目標。在軟體開發中不存在這樣的起始位置，因為軟體開發專案是高度個體化的。結果是，在裝配線生產中實作的品質門參考程序只能在有限程度上轉移到軟體開發中，必須以不同的方式來設計合適的品質門參考程序，以便公正地解決軟體開發的特定問題。然而，使用其他領域的品質門參考流程還是有意義的，因為它們已經被開發和優化很多年了。

品質門策略

在使用品質門時，已經有兩種基本策略被指明了。根據目標為何，公司在設計品質門參考流程時可以選擇這兩種策略的其中之一，如下所述。

品質門作為一致的品質指南

在第一種方法中，每個專案都必須通過相同的品質門，並根據相同的標準進行衡量。遵循此策略的品質門參考程序只允許最小程度的（如果可以的話）調整，目標是在每個專案中至少達到相同的品質等級；因此，這為每個專案建立了定性指南。

因此，品質門可以用來作為進度的統一衡量標準。我們可以藉由檢查哪些任務已經通過了特定的品質門、又有哪些沒有通過，來比較專案之間的進度。管理者可以很容易地識別出一個專案是在何時（定性地）落後於另一個專案並採取相應的行動。因此，品質門可以很容易地被用來作為多專案管理的工具。

品質門作為一種靈活的品質策略

在第二種方法中，品質門或準則的數量、安排和選擇可以被調整以符合專案的需要。因此，品質門和準則可以更精確地適應專案的品質要求，從而提高結果的品質。然而，這使得要對多個專案進行比較變得更加困難。幸運的是，類似的專案將具有可用於比較的品質門，並且可以根據類似的準則來進行衡量。

在網際網路和文獻（論文、標準作品、以及會議論文集）中研究品質門這個主題時會發現各式各樣的術語。由於在許多地方會使用了同義詞，品質門經常被錯誤地被認為等同於各種其他概念。例如，*審查*（*review*）或*里程碑*（*milestone*）都不應等同於品質門。

符合專案管理程序

問題是這種方法是否可以應用於其他專案管理程序。這裡的答案是肯定的。品質門方法可以整合到週期性（cyclical）和非週期性（acyclical）專案方法中。時間序列在此時是無關緊要的，因此也可以用於里程碑等級的經典瀑布式專案（waterfall project）。

這種方法顯著的優點是仍然可以在專案管理範式轉變的情況下使用。團隊中累積的知識可以繼續使用，而不會失去其價值。這意味著無論目前的專案實作方式是什麼，都可以引入和使用此處描述的措施。

使用品質門方法實作安全性

我們將介紹、定義和使用一種非常簡化的方法來整合安全性的橫切的問題。在下文中，我們將假設品質門方法適用於實作任何的橫截面（cross-sectional）主題。時間成分也無關緊要，因此可以用在任何的週期性專案管理方法上。因此，這種方法非常適合整合到 DevSecOps 專案組織方法中。

DevOps 程序分為幾個階段。各個階段間無縫連接。在這些點上安裝會干擾整個程序的東西是沒有意義的。但是，也有更好的地方可以出現跨領域問題。我們說的是可以在 CI 路徑中找到的自動化流程推導。假設要通過品質門的必要程序步驟可以完全自動化的話，CI 路線是執行這種定期發生的工作的理想選擇。

假設 CI 生產線執行了自動化流程步驟，可能會出現兩個結果。

綠色：已通過品質門

這個處理步驟的一個可能結果是所有的檢查均已成功通過。此時可以不間斷地繼續處理。只會製作幾個日誌條目來確保說明文件是完整的。

紅色：未通過品質門

另一個可能的結果是檢查發現了一些可以指出失敗的東西。這會中斷程序，並且必須決定失敗的原因，以及修復它的方法。自動程序通常會在此時結束，並由手動程序來代替。

品質門的風險管理

由於識別出缺陷會阻止通過品質門，因此需要有人負責以下步驟：

- 風險評估（識別、分析、評估風險以及決定風險優先等級）
- 設計和啟動對策
- 追蹤專案過程中的風險

透過在風險基礎上權衡要求的重要性來建立準則及其操作化，風險的確定就已經完成。而這是發生在品質門審查的期間。

對策的構思和啟動是品質門審查的一項基本活動，至少在專案投入生產前並沒有被延遲或取消的情況下是如此。採取的對策主要是要應對因為不符合標準而產生的風險。

風險管理的對策可分為預防措施和緊急措施。**預防措施**（*preventive measure*）包括要盡快地滿足準則。如果無法做到這一點，則必須設計適當的對策。對策的設計是創造性的行為；這取決於風險、評估、以及可能的替代方案。

我們必須追蹤對策的有效性以確保它會成功。這跨越了專案的所有階段，而且對於確保在程序的早期發現和解決安全性漏洞至關重要。

品質管理的實際應用

我們來看一個軟體發布環境中品質管理的實際例子。為了這個目的，所有必需的組件都將在儲存庫中產生和收集，而且每個二進位檔都有一個身分和版本。發布所需的所有元素在被成功建立後都會放在一個部署捆包（bundle）中。在這種情況下，發布版是由不同版本的二進位檔組合的。技術在這裡只扮演次要角色，因為最多樣化的工件可以在一個發布版本中被組合在一起。

您還可以想像，此時所有關鍵文件都是此彙編的一部分。這可以包括諸如發布說明還有建構資訊之類的文件，這些文件提供了有關製造程序本身的資訊—— 例如，在哪個平台上使用了哪個 JDK 等等。如果必須進行事後分析的話，此時可以自動整理的所有資訊都會提高可追溯性和重現品質。

我們現在將所有東西放在一起，並希望開始提供工件。我們在這裡談論的是要提升二進位檔，這可以在您自己的儲存庫或普遍可用的全域儲存庫中完成。現在已經到了仍然可以進行最後一次變更的時候了。

我們正在說的是要將安全檢查作為提升閘門。這裡所使用的工具最終應該要檢查兩件事。首先，需要刪除二進位檔中的已知漏洞。其次，所包含的所有工件中使用的所有授權都必須足以滿足該目的。在此馬上可以清楚知道的是，我們需要和所使用的技術無關的檢查方式。這讓我們回到了完整影響圖。此時，我們必須獲得完整影響圖才能達到高品質的結果。負責提供所有相關工件的儲存庫管理器必須與二進位掃描器無縫地整合，其中一個例子是 Artifactory 和 Xray 的組合。

但是，安全檢查是儘早提升二進位檔的途徑嗎？哪裡可以早點開始？我們現在來到左移的概念。

安全性左移

長期以來，敏捷開發、DevOps、以及安全性實作一直被認為是互斥的。經典的開發工作總是面臨這樣一個問題，也就是軟體產品的安全性不能被充分地定義成已經是最終的、靜態的、或結束狀態。這就是軟體開發中的**安全性悖論**（*security paradox*）。

敏捷開發（Agile development）看起來似乎過於動態，無法在每個開發週期中對要開發的軟體產品進行詳細的安全性分析。情況恰好相反，因為敏捷和安全開發技術可以互補的很好。敏捷開發的關鍵點之一是能夠在短時間內實作變更，以及在短時間內對需求進行變更。

過去，安全性往往被視為一個靜態程序。據此，我們需要將敏捷概念應用於安全性領域。安全性要求的一般性處理必須適應這種發展，以便能夠有效率地進行實作。但是，我們必須注意敏捷開發是特性導向的。不過，安全性需求主要來自非功能性特性的類別，因此在大多數情況下只能以內隱式形式獲得。和錯誤的安全性需求工程結果相結合的後果是開發週期的計算錯誤、以及時間壓力增加；由於不正確的預算計算、增加的技術負債、持續存在的弱點、或程式碼庫中的特定安全性漏洞的緣故，使得衝刺被中止了。

現在讓我們關注如何在敏捷開發團隊中建立必要的條件，以儘早提高程式碼庫的安全性等級。無論使用何種具體的專案管理方法，以下方法的有效性均不受限制。

必須設定安全性等級，以便各自的開發團隊在執行產品增量（increment）時達成安全性增量。與沒有此焦點的團隊相比，具有內隱的和明顯的安全性焦點的團隊可以立即達到不同等級的安全性。無論每個團隊的經驗如何，都必須定義並遵守一般的最低標準。

OWASP Top 10（*https://owasp.org/Top10*）是開發人員可以透過簡單的措施來避免的一般性安全性漏洞列表。因此，它們扮演介紹此主題的角色，而且應該是每個開發人員的安全性收藏的一部分。然而，程式碼審查經常指出團隊沒有充分考慮那前 10 名，因此這是一個讓團隊專注於改善的好地方。

我們還應該要認知到，開發人員或許可以在他們的領域做得很好，但他們並不是安全專家。除了不同等級的經驗之外，開發人員和安全專家有不同的方法和思維方式，這對他們各自的任務具有決定性的意義。因此，開發團隊必須意識到他們在評估攻擊方法和安全性方面的侷限性。因此，在開發關鍵組件或出現問題時，必須事先決定要去召集安全專家的這個組織性選項。儘管如此，開發人員通常應該能夠評估典型的安全性因子，並採取簡單的步驟來提高程式碼的安全性。

理想情況下，每個團隊都有一名成員同時具備開發還有詳細的安全性知識。在受支援的專案語境中，相關員工被稱為安全經理（security manager, SecM）。他們監控已開發程式碼部分的安全層面、定義每個開發週期中的攻擊面和攻擊向量、支援您評估使用者故事的工作，並實作緩解策略。

為了獲得程式碼庫及其安全等級的全域概覽，朝向在相關團隊的 SecM 之間進行定期交流這個目標是有意義的。由於在開發週期階段達成公司範圍內的同步是不現實的，因此 SecM 應該定期、固定的開會。在小公司或同步衝刺（sprint）的情況下，團隊會特別因為在開發週期規劃期間的交流而受益。透過這種方式，可以評估跨組件安全性層面以及開發週期對產品增量安全性的影響。後者目前只能透過下游測試（downstream test）來達成。根據開發週期審查，在實作新組件後還應召開 SecM 會議。為了準備下一個衝刺，參與者會根據增量來評估安全等級。

OWASP 安全性冠軍（OWASP Security Champion）的實施方式不同。他們通常是開發人員，可能是初級開發人員，他們獲得了額外的安全性知識，這些知識可能是非常特定於領域的，具體取決於經驗。這和 SecM 發生概念上的重疊；然而，一個關鍵的區別在於，SecM 是一位具有開發經驗的成熟安全性專家，其行為與資深開發人員處於同一水準。然而，在實作安全性軟體時，至關重要的是要考慮實作決策和跨主題專業知識的安全性相關影響。

無論團隊是否可以建立專門的角色，都應採取基本措施來支援開發安全性軟體的程序。以下是最佳實務推薦和經驗值。

並非所有乾淨程式碼都是安全的程式碼

《*Clean Code*》（Pearson 出版）的作者 Robert Martin 也被稱為 Uncle Bob 創造了**乾淨程式碼**（*clean code*）一詞，但決策者普遍存在一個誤解，認為乾淨的程式碼也涵蓋了程式碼的安全性。

安全的和乾淨的程式碼是有重疊但不一樣。**乾淨的程式碼**提高了程式碼的可理解性、可維護性、和可重用性。另一方面，**安全的程式碼**（*secure code*）也需要預先定義的規範並遵守它們。但是，乾淨的程式碼通常是安全的程式碼的一種要求。程式碼可以乾淨地編寫，而無需任何安全性功能，但只有乾淨的實作才能充分發揮安全性措施的潛力。

編寫良好的程式碼也更容易保護，因為組件和功能之間的關係被明確地定義和分隔。任何尋找理由來促進遵守和實作乾淨程式碼原則的開發團隊都會在程式碼的安全性方面找到很好的論述，這也可以經濟性地向決策者解釋為了加強安全性而節省的成本和時間。

排程的影響

一般來說，特別是在敏捷開發中，團隊在規劃下一個版本時不會留出足夠的時間來改進程式碼庫。在衝刺規劃中，工作量評估的重點主要是開發新功能的時間。僅當存在特殊要求時才會明確考慮讓它變得更堅固。

團隊安全實作功能所需的時間取決於功能、產品增量的狀態、現有的技術負債、以及開發人員的先驗知識。然而，正如在敏捷開發中所期望的那樣，應該由團隊來估計實際所需的時間。由於預期將會出現誤判，尤其是在開始時，與之前的衝刺相比，減少所採用的使用者故事（user story）的數量是有意義的。

正確的聯繫人

每個團隊都必須能夠接觸到安全性專業人員，但在大型組織中很難找到合適的聯繫人。IT 安全性分為許多子領域，且有時是高度具體和複雜的，各由專職的安全專家負責。優秀的程式設計師是全職開發人員，即使經過 IT 安全性的培訓，也無法替代專門的安全專家。

專案管理的責任是確保滿足組織、結構、和財務要求，以便團隊可以在需要時和在評估期間快速地利用技術專長。大多數組織的預設情況並非如此。

處理技術負債

技術負債（technical debt）是開發的一個組成部分，專案所有者應該像負債一樣對待它——無論是在時間還是預算層面。技術負債對程式碼庫的可維護性、開發、還有安全性有負面影響。這意味著個別（新）實作成本的顯著增加和整體生產的持續變慢，因為它會在更長的一段時間內阻止開發人員處理個別專案。因此，將程式碼庫的技術負債保持在較低水準並且不斷地減少它將會符合每個相關人員的利益，尤其是管理者。

另一種方法是設定一部份的專案時間來償還技術負債。這種方法是次要方法，因為存在著風險，也就是團隊將花費在處理技術債務的時間用來實作功能並在開發週期的壓力下誤判了技術負債的程度。

安全程式碼編寫的進階訓練

目前存在著一種誤解，也就是安全性可以透過學習來獲得，而且每個人都有辦法存取必要的材料。通常，安全程式碼編寫（secure coding）指南的列表會位於某個公共檔案夾中。此外，OWASP Top 10 經常會向公眾發布。然而，潛規則是員工不會去閱讀此類文件，或者充其量只是略讀它們。通常在一段時間之後，團隊就不會再知道這些文件放在哪裡，更不用說他們應該要從它們那裡得到什麼用處了。如果公司不能創造額外的時間來專注於安全程式碼編寫的話，那麼鼓勵閱讀指南的勸告就不是很有幫助。

品質的里程碑

開發中的品質門有助於檢查是否符合了品質的要求。類似於*完成的定義*（*definition of done, DoD*），也就是團隊怎麼定義何時可以將任務視為已完成了，品質門不應僅在紙上說說而已。理想情況下，自動檢查會透過靜態程式碼分析（static code analysis, SAST）或所有依賴項的評估來整合到 CI/CD 生產線中。

然而，對於開發人員來說，除了在程式設計期間來自 CI/CD 生產線的回饋之外，接收關於程式碼及其依賴項的回饋會很有幫助。目前已經有了和語言和平台相關的 IDE 外掛程式以及單獨的程式碼分析工具，例如 FindBugs/SpotBugs、Checkstyle 和 PMD。使用 JFrog Xray 時，可以使用 IDE 外掛程式更輕鬆地與已知漏洞和合規性問題進行比較。

在 IDE 中檢查程式碼的附加上游程序的目的是要讓開發人員在開發程序中熟悉安全性層面。結果是，由於開發人員被賦予了安全性面向，因此在外掛程式識別出來的點和整個程式碼中都提高了程式碼的安全性。另一個副作用是減少了建構伺服器上的偽陽性（false positive）數量。後者對於安全性品質門來說會異常的高，因為程式碼中的安全性漏洞通常會與語境相關並且需要手動驗證，這會導致開發工作量顯著增加。

攻擊者的觀點

邪惡的使用者故事（*evil user story*）（也稱為**不良的使用者故事**（*bad user story*））會從攻擊者的角度來展示所需的功能。類比於使用者故事，它們的設計重點不在於技術實作上。在 IT 安全方面具有有限技術背景的人可能會寫出不良的使用者故事。然而，這增加了從可能不特定的（不良）使用者故事來產生任務所需的工作量。

理想情況下，不良的使用者故事會試圖描繪攻擊面。它們使開發團隊能夠在熟悉的工作流程中處理已識別的攻擊方法。這可以讓您意識到可能的攻擊媒介，但這些效果有限。邪惡的使用者故事不僅受到各自作者的知識和經驗以及他們的想像力的限制，而且還受到開發人員在衝刺語境中抵禦攻擊向量的能力的限制。這不僅關乎開發人員是否制定了正確的損害控制策略，還關乎正確、全面地識別程式碼中的使用案例。

像傳統的使用者故事一樣，這種邪惡的變種並不總是容易編寫的。尤其是在開發安全性軟體方面經驗不足的團隊，在建立有意義的令人討厭的使用者故事時可能會遇到困難。如果團隊中有 SecM，則此人應該要承擔這個任務或提供支援。沒有 SecM 的團隊應該尋找外部技術專家，或者規劃一個結構化的程序來建立邪惡的使用者故事。

評估方法

為了在敏捷開發中建立安全性，必須定期進行程式碼審查，並把焦點放在程式碼的安全性等級，包括逐組件和跨區段的審查。理想情況下，可以透過品質門和自動化測試來將容易避免並可能導致安全性漏洞的錯誤作為 CI/CD 生產線的一部分來進行識別和糾正。在這種情況下，逐組件的測試主要關注對各個組件的攻擊面的調查和攻擊向量的弱化。您可以在 GitHub 上的 OWASP 備忘單系列（OWASP Cheat Sheet Series）（*https://oreil.ly/kHLm1*）上找到用於分析攻擊面的備忘單。

團隊必須定期地重新定義攻擊面，因為它會隨著每個開發週期而變化。跨組件檢查用於監控整個產品的攻擊面，因為它也會隨著每個開發週期而變化。最終，只有跨組件視圖才能搜尋由組件甚至依賴項之間的互動所產生的攻擊向量。

如果沒有 SecM 時，則可以透過結構化方法和團隊中的聯合培訓來進行安全性評估。OWASP Cornucopia 紙牌遊戲（*https://oreil.ly/dhQK3*）是推廣這種方法的做法之一。玩家嘗試將卡片上所描述的攻擊場景應用於團隊預先選擇的領域，或者有必要時，只應用在個別的方法，例如程式碼庫。然後，團隊必須決定所打出的牌的攻擊場景是否是可理解的。因此，重點是要識別攻擊向量；由於時間限制，緩解戰略應在別處討論。紙牌遊戲的贏家是能夠成功打完最難的牌局的人。團隊必須在最後記錄由此產生的安全性分析。

Cornucopia 的一個好處是它提高了整個團隊對程式碼漏洞的認識，該遊戲還提高了開發人員在 IT 安全方面的專業知識，重點是開發人員的能力，因此反映了敏捷準則。Cornucopia 會話段（session）是之後來產生邪惡的使用者故事的絕佳工具。

Cornucopia 課程的問題在於，它們會在開始時讓特別缺乏經驗的團隊覺得難以學習。另外還存著團隊會錯誤地捨棄掉潛在攻擊向量的風險。如果準備不足（例如，組件太大、或者團隊對可能的攻擊向量沒有足夠的技術知識），Cornucopia 可能在時間上沒有效率。因此，尤其是在前幾段會話段中，建議只檢查小型的獨立組件，並在必要時諮詢安全專家。

意識到責任

總體而言，開發人員不應讓程式碼安全這根權杖失控。理想情況下，團隊應該共同堅持有足夠的時間和財力來實作基本的安全性層面。

目前的開發人員將會定義和塑造未來幾年的世界。由於預期的數位化和網路化，安全性不能成為預算和時間限制的犧牲品。根據敏捷宣言，程式碼庫仍然是負責產出結果的團隊的產品。

總結

隨著產業中供應鏈攻擊的激增，解決安全性問題對於您的專案和組織的成功比以往任何時候都更加重要。快速緩解漏洞的最佳方法，是從每個軟體開發專案的第一天開始就進行左移，並開始將安全性作為首要問題。本章向您介紹了安全性的基礎知識，包括各種分析方法，如 SAST、DAST、IAST 和 RASP。您還瞭解了 CVSS 等基本評分系統，有了這些知識，您將能夠設定正確的品質門和標準，以提高您未來工作的每個專案的安全性。

第八章

為開發人員部署

Ana-Maria Mihalceanu

> 無論策略多麼漂亮，你都應該偶爾看看結果。
>
> —溫斯頓．邱吉爾爵士

當電腦非常大型且價格昂貴時，製造商通常會將軟體與硬體捆綁在一起。隨著大眾市場軟體的發展，這種操作非常耗時，因而出現了新的軟體分發形式。今天的開發流程側重於解除建構和部署活動間之耦合，以促進快速軟體分發和團隊中的平行活動。

應用程式的部署代表該軟體從封裝的工件到可操作的工作狀態之間的轉換。現代的開發時代要求這種轉變要盡快發生，以便獲得有關我們系統執行狀態的快速回饋。

作為開發人員，您的重點主要是編寫執行應用程式的程式碼。然而，DevOps 以協作為中心，您的工作應該要完美地融合到基礎架構中。在查看您的部署程序時，您應該不斷問自己：「依照我的設想，機器需要哪些指令來執行這個部署？」並與負責基礎架構和自動化的同事或專家進行分享。在規劃部署程序時，您可以建立一個願望清單，在以後可以把它擴展到分散式系統的更多組件：

- 要逐步擴展系統的功能，請經常進行小型部署。使用這種方法，您可以在出現故障時輕鬆回滾（roll back）到以前的工作狀態。
- 隔離每個微服務的部署，因為您應該要能夠單獨擴展它或替換它。
- 您應該能夠在另一個環境中重新利用已部署的微服務。
- 將基礎架構的部署自動化並使用您的應用程式功能對其進行改進。

無論您將在哪個容器編排平台上部署任何的微服務，您都可能從封裝應用程式開始，然後繼續執行以下操作：

1. 建構並推送容器映像
2. 選擇並實作部署策略

隨著應用程式部署在各個階段或環境中的進展，您可能會涉及以下事項：

工作負載管理

優化執行狀況檢查以及用來避免緩慢或無反應功能的 CPU 和記憶體量。

可觀察性層面

使用度量、日誌、和追蹤來提供分散式系統內部的可見性並衡量其輸出。

本章將引導您完成這些活動並大規模探索它們的影響。

建構和推送容器映像

將應用程式部署到容器需要建立 Java 應用程式工件並建構容器映像。透過利用第 6 章中所推薦的工件格式和實務，我們可以專注於容器映像的產生。

從 2013 年 Docker 的出現開始，使用 Dockerfiles 來建構容器映像開始流行起來。*Dockerfile* 是一種標準化的映像格式，由基底作業系統、要添加的應用程式工件、和所需的執行時期配置組成。本質上，這個檔案是您未來容器行為的藍圖。如第 3 章所述，除了 Docker，您還可以使用 Podman（*https://podman.io*）、Buildah（*https://buildah.io*）、還有 kaniko（*https://oreil.ly/X1A8A*）等工具來建構容器映像。

由於 DevOps 方法依賴於應用程式開發人員和基礎架構工程師之間的良好溝通，一些團隊發現最好將 Dockerfile 保存在儲存庫的根目錄中。此外，腳本或生產線可以在編寫容器映像建構時進一步使用該位置。除了編寫 Dockerfile 之外，特定於 Java 的選項可以幫助您將容器映像作為標準建構程序的一部分，例如 Eclipse JKube 或 Jib。

使用特定於 Java 的工具來產生和推送容器映像可能會誘使您從應用程式程式碼來控制整個執行時期。為了避免基礎架構和應用程式程式碼之間的緊密耦合，您應該使用可以在建構或執行時期被覆寫的參數來配置這些工具。現代的 Java 框架在 *src/main/resources* 下提供了配置檔案的客製化。本章中的範例使用專案配置檔案中的參數來展示這種方法。

使用 Jib 來管理容器映像

Google 的 Jib（*https://oreil.ly/nWoWY*）是無需編寫 Dockerfile 就可以用來容器化 Java 應用程式的工具之一。它提供了一個 Java 程式庫，以及用於建立與 OCI 相容的容器映像的 Maven 和 Gradle 外掛程式。此外，該工具不需要在本地端執行 Docker 常駐程式就可以產生容器映像。

Jib 利用映像分層和註冊表快取來達成快速、增量式的建構。只要輸入保持不變，此工具就可以建立可重現的建構映像。

要開始在您的 Maven 專案中使用 Jib，請使用以下任一方法為標的容器的註冊表設定認證方法：

- 系統屬性 `jib.to.auth.username` 和 `jib.to.auth.password`
- 外掛程式配置中的 `<to>` 部分，包含 `username` 和 `password` 元素
- *~/.m2/settings.xml* 中的 `<server>` 配置
- 之前使用 Docker 登入名稱登入到註冊表的登入資訊（使用在憑證幫助程式或 *~/.docker/config.json* 中的憑證）

如果您正在使用特定的基底映像註冊表，則可以使用外掛程式配置中的 `<from>` 部分或 `jib.from.auth.username` 和 `jib.from.auth.password` 系統屬性來設定其憑證。

接下來，讓我們在 *pom.xml* 中配置 Maven 外掛程式：

```
<project>
    ...
    <build>
        <plugins>
            ...
            <plugin>
                <groupId>com.google.cloud.tools</groupId>
                <artifactId>jib-maven-plugin</artifactId>
                <version>3.1.4</version>
                <configuration>
                    <to>
                        <image>${pathTo.image}</image>
                    </to>
                </configuration>
            </plugin>
```

```
            ...
        </plugins>
    </build>
    ...
</project>
```

映像標籤（tag）配置是強制性的，是容器註冊表中的目標路徑。現在，您可以使用單一命令將映像建構到容器註冊表中：

```
mvn compile jib:build -DpathTo.image=registry.hub.docker.com/myuser/repo
```

如果您想使用 Gradle 來建構和推送容器映像，您可以透過以下方式之一來配置認證：

- 在 *build.gradle* 的外掛程式配置中使用 `to` 和 `from` 部分。
- 使用 Docker 登入命令連接到註冊表（將憑證儲存在憑證幫助程式或 *~/.docker/config.json* 中）。

接下來，將外掛程式添加到您的 *build.gradle* 中：

```
plugins {
  id 'com.google.cloud.tools.jib' version '3.1.4'
}
```

並在終端機視窗中呼叫以下命令：

```
gradle jib --image=registry.hub.docker.com/myuser/repo
```

為了在使用 Jib 時簡化容器映像客製化，一些框架會將外掛程式整合為依賴項庫（dependency library）。例如，Quarkus 提供了 *quarkus-container-image-jib* 擴充來個人化容器映像建構過程。使用這個擴充，我們可以重新訪問第 4 章中的 Quarkus 範例，並使用以下 Maven 命令來添加它：

```
mvn quarkus:add-extension -Dextensions="io.quarkus:quarkus-container-image-jib"
```

此外，您可以在 *src/main/resources/application.properties* 中客製化映像的詳細資訊：

```
quarkus.container-image.builder=jib ❶

quarkus.container-image.registry=quay.io ❷
quarkus.container-image.group=repo ❸
quarkus.container-image.name=demo ❹
quarkus.container-image.tag=1.0.0-SNAPSHOT ❺
```

❶ 用於建構（和推送）容器映像的擴充。

❷ 要使用的容器註冊表。

❸ 容器映像將成為該群組的一部分。

❹ 容器映像的名稱是可選的；如果未設定時，則預設為應用程式的名稱。

❺ 容器映像的標籤也是可選的；如果未設定時，則預設為應用程式的版本。

最後，您可以建構和推送容器映像了：

```
mvn package -Dquarkus.container-image.push=true
```

在第 3 章中，您瞭解了如何讓容器映像較小。容器映像的大小會影響編排平台從註冊表中萃取該映像所花費的時間。通常，`FROM` 指令使用的基底映像的大小會影響容器映像的大小，Jib 允許您透過變更 `baseImage` 配置來控制它。此外，在使用 Jib 時，您還可以控制您公開的連接埠或容器映像的入口點。

執行 JDK 升級時，變更 JVM 基底映像也會很有幫助。此外，Quarkus 擴充支援客製化 JVM 基底映像（`quarkus.jib.base-jvm-image`）和用於原生二進位建構的原生基底映像（`quarkus.jib.base-native-image`）。

本節中參照的程式碼範例可在 GitHub（*https://oreil.ly/AshKo*）上找到。

使用 Eclipse JKube 來建構容器映像

Java 開發人員不需要編寫 Dockerfile 就可以用來容器化 Java 應用程式的替代工具是 Eclipse JKube（*https://oreil.ly/Fp5xx*）。此社群專案由 Eclipse Foundation 和 Red Hat 支持，可以幫助您建構容器映像並與 Kubernetes 進行合作。該專案包含了一個 Maven 外掛程式，它是 Fabric8 Maven 外掛程式（*https://oreil.ly/dHtw8*）的重構和更名版本。在撰寫本章時，Gradle 外掛程式已提供技術預覽，並計劃在未來提供支援。

要開始在您的專案中使用 Eclipse JKube Maven 外掛程式，請將 Kubernetes Maven 外掛程式添加到您的 *pom.xml* 中：

```
<plugin>
    <groupId>org.eclipse.jkube</groupId>
    <artifactId>kubernetes-maven-plugin</artifactId>
    <version>${jkube.version}</version>
</plugin>
```

我們將程式碼片段添加到第 4 章中的範例 Spring Boot 應用程式中。

範例 8-1　Spring Boot 專案範例的 pom.xml 配置檔案

```
<?xml version="1.0" encoding="UTF-8"?>
<project xmlns:xsi="http://www.w3.org/2001/XMLSchema-instance"
         xmlns="http://maven.apache.org/POM/4.0.0"
         xsi:schemaLocation="http://maven.apache.org/POM/4.0.0
    https://maven.apache.org/xsd/maven-4.0.0.xsd">
    <modelVersion>4.0.0</modelVersion>
    <parent>
        <groupId>org.springframework.boot</groupId>
        <artifactId>spring-boot-starter-parent</artifactId>
        <version>2.5.0</version>
    </parent>
    <groupId>com.example</groupId>
    <artifactId>demo</artifactId>
    <version>0.0.1-SNAPSHOT</version>
    <name>demo</name>
    <description>Demo project for Spring Boot</description>
    <properties>
        <java.version>11</java.version>
        <spring-native.version>0.10.5</spring-native.version>
        <jkube.version>1.5.1</jkube.version>
        <jkube.docker.registry>registry.hub.docker.com</jkube.docker.registry> ❶
        <repository>myuser</repository> ❷
        <tag>${project.version}</tag> ❸
        <jkube.generator.name>
            ${jkube.docker.registry}/${repository}/${project.name}:${tag}
         </jkube.generator.name>
    </properties>
    <dependencies>
        ...
    </dependencies>
    <build>
        <plugins>
            <plugin>
                <groupId>org.eclipse.jkube</groupId>
                <artifactId>kubernetes-maven-plugin</artifactId>
                <version>${jkube.version}</version>
            </plugin>
            ...
        </plugins>
    </build>
    ...
</project>
```

❶ 您可以為容器註冊表（container registry property）屬性提供預設值並在建構時覆寫它。

❷ 您可以為儲存庫（repository）屬性提供預設值並在建構時覆寫它。

❸ 您可以為標籤（tag）屬性提供預設值並在建構時覆寫它。預設映像名稱將會是專案名稱。

要為該應用程式產生容器映像，請在命令行中執行以下命令：

```
mvn k8s:build
```

JKube 會根據您使用的技術堆疊類型來選擇堅持已見的預設值，例如基底映像和手工製作的啟動腳本。對於本案例而言，JKube 使用目前本地端 Docker 的建構語境來拉取和推送容器映像。

此外，映像名稱是由 Maven 屬性 `${jkube.docker.registry}`、`${repository}`、`${project.name}` 和 `${tag}` :`registry.hub.docker.com/myuser/demo:0.0.1-SNAPSHOT` 的值串接而成的。

然而，為了將開發部分與營運部分分開，我們將客製化這些細節並在建構時覆寫它們。透過客製化屬性 `jkube.generator.name`，您可以包含遠端註冊表、儲存庫、映像名稱、和選擇的標記：

```
<jkube.generator.name>
    ${jkube.docker.registry}/${repository}/${project.name}:${tag}
</jkube.generator.name>
```

現在，我們可以使用以下命令為遠端容器註冊表建構映像：

```
mvn k8s:build -Djkube.docker.registry=quay.io -Drepository=repo -Dtag=0.0.1
```

如果您想建構映像並將其推送到遠端容器註冊表，您可以使用以下命令：

```
mvn k8s:build k8s:push -Djkube.docker.registry=quay.io \
      -Drepository=repo -Dtag=0.0.1
```

此命令將建構映像 *quay.io/repo/demo:0.0.1* 並將其推送到相應的遠端註冊表。

使用遠端註冊表時，您需要提供憑證。Eclipse JKube 將會搜尋以下這些位置以獲取憑證：

- 系統屬性 `jkube.docker.username` 和 `jkube.docker.password`
- 外掛程式配置中的 `<authConfig>` 部分，帶有 `<username>` 和 `<password>` 元素
- *~/.m2/settings.xml* 中的 `<server>` 配置
- 之前使用 Docker 登入名稱登入到註冊表的登入資訊（使用在憑證幫助程式或 *~/.docker/config.json* 中的憑證）
- *~/.config/kube* 中的 OpenShift 配置

您可以使用 Eclipse JKube Kubernetes Gradle 外掛程式（*https://oreil.ly/CeYVl*）以使用相同的步驟來建構和推送容器映像。在此案例中，您應該在 *build.gradle* 中配置外掛程式：

```
plugins {
  id 'org.eclipse.jkube.kubernetes' version '1.5.1'
}
```

在命令行中，您可以使用 `gradle k8sBuild` 來建構容器映像，並使用 `gradle k8sPush` 來推送結果。

您可以將 `k8s:watch` 目標添加到外掛程式的配置中，以便在程式碼變更時自動重新建立映像或將新工件複製到正在執行的容器中。

部署到 Kubernetes

對建構和推送容器映像的理解夠多後，您就可以專注於執行容器了。在使用分散式系統時，容器可以幫助您達成部署獨立性，並且可以將應用程式程式碼與故障隔離開來。

因為分散式系統可能會有多個微服務，所以您需要弄清楚如何使用容器來管理這些微服務。編排工具可以幫助您管理大量容器，因為它們會通常會提供以下功能：

- 宣告式系統配置
- 容器供應和發掘
- 系統監控和崩潰恢復
- 用於定義容器放置和效能的規則和限制的工具。

Kubernetes 是一個開源平台，可以自動部署、擴充和管理容器化之工作負載。使用 Kubernetes，您可以用平台可以依負載需求來啟動或刪除實例的方式來組織您的部署。此外，Kubernetes 可以在節點陣亡時對容器進行替換和重新調度。

可攜性和可擴充性等特性使得 Kubernetes 更受歡迎，並激發了社群的貢獻和供應商的支援。Kubernetes 對日益複雜的應用程式類別的成功支援證明了一件事，也就是它可以持續地讓企業能夠過渡到混合雲和微服務。

使用 Kubernetes，您可以部署應用程式，讓 Kubernetes 在負載增加時執行更多的服務實例、在負載減少時停止一些實例、或者在現有實例失敗時啟動新的實例。作為開發人員，當您要部署到 Kubernetes 時，您需要存取 Kubernetes 叢集。一個 *Kubernetes* 叢集（*Kubernetes cluster*）是由一組執行容器化應用程式的節點所組成，如圖 8-1 所示。

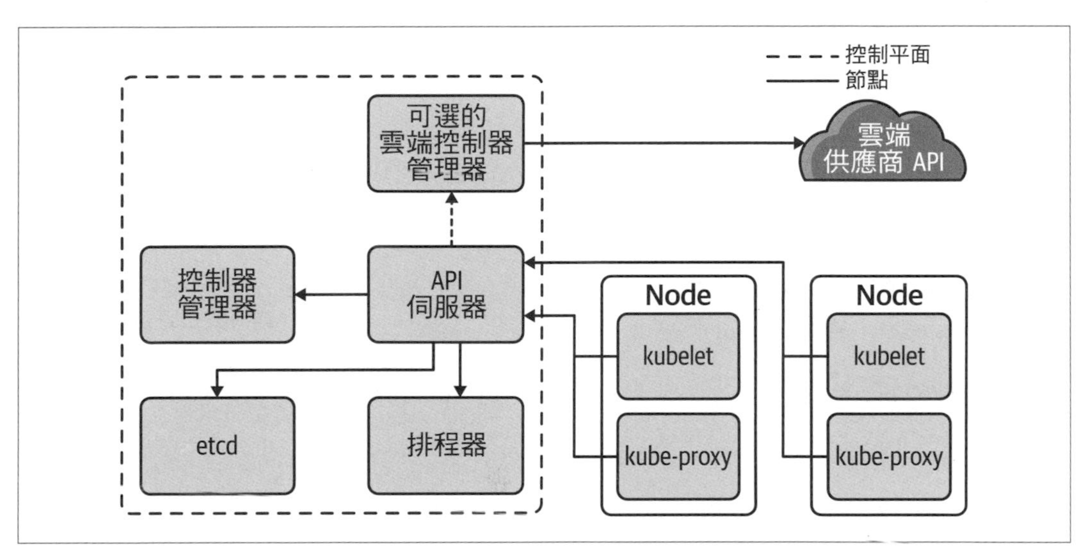

圖 8-1　Kubernetes 組件（圖片改編自 Kubernetes 文件說明（*https://oreil.ly/nyzh7*））

每個叢集至少有一個工作節點（worker node），每個工作節點都會託管 Pod。在叢集中，名稱空間（namespace）用於隔離資源群組（包括 Pod）。Pod 是與您正在執行的容器直接接觸的組件，它是從先前所建構的容器映像實例化而得，並會被推送到容器註冊表。

使用 Kubernetes 時，您使用的是一組經過系統驗證和接受的物件。要使用 Kubernetes 物件，您需要使用 Kubernetes API。目前我們可以藉由使用視覺化的幫助程式、命令行介面、或 Java 外掛程式（如 Dekorate 和 JKube）來產生和部署 Kubernetes 清單以進行 Kubernetes 部署。

用於部署的本地端設定

作為開發人員，您應該已經習慣於配置本地端設定來實作應用程式功能。通常，這個本地端設定涉及存取版本控制系統，以及安裝和配置以下的事項：

- 一個 JDK
- Maven 或 Gradle
- IntelliJ IDEA、Eclipse、或 Visual Studio Code 等 IDE
- （可選）與您的程式碼整合的資料庫或中介軟體（middleware）
- 一種或多種用於建構、執行、和推送容器映像的工具：Docker、Podman、Buildah、Jib、JKube 等
- Kubernetes 開發叢集：minikube（*https://oreil.ly/SfNR3*）、kind（*https://oreil.ly/BcYHp*）、或 Red Hat CodeReady Containers（*https://oreil.ly/iIkzu*）。為了開發的目的，Docker Desktop（*https://oreil.ly/gmh6B*）還提供了可以在您的 Docker 實例中，以本地端方式執行的單節點 Kubernetes 叢集。Rancher Desktop（*https://oreil.ly/09wOS*）是另一個很棒的工具，可以幫助您在本地端進行容器管理和執行 Kubernetes。如果執行本地端開發叢集會消耗過多的資源，您可能更喜歡在遠端 Kubernetes 叢集中擁有開發名稱空間，或者使用已進行配置的名稱空間，例如 Red Hat OpenShift 的 Developer Sandbox（*https://oreil.ly/14VUx*）。

在建立任何 Kubernetes 資源之前，讓我們總結一些 Kubernetes 概念：

叢集（*cluster*）

　一組節點，您可以在其中指導 Kubernetes 要如何部署容器。

名稱空間（*namespace*）

　一個 Kubernetes 物件，負責根據不同的權限來隔離群組的資源。

使用者（*user*）

　與 Kubernetes API 的互動需要一種透過使用者來管理的身分認證形式。

語境（*context*）

　包含 Kubernetes 叢集、使用者、還有名稱空間的特定組合。

Kubelet

根據 pod 規範，在每個叢集節點上執行並確保容器會執行且會保持穩定的主要代理人。

部署（*deployment*）

指示 Kubernetes 使用容器化的應用程式來建立或修改 pod 實例的資源。

ReplicaSet

每次 Kubernetes 建立部署時，該資源都會實例化一個 ReplicaSet 並委託給它來計數 pod。

服務（*service*）

一種將在不同 pod 中具有多個實例的應用程式公開為網路服務的方法。

請牢記這些概念，讓我們開始研究如何產生 Kubernetes 物件並部署它們吧。

使用 Dekorate 來產生 Kubernetes 清單

Dekorate（*http://dekorate.io*）可以使用 Java 註解和標準 Java 框架配置機制來在編譯時產生 Kubernetes 清單。表 8-1 顯示了可用於 Quarkus、Spring Boot、或通用 Java 專案的 Dekorate Maven 依賴項。

表 8-1 Dekorate Maven 依賴項

框架	依賴項

Quarkus	`<dependency>`
	`  <groupId>io.quarkus</groupId>`
	`  <artifactId>quarkus-kubernetes</artifactId>`
	`</dependency>`

Spring Boot	`<dependency>`
	`  <groupId>io.dekorate</groupId>`
	`  <artifactId>kubernetes-spring-starter</artifactId>`
	`  <version>2.7.0</version>`
	`</dependency>`

框架	依賴項
通用 Java 應用程式	<dependency> <groupId>io.dekorate</groupId> <artifactId>kubernetes-annotations</artifactId> <version>2.7.0</version> </dependency>

我們透過在範例 8-1 中添加 Dekorate 來建立一些 Kubernetes 資源：

```
<?xml version="1.0" encoding="UTF-8"?>
<project xmlns:xsi="http://www.w3.org/2001/XMLSchema-instance"
         xmlns="http://maven.apache.org/POM/4.0.0"
         xsi:schemaLocation="http://maven.apache.org/POM/4.0.0
    https://maven.apache.org/xsd/maven-4.0.0.xsd">
    <modelVersion>4.0.0</modelVersion>
    <parent>
        <groupId>org.springframework.boot</groupId>
        <artifactId>spring-boot-starter-parent</artifactId>
        <version>2.5.0</version>
    </parent>
    <groupId>com.example</groupId>
    <artifactId>demo</artifactId>
    <version>0.0.1-SNAPSHOT</version>
    <name>demo</name>
    <description>Demo project for Spring Boot</description>
    <properties>
        <java.version>11</java.version>
        <spring-native.version>0.10.5</spring-native.version>
        <kubernetes-spring-starter.version>
              2.7.0
        </kubernetes-spring-starter.version>
    </properties>
    <dependencies>
        <dependency>
            <groupId>io.dekorate</groupId>
            <artifactId>kubernetes-spring-starter</artifactId>
            <version>${kubernetes-spring-starter.version}</version>
        </dependency>
        ...
    </dependencies>
    ...
</project>
```

如果未提供配置，Dekorate 將在 *target/classes/META-INF/decorate* 之下所建立的清單中產生部署和服務資源。如此產生的服務類型為 `ClusterIP`，這會使應用程式僅能用在 Kubernetes 叢集中。如果您想使用雲端供應商的負載平衡器向外部公開服務，您可以使用 `LoadBalancer` 類型的服務資源來達成，正如 Kubernetes 說明文件（*https://oreil.ly/uPUm6*）中所述。

在使用 Decorate 時，您可以使用以下方法來客製化 Kubernetes 資源的產生：

- 在 `application.properies` 中指定配置
- 將 `@KubernetesApplication` 註解添加到 `DemoApplication` 類別

為了避免基礎架構和應用程式程式碼之間的緊密耦合，我們使用以下內容來客製化服務資源 *src/main/resources/application.properties*：

```
dekorate.kubernetes.serviceType=LoadBalancer
```

要產生 Kubernetes 物件，您可以像這樣來封裝應用程式：

```
mvn clean package
```

封裝應用程式後，您會注意到除了其他建立的檔案外，*target/classes/META-INF/decorate* 目錄中有兩個名為 *kubernetes.json* 和 *kubernetes.yml* 的檔案，這些清單中的任何一個都可以用來部署到 Kubernetes：

```
---
apiVersion: apps/v1
kind: Deployment ❶
metadata:
  annotations:
    app.dekorate.io/vcs-url: <<unknown>>
  labels:
    app.kubernetes.io/version: 0.0.1-SNAPSHOT ❷
    app.kubernetes.io/name: demo ❷
  name: demo ❸
spec:
  replicas: 1
  selector:
    matchLabels:
      app.kubernetes.io/version: 0.0.1-SNAPSHOT ❷
      app.kubernetes.io/name: demo ❷
  template:
    metadata:
```

```
      annotations:
        app.dekorate.io/vcs-url: <<unknown>>
      labels:
        app.kubernetes.io/version: 0.0.1-SNAPSHOT ❷
        app.kubernetes.io/name: demo ❷
    spec:
      containers:
        - env:
            - name: KUBERNETES_NAMESPACE
              valueFrom:
                fieldRef:
                  fieldPath: metadata.namespace
          image: repo/demo:0.0.1-SNAPSHOT ❹
          imagePullPolicy: IfNotPresent
          name: demo
          ports:
            - containerPort: 8080 ❺
              name: http
              protocol: TCP
---
apiVersion: v1
kind: Service ❻
metadata:
  annotations:
    app.dekorate.io/vcs-url: <<unknown>>
  labels:
    app.kubernetes.io/name: demo ❷
    app.kubernetes.io/version: 0.0.1-SNAPSHOT ❷
  name: demo
spec:
  ports:
    - name: http
      port: 80 ❼
      targetPort: 8080 ❺
  selector:
    app.kubernetes.io/name: demo
    app.kubernetes.io/version: 0.0.1-SNAPSHOT
  type: LoadBalancer ❽
```

❶ 為 Pod 和 ReplicaSet 提供宣告式更新的部署。

❷ 選擇器（selector）使用標籤將服務連接到 Pod，同時也將 `Deployment` 的規範與 ReplicaSet 和 Pod 對齊。

❸ 部署物件的名稱。

❹ 部署所使用的容器映像。

❺ 由容器公開並由服務鎖定使用的連接埠（port）。

❻ 服務把在一組 Pod 上執行的應用程式公開為網路服務。

❼ 用來服務所傳入流量的連接埠。

❽ 使用雲端供應商的負載平衡器向外部公開服務。

假設您之前已登入 Kubernetes 叢集，您可以使用命令行介面來部署到該叢集：

```
kubectl apply -f target/classes/META-INF/dekorate/kubernetes.yml
```

因此，您可以在應用清單後透過 Kubernetes 來使用外部 IP（`LoadBalancerIngress`）和連接埠以存取應用程式。

使用 Eclipse JKube 來產生和部署 Kubernetes 清單

Eclipse JKube 還可以在編譯時產生和部署 Kubernetes/OpenShift 清單。除了建立 Kubernetes 描述子（YAML 檔案）之外，您還可以使用以下方法來調整輸出：

- XML 外掛程式配置中的內聯（inline）配置
- 部署描述子的外部配置樣板（template）

第 203 頁的「使用 Eclipse JKube 來建構容器映像」小節探討了如何使用 JKube 和 Docker 常駐程式來整合建構容器映像。我們將重用第 201 頁的「使用 Jib 來管理容器映像」中的 Quarkus 範例程式碼，以使用 Eclipse JKube 和 Jib 來產生和部署 Kubernetes 資源。

範例 8-2　範例 Quarkus 專案的 pom.xml 配置檔案

```
<?xml version="1.0"?>
<project xsi:schemaLocation="http://maven.apache.org/POM/4.0.0
https://maven.apache.org/xsd/maven-4.0.0.xsd"
         xmlns="http://maven.apache.org/POM/4.0.0"
         xmlns:xsi="http://www.w3.org/2001/XMLSchema-instance">
    <modelVersion>4.0.0</modelVersion>
    <groupId>com.example.demo</groupId>
    <artifactId>demo</artifactId>
    <name>demo</name>
    <version>1.0-SNAPSHOT</version>
    <properties>
        <compiler-plugin.version>3.8.1</compiler-plugin.version>
```

```
        <maven.compiler.parameters>true</maven.compiler.parameters>
        <maven.compiler.target>11</maven.compiler.target>
        <maven.compiler.source>11</maven.compiler.source>
        <project.build.sourceEncoding>UTF-8</project.build.sourceEncoding>
        <quarkus-plugin.version>2.5.0.Final</quarkus-plugin.version>
        <quarkus.platform.artifact-id>quarkus-bom</quarkus.platform.artifact-id>
        <quarkus.platform.group-id>io.quarkus</quarkus.platform.group-id>
        <quarkus.platform.version>2.5.0.Final</quarkus.platform.version>
        <surefire-plugin.version>3.0.0-M5</surefire-plugin.version>
        <jkube.version>1.5.1</jkube.version>
        <jkube.generator.name>
            ${quarkus.container-image.registry}/${quarkus.container-image.group}
            /${quarkus.container-image.name}:${quarkus.container-image.tag} ❶
        </jkube.generator.name>
        <jkube.enricher.jkube-service.type>
            NodePort
        </jkube.enricher.jkube-service.type> ❷
    </properties>
    <dependencyManagement>
        <dependencies>
            <dependency>
                <groupId>${quarkus.platform.group-id}</groupId>
                <artifactId>${quarkus.platform.artifact-id}</artifactId>
                <version>${quarkus.platform.version}</version>
                <type>pom</type>
                <scope>import</scope>
            </dependency>
        </dependencies>
    </dependencyManagement>
    <dependencies>
        <dependency>
            <groupId>io.quarkus</groupId>
            <artifactId>quarkus-container-image-jib</artifactId>
        </dependency>
        ...
    </dependencies>
    <build>
        <plugins>
            <plugin>
                <groupId>org.eclipse.jkube</groupId>
                <artifactId>kubernetes-maven-plugin</artifactId>
                <version>${jkube.version}</version>
                <configuration>
                    <buildStrategy>jib</buildStrategy> ❸
                </configuration>
            </plugin>
            ...
```

```
        </plugins>
    </build>
    ...
</project>
```

❶ 為了保持一致性，您可以在 JKube 映像名稱中重用 Quarkus 擴充屬性。

❷ 在靜態連接埠（NodePort）上公開在每個節點 IP 上的服務。

❸ 指定建構策略為 Jib。

我們現在可以呼叫容器映像建構（k8s:build），並用單一命令來建立 Kubernetes 資源（k8s:resource）：

```
mvn package k8s:build k8s:resource \
    -Dquarkus.container-image.registry=quay.io \
    -Dquarkus.container-image.group=repo \
    -Dquarkus.container-image.name=demo \
    -Dquarkus.container-image.tag=1.0.0-SNAPSHOT
```

在 *target/classes/META-INF/jkube* 下會出現以下結構：

```
|-- kubernetes
|   |-- demo-deployment.yml
|   `-- demo-service.yml
`-- kubernetes.yml
```

kubernetes.yml 包含了部署和服務資源的定義，而在 *kubernetes* 資料夾中，您會將它們分隔在兩個不同的檔案中。

正如我們對 Dekorate 清單所做的那樣，我們可以使用命令行介面來部署 *kubernetes.yml*：

```
kubectl apply -f target/classes/META-INF/jkube/kubernetes.yml
```

或者您可以使用 JKube 外掛程式的 k8s:apply Maven 目標來達到相同的結果：

```
mvn k8s:apply
```

此目標將搜尋先前產生的檔案並將它們應用到連接的 Kubernetes 叢集，您可以使用叢集 IP 和指派的節點連接埠來存取應用程式。

此外，您可以對所產生的資源與具有更多外掛程式目標的 Kubernetes 叢集之間的互動進行建模。表 8-2 列出了 Kubernetes Maven 外掛程式可用的其他目標。

表 8-2 Eclipse JKube 額外目標

目標	描述
`k8s:log`	從在 Kubernetes 中執行的容器中獲取日誌
`k8s:debug`	打開除錯連接埠，以便您可以從您的 IDE 對部署在 Kubernetes 中的應用程式進行除錯
`k8s:watch`	透過監看您的應用程式的語境來自動部署您的應用程式
`k8s:deploy`	分叉（fork）安裝目標並應用您產生的清單到 Kubernetes 叢集上
`k8s:undeploy`	刪除所有使用 `k8s:apply` 來應用的資源

現在您已經瞭解了如何部署到 Kubernetes 了，一起來看看我們要如何透過選擇並實作部署策略來改進它。

選擇並實作部署策略

使用正確的工具時，將單一應用程式部署到 Kubernetes 可能是一件容易的事。作為開發人員，我們還應該提前考慮並決定要如何在不停機的情況下，用新版本的微服務來替換舊版本的微服務。

當您選擇 Kubernetes 的部署策略時，您需要考慮建立這些配額（quota）：

- 您的應用程式所需的實例數
- 最少的穩定執行實例數
- 最大實例數

理想的情況是在最短的時間內擁有所需的執行實例數量，同時使用最少的資源（CPU、記憶體）。但是讓我們嘗試已經建立的方法並比較它們的效能。

使用 Kubernetes 來部署物件時，使用 `Recreate` 策略的多合一（all-in-one）部署是最簡單的一種做法：

```
apiVersion: apps/v1
kind: Deployment
metadata:
  labels:
    app: demo
  name: demo
spec:
  strategy:
    type: Recreate ❶
```

```
  revisionHistoryLimit: 15 ❷
  replicas: 4
  selector:
    matchLabels:
      app: demo
  template:
    metadata:
      labels:
        app: demo
    spec:
      containers:
      - image: quay.io/repo/demo:1.0.0-SNAPSHOT
        imagePullPolicy: IfNotPresent
        name: quarkus
        ports:
        - containerPort: 8080
          name: http
          protocol: TCP
```

❶ 部署策略是 `Recreate`。

❷ 您可以設定 `revisionHistoryLimit` 以指定此部署要保留的舊 ReplicaSet 的數量。預設情況下，Kubernetes 會儲存最後 10 個 ReplicaSet。

每當在叢集中應用上述規範時，Kubernetes 都會關閉所有目前正在執行的 Pod 實例，一旦它們終止後，就會啟動新的 Pod 實例。我們不需要設定最小和最大實例數，只需設定所需實例數（4）。

在此範例中，Kubernetes 不會在執行更新後立即刪除之前的 ReplicaSet。相反的，它會將 ReplicaSet 的副本數保持為 0。如果部署引入了破壞系統穩定性的變更時，我們可以透過選擇舊的 ReplicaSet 來回滾到以前的工作版本。

您可以透過執行以下命令來找出以前的修訂：

```
kubectl rollout history deployment/demo
```

並使用以下命令來回滾到以前的版本：

```
kubectl rollout undo deployment/demo --to-revision=[revision-number]
```

雖然這種策略在記憶體和 CPU 消耗量方面是有效率的，但它會在微服務不可用時引入時間間隙（gap）。

另一個 Kubernetes 內建的策略是 RollingUpdate，在其中目前正在執行的實例會慢慢被新的實例所替換：

```
apiVersion: apps/v1
kind: Deployment
metadata:
  labels:
    app: demo
  name: demo
spec:
  strategy:
    type: RollingUpdate
    rollingUpdate:
      maxUnavailable: 1 ❶
      maxSurge: 3 ❷
  replicas: 4 ❸
  selector:
    matchLabels:
      app: demo
  template:
    metadata:
      labels:
        app: demo
    spec:
      containers:
      - image: quay.io/repo/demo:1.0.0-SNAPSHOT
        imagePullPolicy: IfNotPresent
        name: quarkus
        ports:
        - containerPort: 8080
          name: http
          protocol: TCP
```

❶ 執行部署時可能不能使用的 Pod 的最大數量

❷ 超過所需的 Pod 數量時可以建立的最大 Pod 數量

❸ 所需的 Pod 數量

透過關注不可用的 Pod 的最大數量，此策略可以安全地升級您的部署，而不會遇到任何停機時間。但是，根據您的微服務啟動時間，整個過渡到較新版本的部署可能需要更長的時間才能完成。如果部署引入了破壞系統穩定性的變更，Kubernetes 會更新 Deployment 樣板，但會保留之前執行中的 Pod。

如果您未在物件的 spec 中填入策略的話，則滾動部署（rolling deployment）將是 Kubernetes 的標準預設部署。

如果您的應用程式使用了資料庫，您應該要考慮同時執行兩個應用程式版本的影響。這種策略的另一個缺點是，在升級過程中，應用程式的新舊版本會混合使用。如果您想保持零停機時間並避免在生產中混用了應用程式版本，請查看藍 / 綠部署技術。

藍 / 綠部署（*blue/green deployment*）是一種策略，它會透過執行兩個名為藍和綠的相同（生產）環境來減少停機時間和故障風險；參見圖 8-2。使用此部署策略時，在所有實例都可用之前，不會有新的實例來為使用者請求提供服務；在那一刻，所有舊實例會立即變得不可用。您可以透過編排服務和路由請求來達成此目的。

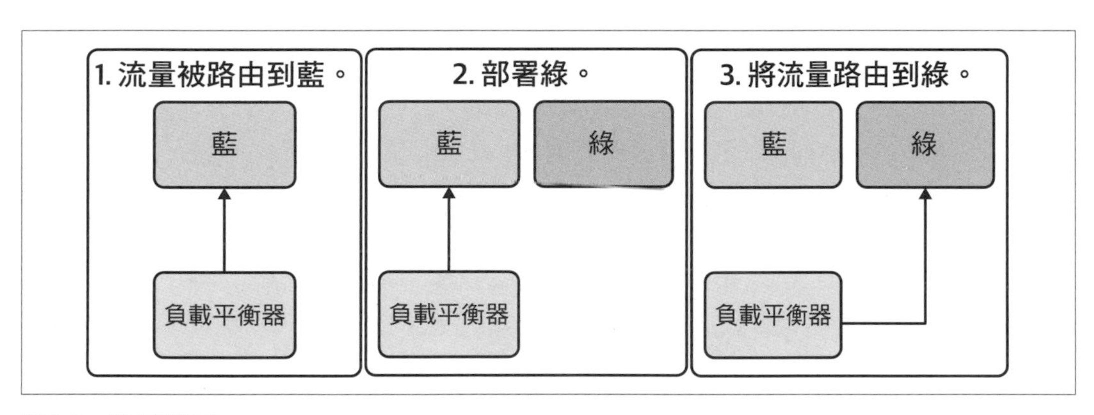

圖 8-2　藍 / 綠策略

我們來觀察如何使用標準 Kubernetes 物件來實作藍 / 綠部署：

1. 應用具有 version: blue 標籤的微服務的藍色版本。我們將使用標籤 version 的值來關聯藍色部署（*blue deployment*）的約定：

```
kubectl apply -f blue_deployment_sample.yml
apiVersion: apps/v1
kind: Deployment
metadata:
  creationTimestamp: null
  labels:
    app: demo
    version: blue
  name: demo-blue
spec:
```

```
  replicas: 1
  selector:
    matchLabels:
      app: demo
      version: blue
  template:
    metadata:
      creationTimestamp: null
      labels:
        app: demo
        version: blue
    spec:
      containers:
        - image: nginx:1.14.2
          name: nginx-demo
          imagePullPolicy: IfNotPresent
          ports:
            - containerPort: 80
          resources: {}
```

2. 使用 Kubernetes Service 來公開此部署。在此之後，使用藍色版本來服務流量：

```
kubectl expose deployment demo-blue --selector="version=blue"
        --type=LoadBalancer
```

3. 應用具有 version: green 標籤的微服務的綠色部署（*green deployment*）：

```
kubectl apply -f green_deployment_sample.yml
apiVersion: apps/v1
kind: Deployment
metadata:
  creationTimestamp: null
  labels:
    app: demo
    version: green
  name: demo-green
spec:
  replicas: 1
  selector:
    matchLabels:
      app: demo
      version: green
  template:
    metadata:
      creationTimestamp: null
      labels:
        app: demo
        version: green
```

```
spec:
  containers:
    - image: nginx:1.14.2
      name: nginx-demo
      imagePullPolicy: IfNotPresent
      ports:
        - containerPort: 80
      resources: {}
```

4. 透過對服務物件進行修補，將流量從藍色部署切換到綠色：

```
kubectl patch svc/demo -p '{"spec":{"selector":{"version":"green"}}}'
```

5. 如果不再需要藍色部署，可以使用 `kubectl delete` 將其刪除。

雖然這種部署策略更複雜，也需要更多資源，但您可以縮短軟體開發和使用者回饋之間的時間。這種方法對功能實驗的破壞性較小；如果部署後出現任何問題，您可以快速路由到以前的穩定版本。

您可以使用更多與 Kubernetes 相容的雲端原生工具來探索藍 / 綠部署策略，例如 Istio（*https://istio.io*）和 Knative（*https://knative.dev*）。

我們要看的最後一個策略是**金絲雀部署**（*canary deployment*）。這是一種透過向一小部分使用者發佈軟體來降低風險和驗證新系統功能的方法。執行金絲雀部署允許您在不替換應用程式的任何現有實例的情況下以少量使用者來嘗試新版本的微服務。要評估（金絲雀和既有的）部署的行為，您應該在服務實例之上實作負載平衡器配置，並添加加權路由（weighted routing）以選擇將多少流量路由到每個資源。

目前，我們可以透過添加額外的工具層來達成金絲雀策略（圖 8-3）。支援加權路由的 API 閘道（gateway）讓您可以管理 API 端點並決定路由到它們的流量。像是 Istio 這樣的服務網格控制平面（control plane）是與 Kubernetes 相容的解決方案，可以幫助您控制網路上的服務到服務通信（service-to-service communication）以及每個服務版本的使用者流量百分比。

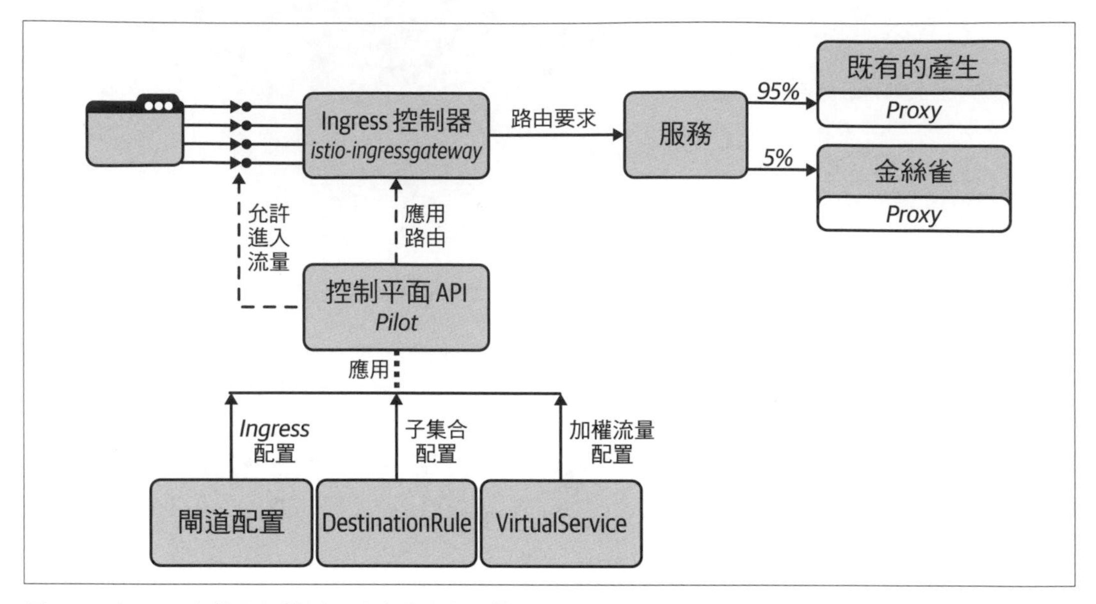

圖 8-3　在 Istio 中使用加權流量路由的金絲雀策略

如果您仍然對部署機制難以選擇，請查看表 8-3，它總結了前面所討論的策略的特性。

表 8-3　部署策略的特性

	重新建立	滾動更新	藍 / 綠	金絲雀
開箱即用的 Kubernetes	是	是	否	否
出現停機	是	否	否	否
回滾程序	手動推出一個以前的版本	停止推出並保留以前的版本	將流量切換到以前的版本	刪除金絲雀實例
交通管制	否	否	是	是
流量同時發送到新舊版本	否	是	否	是

在 Kubernetes 中管理工作負載

在 Kubernetes 上執行的應用程式就是**工作負載**（*workload*）。在叢集中，您的工作負載將在一個或多個具有已定義生命週期的 Pod 上執行。為了簡化 Pod 的生命週期管理，Kubernetes 提供了幾個內建的工作負載資源：

Deployment 和 *ReplicaSet*

幫助管理無狀態應用程式工作負載。

StatefulSet

讓您能夠將有狀態（stateful）應用程式當作是單一實例或是複製集（replicated set）來執行。

Job 和 *CronJob*

定義執行到完成然後停止的任務。這些類型的資源在實作批次處理活動時很有用。Job 是一次性任務，而 CronJob 則會根據行程來執行。

DaemonSet

可以幫助您來定義具有會影響整個節點的功能的 Pod。很少會使用這種類型的資源來對工作負載進行排程。

我們在稍早產生並部署了包含 Deployment 規範的 Kubernetes 清單，因為通常微服務是無狀態應用程式。但是，對於那些依賴外部服務、或將資料保存在資料庫中的微服務來說，我們要如何防止失敗呢？此外，隨著微服務程式碼庫的發展，它要如何使用公平配額的記憶體和 CPU 呢？

設定執行狀況檢查

使用分散式系統和在雲端中工作的另一個好處是，微服務的獨立性通常會刺激自動化部署的運用。由於自動化部署每天可能會在多個實例上發生多次，因此您需要一種方法來驗證您的應用程式是否可用並且會按預期方式執行。每次在系統中增加組件的數量都會增加故障的機率：像是死結（deadlock）、主機變得不可用、硬體故障等。為了可以在問題放大為中斷之前偵測到問題，我們可以使用執行狀況檢查（health check）來驗證微服務的狀態。

執行狀況檢查應該要跨越整個系統，從應用程式程式碼一直到基礎架構。基礎架構可以使用應用程式執行狀況檢查來確定何時該使用就緒探針（readiness probe）來服務流量，或透過活躍探針（liveness probe）來重新啟動容器。您應該知道，活躍探針並不總是在就緒探針成功後執行。當您的應用程式需要額外的時間來初始化時，您可以定義在執行探針之前等待的時間量（以秒為單位），或者使用啟動探針（startup probe）來檢查容器是否已啟動。

在 Kubernetes 等級，*kubelet* 是使用活躍、就緒、和啟動探針來評估容器狀態的組件。kubelet 使用就緒探針來檢查容器何時準備好開始接受流量，並使用活躍探針來知道何時要重新啟動它。您可以使用以下三種機制中的任何一種來實作活躍、就緒、或啟動探針：

- 針對容器打開 TCP socket
- 針對暴露 API 端點的容器化應用程式發出 HTTP 請求
- 在容器內執行命令以防您的應用程式使用了不同於 HTTP 或 TCP 的協議

在 Kubernetes v1.23 中，gRPC 執行狀況探針機制可作為 alpha 功能使用。請密切關注 Kubernetes 執行狀況探針說明文件（*https://oreil.ly/IDsqC*）的演變。

實作執行狀況檢查的最簡單方法是透過向執行中的應用程式的某些 API 端點發送請求來定期評估此程式。您可以根據回應負載（response payload）來確定系統的執行狀況。通常，這些執行狀況端點會是 HTTP GET 或 HEAD 請求，它們不會變更系統狀態並只執行輕量級任務。您可以在 RESTful API 中定義 */health* 端點來檢查微服務的內部狀態，或者您可以使用與框架相容的依賴項。

Actuator（*https://oreil.ly/rNxMx*）模組提供了對執行應用程式的 Spring 環境的有用洞察。Actuator 具有執行狀況檢查功能，並透過經由 HTTP 和 Java Management Extensions（JMX）公開多個端點來收集度量。

您可以把 Actuator 模組當作是 Maven 或 Gradle 依賴項添加到 Spring Boot 專案中（參見表 8-4），並且可以透過 */actuator/health* 來存取預設執行狀況端點。

表 8-4　Actuator 作為 Maven 或 Gradle 依賴項

建構工具	定義

Maven	`<dependency>`
	`  <groupId>org.springframework.boot</groupId>`
	`  <artifactId>spring-boot-starter-actuator</artifactId>`
	`</dependency>`

Gradle	`dependencies {`
	`  compile("org.springframework.boot:spring-boot-starter-actuator")`
	`}`

使用 Actuator，您可以使用執行狀況度量來檢查個別組件的執行狀況，或者使用複合執行狀況貢獻者（composite health contributor）來進行複合執行狀況檢查。您可以使用多個預定義的執行狀況度量，包括 `DataSourceHealthIndicator`、`MongoHealthIndicator`、`RedisHealthIndicator` 和 `CassandraHealthIndicator`。它們實作了 `HealthIndicator` 介面，讓您能夠檢查該組件的執行狀況。例如，如果您的應用程式正在使用資料庫來持久存放資料時，如果 Spring Boot 偵測到資料來源時，它將自動添加資料庫執行狀況指示器。執行狀況檢查也包括建立和資料庫的連接以執行簡單查詢。

儘管使用內建的執行狀況度量可以節省您的開發時間，但有時您應該要調查聚合在一起的依賴系統的執行狀況。Spring Boot 將會聚合它在 `/actuator/health` 端點下的應用程式語境中所找到的所有執行狀況度量。然而，如果對依賴系統之一的執行狀況檢查不成功的話，則複合探針將會失敗。對於這種情況，您應該考慮在 Spring bean 中實作 `CompositeHealthContributor` 介面，或者透過提供 fallback 回應來處理潛在的故障。

MicroProfile Health 模組允許服務報告其執行狀況，並將整體執行狀況發佈到所定義的端點。Quarkus 應用程式可以使用 SmallRye Health 擴充程式（*https://oreil.ly/r9QuE*），它是 Eclipse MicroProfile Health Check 規範的實作。您可以使用表 8-5 中的片段將擴充程式添加到您的 Maven 或 Gradle 配置中。

表 8-5 將 SmallRye Health 當作是 Maven 或 Gradle 依賴項

建構工具	定義

Maven	`<dependency>`
	`<groupId>io.quarkus</groupId>`
	`<artifactId>quarkus-smallrye-health</artifactId>`
	`</dependency>`

Gradle	`dependencies {`
	`implementation 'io.quarkus:quarkus-smallrye-health'`
	`}`

應用程式中的所有執行狀況檢查過程都累積在 `/q/health REST` 端點中。一些 Quarkus 擴充程式會提供預設的執行狀況檢查，這意味著擴充程式可以自動註冊它的執行狀況檢查。

例如，當使用 Quarkus 資料來源時，`quarkus-agroal` 擴充程式會自動註冊一個就緒執行狀況檢查，以驗證該資料來源。您可以透過屬性 `quarkus.health.extensions.enabled` 來禁用擴充程式執行狀況檢查的自動註冊功能。

當您調查依賴系統的執行狀況時，您可以透過實作 `org.eclipse.microprofile.health.HealthCheck` 來定義自己的執行狀況檢查，並使用 `@Liveness`、`@Readiness` 和 `@Startup` 來區分每個檢查的角色，複合執行狀況檢查會檢查聚合在一起的依賴系統的狀況。然而，如果其中一個依賴系統發生故障時，這種方法會適得其反。更主動的策略包括提供 fallback 回應並監控一組顯示了應用程式執行狀況的度量。這些會更有用，因為它們提供了有關系統執行狀況惡化的早期通知，讓我們有時間採取緩解措施。

除了當添加特定擴充程式時的自動就緒探針之外，Quarkus 還提供了一些執行狀況檢查的實作，提供給您以檢查各種組件的狀態：

- `SocketHealthCheck` 會檢查是否可以使用 socket 來存取主機。
- `UrlHealthCheck` 會檢查是否可以使用 HTTP URL 連接來存取主機。
- `InetAddressHealthCheck` 會使用 `InetAddress.isReachable` 方法來檢查是否可以存取主機。

當您在應用程式等級使用 REST 端點來實作執行狀況檢查時，您可能會使用來自探針的 HTTP 請求來呼叫這些端點。Kubernetes 探針會參考這些端點來確定容器的執行狀況。探針具有控制它的行為的配置參數，包括以下項目：

- 多久執行一次探測（`periodSeconds`）
- 啟動容器後要等待多長時間才啟動探針（`initialDelaySeconds`）
- 認定探針已經失敗的秒數（`timeoutSeconds`）
- 在放棄之前允許探針失敗的次數（`failureThreshold`）
- 探針失敗後再次被視為已經成功時所需要的最小連續成功次數（`successThreshold`）

我們之前用於產生 Kubernetes 清單的工具（Dekorate 和 Eclipse JKube）可以幫助您開始使用執行狀況探針。例如，我們把 Actuator 依賴項添加到 Spring Boot 專案，並使用以下方式來封裝應用程式：

```
mvn clean package
```

來自 *target/classes/decorate/* 的 Kubernetes 清單檔案將包含執行狀況探針的規範：

```
---
apiVersion: v1
kind: Service
#[...]
---
apiVersion: apps/v1
```

```yaml
kind: Deployment
metadata:
  annotations:
    app.dekorate.io/vcs-url: <<unknown>>
  labels:
    app.kubernetes.io/version: 0.0.1-SNAPSHOT
    app.kubernetes.io/name: demo
  name: demo
spec:
  replicas: 1
  selector:
    matchLabels:
      app.kubernetes.io/version: 0.0.1-SNAPSHOT
      app.kubernetes.io/name: demo
  template:
    metadata:
      annotations:
        app.dekorate.io/vcs-url: <<unknown>>
      labels:
        app.kubernetes.io/version: 0.0.1-SNAPSHOT
        app.kubernetes.io/name: demo
    spec:
      containers:
        - env:
            - name: KUBERNETES_NAMESPACE
              valueFrom:
                fieldRef:
                  fieldPath: metadata.namespace
          image: repo/demo:0.0.1-SNAPSHOT
          imagePullPolicy: IfNotPresent
          livenessProbe: ❶
            failureThreshold: 3 ❷
            httpGet: ❸
              path: /actuator/info
              port: 8080
              scheme: HTTP
            initialDelaySeconds: 0 ❹
            periodSeconds: 30 ❺
            successThreshold: 1 ❻
            timeoutSeconds: 10 ❼
          name: demo
          ports:
            - containerPort: 8080
              name: http
              protocol: TCP
          readinessProbe: ❶
            failureThreshold: 3 ❷
```

```
httpGet: ❸
  path: /actuator/health
  port: 8080
  scheme: HTTP
initialDelaySeconds: 0 ❹
periodSeconds: 30 ❺
successThreshold: 1 ❻
timeoutSeconds: 10 ❼
```

❶ 準備就緒和活躍探針的宣告是在容器的規範內。

❷ 在放棄之前，探針可能會失敗 3 次。

❸ 探針應針對容器發出 HTTP GET 請求。

❹ 啟動容器後等待 0 秒以啟動探針。

❺ 每 30 秒執行一次探針。

❻ 在失敗後至少要連續成功一次後，探針才會被視為已經成功。

❼ 10 秒後，認定探針已經失敗。

根據您所使用的技術堆疊，Eclipse JKube（*https://oreil.ly/guUR9*）具有一個增強器列表，可以幫助您調整執行狀況檢查。

現在您已經使用應用程式執行狀況檢查來確保系統會按預期方式執行了，我們可以研究怎麼去微調容器化應用程式的資源配額。

調整資源配額

一種常見的做法是讓多個使用者或團隊去共享一個具有固定數量節點的叢集。為了促進每個部署的應用程式都能公平地共享資源，叢集管理員會建立了一個 `ResourceQuota` 物件。此物件將提供會限制名稱空間的資源消耗的約束。

當您為 Pod 定義規範時，您可以指定每個容器所需要的資源量。請求定義了容器所需要的最小資源量，而限制則定義了容器可以消耗的最大資源量。kubelet 會對正在執行的容器強制地執行這些限制。

對於容器而言，會指定的常見資源是 CPU 和記憶體。對於 Pod 的每個容器來說，您可以按以下方式來定義它們：

- `spec.containers[].resources.limits.cpu`
- `spec.containers[].resources.limits.memory`
- `spec.containers[].resources.requests.cpu`
- `spec.containers[].resources.requests.memory`

在 Kubernetes 中，CPU 以毫核心（millicore）或毫 CPU（millicpu）為單位來分配值，記憶體則以位元組為單位。kubelet 會從您的 Pod 中收集 CPU 和記憶體等度量，並可以使用 Metrics Server（*https://oreil.ly/31lKM*）來檢查它們。

當您的容器開始競爭資源時，您應該根據限制和請求來仔細劃分 CPU 和記憶體。為此，您需要以下項目：

- 以程式化方式為您的應用程式產生流量的工具或實務。為了本地端的開發目的，您可以從 hey（*https://oreil.ly/rJK0q*）或 Apache JMeter（*https://oreil.ly/pvNfd*）等工具開始。
- 一種工具或實務，用於收集度量並決定怎麼設定 CPU 和記憶體的請求和限制。例如，在本地端的 minikube 安裝上，您可以啟用 `metrics-server` 外掛程式（*https://oreil.ly/9Ix3p*）。

接下來，您可以將資源限制和請求添加到現有的容器規範中。如果您使用 Decorate 的話，您也可以產生它們並在應用程式配置等級來定義它們。例如，對於 Quarkus 來說，您可以添加包含了 Dekorate 的 Kubernetes 擴充程式：

```
mvn quarkus:add-extension -Dextensions="io.quarkus:quarkus-kubernetes"
```

並且在 *src/main/resources/application.properties* 中配置它們：

```
quarkus.kubernetes.resources.limits.cpu=200m
quarkus.kubernetes.resources.limits.memory=230Mi
quarkus.kubernetes.resources.requests.cpu=100m
quarkus.kubernetes.resources.requests.memory=115Mi
```

這些配置可以在封裝應用程式時進行客製化。執行 `mvn clean package` 後，請注意新產生的 Deployment 物件會包含資源規範：

```
apiVersion: apps/v1
kind: Deployment
metadata:
  annotations:
    app.quarkus.io/build-timestamp: 2021-12-11 - 16:51:44 +0000
  labels:
```

```yaml
      app.kubernetes.io/version: 1.0.0-SNAPSHOT
      app.kubernetes.io/name: demo
    name: demo
  spec:
    replicas: 1
    selector:
      matchLabels:
        app.kubernetes.io/version: 1.0.0-SNAPSHOT
        app.kubernetes.io/name: demo
    template:
      metadata:
        annotations:
          app.quarkus.io/build-timestamp: 2021-12-11 - 16:51:44 +0000
        labels:
          app.kubernetes.io/version: 1.0.0-SNAPSHOT
          app.kubernetes.io/name: demo
      spec:
        containers:
          - env:
              - name: KUBERNETES_NAMESPACE
                valueFrom:
                  fieldRef:
                    fieldPath: metadata.namespace
            image: quay.io/repo/demo:1.0.0-SNAPSHOT
            imagePullPolicy: Always
            name: demo
            resources:
              limits:
                cpu: 200m ❶
                memory: 230Mi ❶
              requests:
                cpu: 100m ❷
                memory: 115Mi ❷
```

❶ 容器被限制使用最大 200 毫核心（m）和 230 mebibyte（MiB）。

❷ 容器可以請求至少 100 m 和 115 MiB。

如果容器指明了記憶體限制但沒有指明記憶體請求時，Kubernetes 會自動指派匹配此限制的記憶體請求。如果容器指明了 CPU 限制但未指明 CPU 請求時，Kubernetes 會自動指派匹配此限制的 CPU 請求。

使用持久資料集合

微服務的一個基本原則是每個服務會管理自己的資料。如果服務共享了相同的底層資料綱要（schema）時，則可能會發生服務之間的無意耦合，從而危及獨立部署。

如果您正在使用像是 CouchDB 或 MongoDB 等 NoSQL 資料庫的話，那麼就不必擔心資料庫變更，因為您可以用應用程式程式碼來變更資料結構。

另一方面，如果您使用的是標準 SQL 資料庫的話，則可以使用 Flyway（*https://flywaydb.org*）或 Liquibase（*https://liquibase.org*）等工具來處理架構變更。這些工具可以幫助您產生遷移腳本，並追蹤其中哪些已在資料庫中執行，而哪些還沒有被應用。當呼叫這些遷移工具中的任何一個時，它將掃描可用的遷移腳本、識別尚未在特定資料庫上執行的遷移腳本，然後執行這些腳本。

在研究第 216 頁的「選擇並實作部署策略」中的選項時，您應該考慮以下幾點：

- 兩個資料庫綱要版本都必須要與部署階段所使用的應用程式版本良好配合。
- 確保您的架構與容器化應用程式的先前工作版本相容。
- 變更欄的資料型別需要轉換依據舊欄的定義來儲存的所有值。
- 重新命名欄、表或視圖（view）是不向後相容（backward-incompatible）的運算，除非您使用觸發器或程式化的遷移腳本。

透過將應用程式部署與遷移腳本的應用分開，您就可以獨立管理您的微服務。大多數時候，雲端供應商會提供多個資料來源來作為其雲端服務的一部分。如果您正在尋找不需要管理和維護底層的資料庫解決方案，那麼這些類型的產品可能是您的正確選擇。不過，在使用託管資料庫服務時，還要考慮如何保護、管理、和保全敏感資料。

資料庫應該在 Kubernetes 中執行嗎？這個問題的答案取決於 Kubernetes 管理工作負載和流量的方式要如何與維護資料庫的操作步驟保持一致。由於維護資料庫需要更複雜的動作序列，Kubernetes 社群透過實作結合了在 Kubernetes 中執行資料庫所需的邏輯領域和操作手冊的運算子（operator）來解決這些挑戰。OperatorHub.io（*https://operatorhub.io*）擁有大量的運算子列表。

監控、記錄和追蹤的最佳實務

到目前為止，我們一直專注於要使容器化應用程式成為可以操作的。在您的本地端機器上，您是您工作的唯一最終使用者，但您的應用程式將在生產環境中面對世界的其他地方。為了讓您的應用程式符合所有最終使用者的期望，您應該及時地觀察它在不同條件和環境實例下的演變。

近年來，**可觀察性**（*observability*）一詞在 IT 產業變得十分流行，不過您很可能已經在研究**可觀察的**（*observable*） Java 應用程式。可觀察性是根據系統產生的遙測資料（例如日誌、度量和痕跡（trace））來衡量系統當前狀態的能力。如果您已經實作了審計、異常處理、或事件日誌記錄，那麼您已經開始觀察您的應用程式的行為了。此外，為了為您的分散式系統建構可觀察性，您可能會使用不同的工具來實作監控、日誌記錄和追蹤的實務。

您應該要觀察您和您的團隊所負責的應用程式、網路、和基礎架構，無論用於實作它們的工具是什麼。

應用程式和底層的基礎架構可以產生有用的度量、日誌、和痕跡來正確地觀察系統。如圖 8-4 所示，收集這些遙測資料有助於視覺化系統狀態，並在系統的某部分效能不佳時觸發通知。

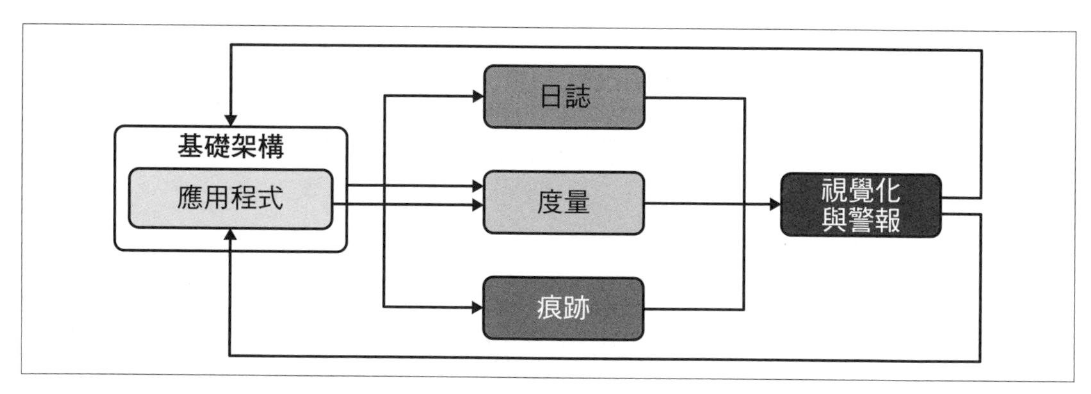

圖 8-4　從應用程式和基礎架構收集度量、日誌和痕跡

警報可幫助您確認意外情況，並實作一恢復機制以在意外情況再次發生時進行處理。您可以使用通知的分發來識別系統正常工作流程中的樣式，此樣式可以進一步幫助您將恢復機制進行自動化，並在收到警報時使用它。

由於可觀察性會衡量分散式系統的狀態，您可以將其作為輸入來修復微服務的故障狀態；如圖 8-5 所示。Kubernetes 有一個內建的自我修復機制，包括重新啟動失敗的容器、處理不健康的容器、或不將流量路由到還沒有準備好為流量提供服務的 Pod。在節點等級，控制平面會監視工作節點的狀態。一些自動化恢復機制的實務涉及透過利用 Job 和 DaemonSet 資源來擴充 Kubernetes 的自我療癒機制。例如，您可以使用 DaemonSet 在每個 worker 上執行節點監控常駐程式，而使用 Job 來建立一個或多個 Pod 並重新嘗試執行這些 Pod，直到達成指定數量的成功終止為止。

圖 8-5　從觀察進行改進來自動化恢復

可觀察性還可以幫助您在出現流量高峰時衡量系統的狀態。應用程式的回應延遲會讓最終使用者感到失望。在這種情況下，您應該研究如何擴充您的容器化應用程式。此外，自動縮放無需以手動方式來回應需要新資源和實例的流量峰值，方法是自動地變更活動的資源和實例的數量。

在 Kubernetes 中，HorizontalPodAutoscaler（HPA）資源會自動更新 Deployment 等工作負載資源，目標是在自動縮放工作負載以匹配需求。HorizontalPodAutoscaler 資源會透過部署更多的 Pod 來回應增加的負載。如果負載減少且 Pod 的數量高於配置的最小值時，HorizontalPodAutoscaler 需要 Deployment 資源來進行縮減。

如 Kubernetes 說明文件（*https://oreil.ly/UWebg*）中所述，HorizontalPodAutoscaler 演算法會使用期望的度量值與目前的度量值的比率：

```
wantedReplicas = ceil[currentReplicas * (currentMetricValue / wantedMetricValue)]
```

為了展示設定 HorizontalPodAutoscaler 資源時上述演算法的工作原理，我們重新利用第 228 頁「調整資源配額」中的範例，在其中我們調整了資源的配額：

```
quarkus.kubernetes.resources.limits.cpu=200m
quarkus.kubernetes.resources.limits.memory=230Mi
quarkus.kubernetes.resources.requests.cpu=100m
quarkus.kubernetes.resources.requests.memory=115Mi
```

每個使用了之前的配置的 Pod 可以請求至少 100 m 的 CPU 配額。您可以使用以下命令來設定 HorizontalPodAutoscaler，以在此部署中將所有 Pod 的平均 CPU 使用率都保持在 80%：

```
kubectl autoscale deployment demo --cpu-percent=80 --min=1 --max=10
```

假設 CPU 的目前度量值為 320 m，期望值為 160 m，則所需的副本數為 320 / 160 = 2.0。基於 HorizontalPodAutoscaler 配置，Deployment 會更新 ReplicaSet，然後 ReplicaSet 會添加 Pod 以匹配工作負載的需求。如果 CPU 的目前度量值減少到 120 m，則所需的副本數將是 120 / 160 = 0.75，而副本數會逐漸縮減到一個。

使用 Kubernetes 來進行縮放的另一個選項是使用**垂直縮放**（*vertical scaling*），這意味著會透過將更多的資源分配給已經在執行的 Pod 來匹配工作負載。您需要安裝並啟用 VerticalPodAutoscaler（*https://oreil.ly/vTegk*）（VPA）才能進一步使用這個策略。為避免 Pod 出現不可預期的行為，請勿同時使用 VerticalPodAutoscaler 和 HorizontalPodAutoscaler 來調整 CPU 或記憶體資源。

我們來研究一些有關監控、日誌記錄和追蹤的建議，以便在部署、縮放、和維護容器化應用程式時能更好地瞭解可觀察性。

監控

您可以使用監控來幾乎即時地觀察系統。通常，這種做法涉及了設定一個技術解決方案，它可以收集日誌和預先定義的度量集合，如圖 8-6 所示。

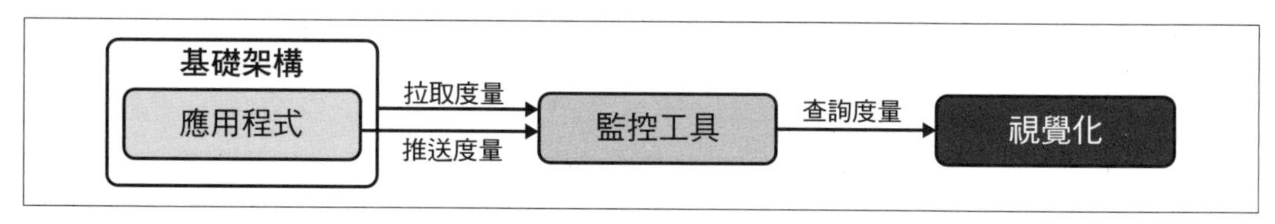

圖 8-6　拉取和查詢度量

度量（*metric*）是系統屬性隨著時間而變化的數值，例如可用的最大 Java 堆積（heap）記憶體或發生的垃圾回收（garbage collection）的總次數。表 8-6 顯示了哪些度量可以幫助您監控系統。

表 8-6　一般類型的度量

名稱	描述
Counter	根據會遞增的整數所累積的值
Timer	測量計時事件的計數和所有計時事件的總時間
Gauge	可以任意上下的單一數值
Histogram	衡量一個資料串流內的值的分佈
Meter	指出一組事件發生的速率

有幾種用於處理度量的流行 Java 程式庫，包括 MicroProfile Metrics、Spring Boot Actuator、和 Micrometer。為了更能瞭解您的系統行為，您可以使用 Prometheus（*https://prometheus.io*）等工具來收集和查詢這些度量。

為了給您提供一個範例，我們將重用範例 8-1，在 */actuator/Prometheus* 公開它的度量，並透過使用 Eclipse JKube 來產生容器映像和 Kubernetes 資源，以將這些度量發送給 Prometheus。

我們從添加 Micrometer 註冊表依賴項開始，它專門啟用 Prometheus 支援：

```
<dependency>
    <groupId>io.micrometer</groupId>
    <artifactId>micrometer-registry-prometheus</artifactId>
    <scope>runtime</scope>
</dependency>
```

接下來，您需要透過將此行添加到 *src/main/resources/application.properties* 來指示 Spring Boot 的 Actuator 應該要公開哪些端點：

```
management.endpoints.web.exposure.include=health,info,prometheus
```

Spring Boot 應用程式會在 */actuator/Prometheus* 下公開度量。與 JVM 相關的度量也可以在 */actuator/Prometheus* 中找到，例如 `jvm.gc.pause` 用於測量垃圾收集的暫停時間。為了進一步在容器和 Kubernetes 資源等級公開這些度量，我們可以使用以下內容來客製化 Eclipse JKube 的設定：

```
<?xml version="1.0" encoding="UTF-8"?>
<project xmlns:xsi="http://www.w3.org/2001/XMLSchema-instance"
         xmlns="http://maven.apache.org/POM/4.0.0"
         xsi:schemaLocation="http://maven.apache.org/POM/4.0.0
```

```
    https://maven.apache.org/xsd/maven-4.0.0.xsd">
    <modelVersion>4.0.0</modelVersion>
    <groupId>com.example</groupId>
    <artifactId>demo</artifactId>
    <version>0.0.1-SNAPSHOT</version>
    <name>demo</name>
    <!--[...]-->
    <build>
        <plugins>
            <plugin>
                <groupId>org.eclipse.jkube</groupId>
                <artifactId>kubernetes-maven-plugin</artifactId>
                <version>${jkube.version}</version>
                <executions>
                    <execution>
                        <id>resources</id>
                        <phase>process-resources</phase>
                        <goals>
                            <goal>resource</goal> ❶
                        </goals>
                    </execution>
                </executions>
                <configuration>
                    <generator> ❷
                        <config>
                            <spring-boot>
                                <prometheusPort> ❸
                                    9779
                                </prometheusPort>
                            </spring-boot>
                        </config>
                    </generator>
                    <enricher> ❹
                        <config>
                            <jkube-prometheus>
                                <prometheusPort> ❸
                                    9779
                                </prometheusPort>
                            </jkube-prometheus>
                        </config>
                    </enricher>
                </configuration>
            </plugin>
        </plugins>
    </build>
</project>
```

❶ 使用 `k8s:resource` 目標來執行此配置。

❷ 調整產生的 Docker 映像以公開 Prometheus 連接埠。

❸ 在容器映像等級公開 9779 連接埠，並將其包含在 Kubernetes 資源註解中。

❹ 產生對 Spring Boot 應用程式有用的 Kubernetes 資源。

要建構容器映像並產生 Kubernetes 資源，請執行以下命令：

```
mvn clean package k8s:build k8s:resource \
    -Djkube.docker.registry=quay.io \
    -Drepository=repo \
    -Dtag=0.0.1
```

在 *target/classes/META-INF/jkube/kubernetes.yml* 中產生的 Kubernetes 資源將包含控制了度量收集過程的 Prometheus 註解：

```
apiVersion: v1
kind: List
items:
- apiVersion: v1
  kind: Service
  metadata:
    annotations:
      prometheus.io/path: /metrics
      prometheus.io/port: "9779"
      prometheus.io/scrape: "true"
```

部署產生的資源後，您可以使用客製化的 Prometheus 查詢（PromQL）來查詢不同的度量。例如，您可以選擇 `jvm.gc.pause` 度量並執行以下的 PromQL 查詢來按照原因（cause）檢查垃圾回收所花費的平均時間：

```
avg(rate(jvm_gc_pause_seconds_sum[1m])) by (cause)
```

在產生和獲取度量時，應遵循幾個最佳實務：

- 由於可以在應用程式和基礎架構等級來定義度量，因此請讓團隊成員共同協作來定義這些度量。
- 始終公開內部的 JVM 度量，例如執行緒（thread）數、CPU 使用率、垃圾收集器的執行頻率、堆積和非堆積記憶體使用情況。
- 努力為會影響非功能性需求的特定於應用程式的實作建立度量。例如，大小、點擊數、和入口生存時間（entry time-to-live）等快取統計資料，可以在評估功能效能時為您提供洞察力。

- 定製可以支援業務人員所使用的關鍵績效指標（key performance indicator, KPI）的度量。例如，使用新功能的最終使用者數量就是可以透過軟體度量來證明的 KPI。
- 衡量並公開有關系統內所發生的錯誤和異常的詳細資訊。您可以稍後使用這些詳細資訊來建立錯誤樣式，從而執行系統的增強。

日誌紀錄

在 Java 應用程式等級，開發人員使用日誌紀錄（logging）來記錄異常情況。日誌有助於透過額外的語境資訊來獲得洞察力，並且可以補充現有度量。在談到日誌紀錄時，可以使用三種格式：純文本、JSON 或 XML、以及二進位檔。

除了 Java 語言內建的日誌之外，還有幾個日誌框架可以幫助您完成這項任務：Simple Logging Facade for Java（SLF4J）（*http://www.slf4j.org*）和 Apache Log4j 2（*https://oreil.ly/foEtO*）。一些日誌紀錄的最佳實務如下所述：

- 要保守；只記錄與系統特定功能相關的詳細資訊。
- 在日誌訊息中寫下有意義的資訊，以幫助您以及您的同事解決未來的問題。
- 使用正確的日誌等級：`TRACE` 用於捕獲細粒度的洞察，`DEBUG` 用於在故障排除時有幫助的敘述，`INFO` 用於一般資訊，`WARN` 和 `ERROR` 則用於指示可能需要採取措施的事件。
- 如果啟用了相對應的日誌等級，請確保使用保護子句（guard clause）或 lambda 運算式來記錄訊息。
- 透過可以在容器執行時期設定的變數來客製化日誌的等級。
- 為您的日誌檔案所在的位置設定適當的權限。
- 客製化您的日誌佈局，使其具有特定於區域的格式。
- 記錄時要保護敏感資料。例如，記錄個人身分資訊（personally identifiable information, PII）不僅會導致合規性違規（compliance violation），還會導致安全漏洞。
- 定期輪換日誌以防止日誌檔案變得過大，或者自動捨棄它們。預設情況下，容器和 Pod 日誌是瞬態的（transient）。這意味著當 Pod 被刪除、當掉、或安排在不同的節點上時，容器日誌就會消失。但是您可以將日誌非同步串流式地傳輸到集中式儲存裝置或服務，並在本地端保留固定數量的輪換日誌檔案。

追蹤

在分散式系統中，請求會遍歷多個組件。追蹤可幫助您捕獲有關請求串流的元資料和時間的詳細資訊，以識別慢速交易或發生故障的位置。

對於開發人員來說，尋找合適的儀器來捕獲痕跡（trace）可能是一項挑戰。專有的（proprietary）代理可以幫助您，但您應該研究和供應商無關、和開放標準一致的解決方案，例如 OpenCensus（*https://opencensus.io*）或 OpenTracing（*https://opentracing.io*）。許多開發人員發現很難為應用程式選擇最佳選項並使其能夠跨供應商和專案工作，因此 OpenTracing 和 OpenCensus 專案合併形成另一個 CNCF（*https://www.cncf.io*）育成專案，稱為 OpenTelemetry（*https: //oreil.ly/QyOhu*）。這個由工具、API、還有 SDK 所構成的集合標準化了您收集和傳輸度量、日誌、和痕跡的方式。OpenTelemetry 追蹤規範定義了以下的術語：

痕跡（*trace*）

　在分散式系統中移動時使用其他服務和資源的單一交易請求。

跨度（*span*）

　代表一工作流程片段的命名、定時的運算。一個痕跡包含了多個跨度。

屬性（*attribute*）

　可用於查詢、過濾、和理解痕跡資料的鍵 / 值對。

行李項目（*baggage item*）

　跨越程序邊界的鍵 / 值對。

語境傳播（*context propagation*）

　由痕跡、度量、和行李所共享的公共子系統。開發人員可以使用屬性、日誌和行李項目將額外的語境資訊傳遞給跨度。

圖 8-7 說明了以微服務 Blue 開始並遍歷微服務 Violet 和 Green 的交易的痕跡。痕跡具有三個跨度，並且在 Violet 和 Green 跨度上設定了屬性。

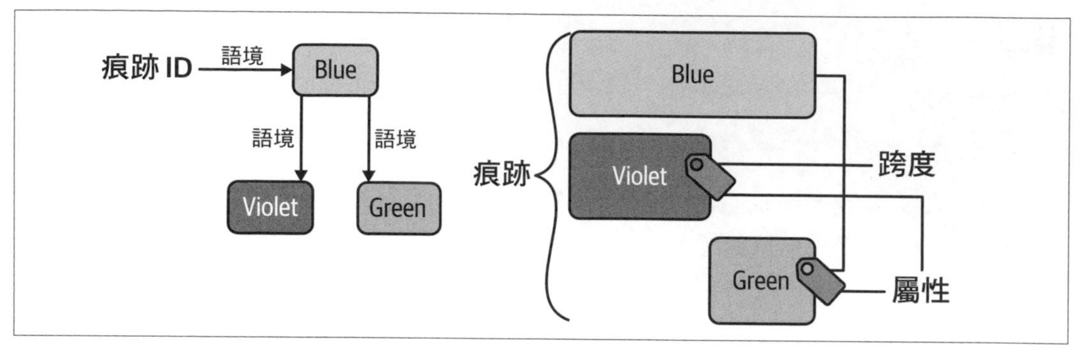

圖 8-7　分散式追蹤範例

為了提供一個包含度量和痕跡的範例，我們將透過追蹤到 */greeting* 端點的請求，並用 Timer 度量來偵測傳回一個回應所花費的時間來強化範例 8-2。

接下來，我們將度量匯出到 Prometheus 並進行進一步處理，包括透過添加以下的 Quarkus 擴充程式來支援 OpenTelemetry：

```
mvn quarkus:add-extension \
    -Dextensions="quarkus-micrometer-registry-prometheus,
                  quarkus-opentelemetry-exporter-otlp"
```

接下來，我們透過添加以下內容來客製化用來發送跨度的端點：

```
custom.host = ${exporter.host:localhost} ❶
quarkus.kubernetes.env.vars.otlp-exporter=${custom.host:localhost} ❷
quarkus.opentelemetry.tracer.exporter.otlp.endpoint=http://${custom.host}:4317 ❸
```

❶ 將主機定義為可以參數化的配置。端點所在的主機的預設值為 `localhost`，但您可以使用 `-Dexporter.host: mvn package -Dexporter.host=myhost` 來覆蓋它。

❷ 在編譯時，已經在專案中的 `quarkus-kubernetes` 擴充程式會考慮這個環境變數並自動產生 Kubernetes 資源的配置。配置會重用 `custom.host` 的值。

❸ 用於發送跨度的 gRPC 端點重用了先前的主機定義。配置會重用 `custom.host` 的值。

為了測量發送到 */greeting* 端點的請求的持續時間，我們將使用 `@Timed` 對其進行註解，並透過客製化具有兩個屬性的 `Span` 來偵測其痕跡：

```
package com.example.demo;

import io.micrometer.core.annotation.Timed;
import io.opentelemetry.api.trace.*;
import io.opentelemetry.context.Context;
```

```java
import javax.ws.rs.*;
import java.util.logging.Logger;
import javax.ws.rs.core.MediaType;

@Path("/greeting")
public class GreetingResource {
    private static final String template = "Hello, %s!";

    private final static Logger log;

    static {
        log = Logger.getLogger(GreetingResource.class.getName());
    }

    @GET
    @Produces(MediaType.APPLICATION_JSON)
    @Timed(value="custom")
    public Greeting greeting(@QueryParam("name") String name) {
        pause();
        return new Greeting(String.format(template, name));
    }

    private void pause() {
        Span span = Span.fromContext(Context.current())
                .setAttribute("pause", "start"); ❶
        try {
            Thread.sleep(2000);
        } catch (InterruptedException e) {
            span.setStatus(StatusCode.ERROR, "Execution was interrupted");
            span.setAttribute("unexpected.pause", "exception");
            span.recordException(e); ❷
            log.severe("Thread interrupted");
        }
    }
}
```

❶ 被設定來在邏輯啟動時進行追蹤的屬性。

❷ 將異常記錄後，設定屬性來追蹤異常情況。

根據引入的變更，您可以使用以下命令來重建和推送容器映像，並部署在編譯時產生的 Kubernetes 資源：

```
mvn package -Dquarkus.container-image.build=true \
    -Dquarkus.container-image.push=true \
    -Dquarkus.kubernetes.deploy=true
```

要進行端到端的分散式追蹤，您可以使用 Jaeger（*https://oreil.ly/Kp09K*）之類的工具（圖 8-8）。這個頂級 CNCF 專案（*https://oreil.ly/vZRTZ*）可以輕鬆地和 Kubernetes 整合，您可以透過 Jaeger 端點來設定 `quarkus.opentelemetry.tracer.exporter.otlp.endpoint` 的值。在 Jaeger UI 中，您可以使用 `pause` 標籤來搜尋痕跡。

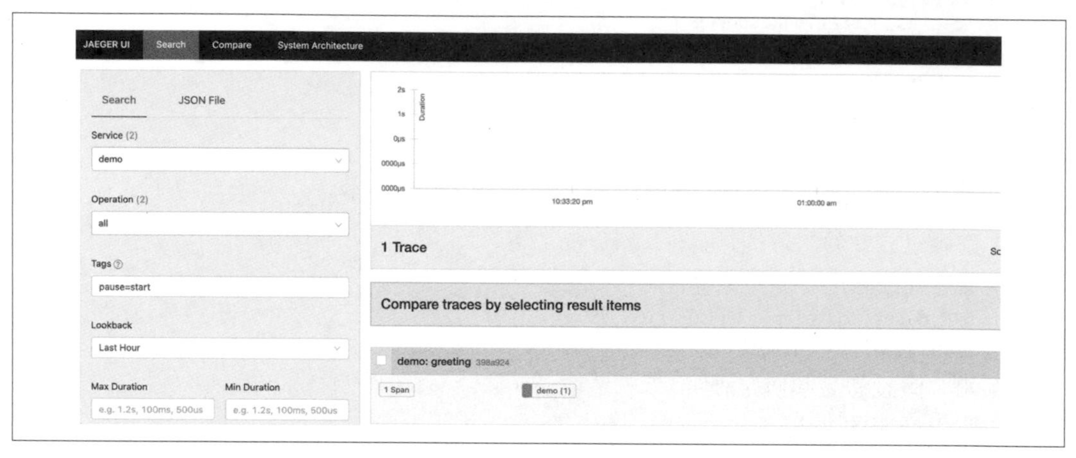

圖 8-8　使用 Jaeger 按照標籤來過濾痕跡

此外，您可以觀察會產生異常的請求，如下所示：

1. 在 Jaeger UI 中搜尋具有 `error=true` 和 `unexpected.pause=exception` 標籤的痕跡。
2. 在 Prometheus 查詢中使用名為 `custom` 的 `Timer`，如下所示：

   ```
   avg(rate(custom_seconds_sum[1m])) by (exception)
   ```

3. 檢查日誌中的執行緒中斷訊息。

以下是一些推薦的追蹤做法：

- 以端到端方式來編成追蹤，這意味著將追蹤的標頭（header）轉發到系統的所有下游服務、資料儲存區、或中介軟體部分。
- 回報那些和請求速率、錯誤、及其持續時間相關的度量。速率（rate）、錯誤（error）、持續時間（duration）（RED）方法在 SRE 世界中很流行，並聚焦於編成（instrumenting）：請求生產量、請求錯誤率、延遲、或回應時間。
- 如果您編成客製化的追蹤跨度，請避免使用大量元資料。
- 在搜尋與 Java 相容的追蹤解決方案時，請查看 Java 中 OpenTelemetry 的特定語言實作（*https://oreil.ly/Df5RD*）。

在設計可觀察性系統時，請記住您的度量和日誌應該可供以後進行分析。因此，無論您在何處部署，始終要擁有能夠可靠地捕獲和儲存度量和日誌資料的工具和實務。

高可用性和地理分散

在開發軟體系統時，您可能收到了一個非功能性需求，表明您的應用程式應該全年無休的可以使用。在產業文獻中，**可用性**（*availability*）是指系統在給定時間執行的機率；這將表達成在給定年份中正常執行時間的百分比。

高可用性（*high availability, HA*）是系統在既定時間內無故障持續工作的能力。作為開發人員，我們建立軟體的目的是為最終使用者始終提供服務，但停電、網路故障、和配置不足的環境等外部因素可能會影響消費者所獲得的服務品質。

小型容器映像和把它們成功部署到 Kubernetes 是在 Kubernetes 上提供應用程式的第一步。例如，假設您必須將工作節點升級到較新的 Kubernetes 版本，此操作包括您的節點必須在使用最新的 Kubernetes 版本之前先拉取所有容器，每個節點拉取容器所需的時間越長，叢集按預期工作的時間就越長。

在第 216 頁的「選擇並實作部署策略」中解釋了不同的部署策略，因為停機時間、部署版本之間的流量路由、以及回滾程序都會影響可用性。在失敗的部署中，快速回滾程序可以幫助您避免使用者不適、節省時間和計算資源。此外，您希望您的系統具有高可用度的狀態，並且您為容器化應用程式定義執行狀況檢查和調整資源的方式，會影響它在既定時間內連續工作而不會出現故障的效能。最終，您可以透過日誌、度量、和痕跡來觀察系統的行為，從而微調您的執行狀況檢查、資源消耗、以及部署。

可用性通常定義為給定年份中正常執行時間的百分比。表 8-7 顯示了給定的可用性百分比與每一年相對應的停機時間之間的關連。該表使用了具有 365 天的年份，為了保持一致，所有時間都四捨五入到小數點後兩位。

表 8-7　連結給定的可用性百分比與每年的停機時間

可用性 %	一年中的停機時間
90%	36.5 天
95%	18.25 天
99%	3.65 天
99.9%	8.76 小時
99.95%	4.38 小時

可用性 %	一年中的停機時間
99.99%	52.56 分鐘
99.999%	5.25 分鐘
99.9999%	31.53 秒

現在，服務供應商會使用服務等級指標（service-level indicator, SLI）來衡量由服務等級目標（service-level objective, SLO）所設定的目標。SLO 是服務供應商對客戶所做出的個人承諾。您可以透過將設定可用性值作為 SLO 的一部分來合併表 8-7 中的百分比。Prometheus（*https://prometheus.io*）和 Grafana（*https://grafana.com*）等工具可以透過合併 SLO、查詢度量、以及在目標受到威脅時發出警報，來幫助您計算應用程式的效能。

為了建立高可用性的系統，可靠性工程（reliability engineering）提供了系統設計的三個原則：

- 消除應用程式、網路、和基礎架構等級的單點故障。因為即使是您對應用程式所進行的內部程式設計的方式有時也會產生故障，因此您應該正確測試每個軟體組件。可觀察性和出色的部署策略可幫助您消除系統中可能出現的故障。
- 偵測發生的故障。監控和警報有助於發現系統何時達到嚴重情況。
- 當另一個組件發生故障時，確保可以可靠地過渡到正在執行的組件。在部署發生問題時的高效率回滾程序、Kubernetes 自我療癒機制、以及 Kubernetes 資源之間的平滑流量路由有助於解決此問題。

一個好的失敗計劃應遵循上述原則並使用幾個最佳實務來實作它們：

- 執行資料備份、回復，和複製。
- 設定網路負載平衡，以在應用程式的關鍵功能收到增加的工作負載時，能有效地分配流量。負載平衡可幫助您在使用可用的網路和基礎架構的同時，消除應用程式等級的單點故障。
- 當遇到可能影響您的系統的自然災害時，將其部署在多個地理位置可以防止服務故障。要在每個位置都執行獨立的應用程式堆疊這件事至關重要，因為如果一個位置發生故障時，其他應用程式堆疊還可以繼續執行。理想情況下，這些位置應該遍布全球，而不是侷限於特定區域。

- 如果擔心組件或其控制平面節點出現故障時 Kubernetes 叢集的效能會發生問題，您應該選擇具有高可用性的 Kubernetes 叢集（*https://oreil.ly/9iTgz*）。Kubernetes 的高可用性和它擁有多個控制平面設定相關，其行為就像一個統一的資料中心。由多個控制平面所組成的設定，可以保護您的系統不會因為控制平面節點的 etcd 故障而失去工作節點。管理 Kubernetes 叢集並非易事，但您應該知道，在為您設定叢集時，許多雲端供應商會預先採用這種類型的配置。
- 根據您的要求，維護多區域 Kubernetes 叢集可能是不合理的。但是您仍然可以設定多個名稱空間以確保跨同一叢集的可用性。

由於先前的實務之一涉及多區域部署，您應該知道，透過使用此技術，您可以藉由保持一群分散式使用者間的低延遲來改善最終使用者體驗。您的應用程式架構可以達成低延遲的效果，因為它可以讓資料靠近那些分佈在世界各地的最終使用者。

擁有在地理上分散的應用程式時要考慮的另一個層面是遵守資料隱私法律和法規的能力。隨著越來越多的社會和經濟活動發生在網路上，隱私和資料保護的重要性日益得到認可。在某些國家 / 地區，未通知消費者或經消費者同意而向不同方來收集、使用、和共享個人資訊會被視為非法行為。根據聯合國貿易和發展會議（United Nations Conference on Trade and Development, UNCTAD）（*https://oreil.ly/p0KH2*）的資料，194 個國家中有 128 個已經制定了保護資料和隱私的立法。

當您開始瞭解確保分散式系統的高可用性的要求時，讓我們探索可以幫助您實現它的雲端模型。

混合和多雲架構

雲端（*cloud*）是一組技術，用於應對可用性、縮放性、安全性、和彈性等挑戰，它可以存在於本地端、Kubernetes 發布版、或公共基礎架構中。您通常會看到術語混合雲（*hybrid cloud*）和多雲（*multicloud*）被當同義詞使用。多雲架構最直觀的定義是這種架構至少需要一個公有雲（public cloud）。

混合雲架構與多雲的不同之處，在於它包含一個私有雲（private cloud）基礎架構組件和至少一個公有雲（圖 8-9）。因此，當混合雲架構有多個公有雲時，該架構可以同時是多雲架構。

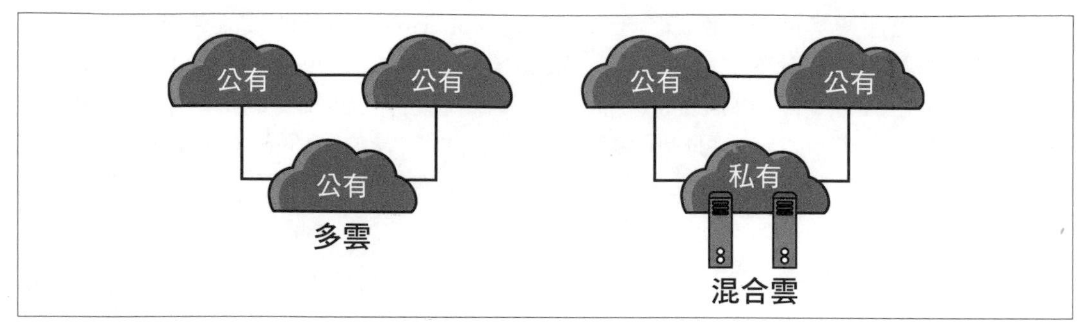

圖 8-9　多雲和混合雲

在混合或多雲基礎架構上進行部署時，您應該考慮以下跨團隊的層面：

- 對部署的內容和位置有統一的觀點。
- 替換特定於供應商的 SaaS 和 IaaS 服務。
- 採用統一的方法來緩解跨雲的安全漏洞。
- 無縫地縮放和配置新資源。
- 當您跨雲移植應用程式時，您需要避免斷開服務。在基礎架構之間移動工作負載時需要一段時間來恢復，但您可以使用適當的網路配置和部署策略為最終使用者提供完美的過渡過程。
- 在如此大規模的情況下，自動化有助於編排程序。此外，在容器化應用程式的編排平台上，您和您的團隊可能會添加額外的工具和程序層來管理工作負載。

從開發人員的角度來看，您可以透過處理以下元素來為混合或多雲策略做出貢獻：

- 無論環境（名稱空間）如何，您的應用程式的程式碼庫都應該相同。
- 當其他同事嘗試使用您的程式碼時，您的本地端建構和部署實務應該是可重現的。
- 避免在您的程式碼或容器映像建構中參照本地端的依賴項。
- 如果可能，透過建構時期的變數或環境變數來對容器映像進行參數化。
- 如果您需要支援環境客製化，請將它們與環境變數一起從編排平台傳播到容器 / 應用程式程式碼的參數。
- 使用您的組織在之前已經驗證為可信來源的儲存庫和註冊表中的依賴項和映像。
- 喜歡儲存區（volume）更勝於在容器之間共享資訊。

在致力於混合或多雲架構時，請不斷地問自己和您的同事要如何改進您當前正在建構的軟體。進步的軟體架構來自於具有前瞻性的開發人員思維方式。

總結

本章涵蓋了 Java 開發人員可能關心的部署層面。儘管典型的 Java 開發人員角色不涉及基礎架構管理，但您可以透過執行以下操作來影響應用程式的操作階段和程序：

- 使用 Jib 和 Eclipse JKube 等基於 Java 的工具來建構容器映像並將其推送到容器映像註冊表
- 使用 Dekorate 和 Eclipse JKube 來產生和部署 Kubernetes 清單
- 在基礎架構層面實作執行狀況檢查並協調其執行
- 觀察分散式系統的行為，以便瞭解何時要引入變更以及調整哪些資源
- 將部署方面與高可用性、混合和多雲架構相關聯

由於您對部署應用程式已經有深入的瞭解了，下一章我們將研究行動軟體的 DevOps 工作流程。

第九章

行動工作流程

Stephen Chin

> 程式測試可能是顯示出存在著錯誤的一種非常有效的方法，
> 但對於要顯示錯誤的不存在卻是毫無希望的。
>
> —Edsger Dijkstra

如果不討論行動開發和智慧型手機的話，DevOps 的涵蓋範圍就不會完整，因為那是電腦被擁有的數量增長最快的部分。如圖 9-1 所顯示的，在過去十年中，智慧型手機的使用量急遽上升，全球已經擁有數十億部智慧型手機。

由於印度和中國等許多大國的擁有率還低於 70%，因此預計智慧型手機的擁有量將繼續增加。當今全球擁有超過 36 億台智慧型手機，預計到 2023 年將達到 43 億台智慧型手機，這是一個不容忽視的市場和使用者群。

智慧型手機還有另一個使 DevOps 成為基本實務的屬性：它們屬於一種連接網際網路的設備，在預設情況下需要持續更新，因為它們所針對的是技術能力較低、且需要在使用者的參與最少的情況下來維護設備的消費者。這是由圍繞著智慧型手機而建構的應用程式生態系統所推動的，這使得下載新軟體以及接收軟體更新變得容易，並且對最終使用者而言風險相對較低。

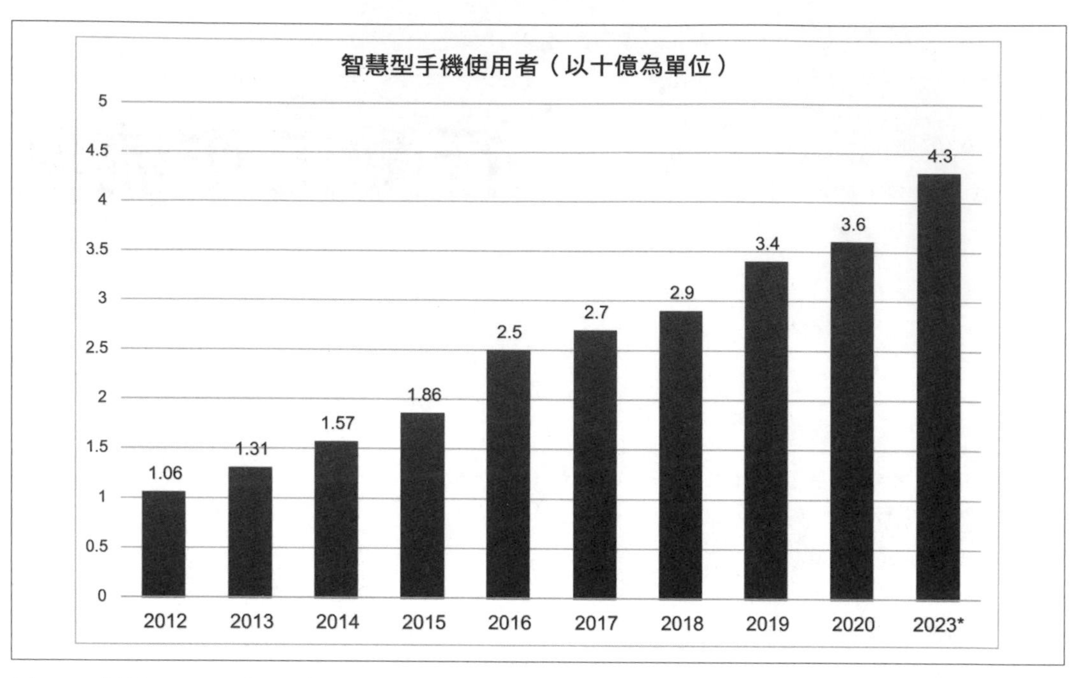

圖 9-1　根據 Statista（*https://oreil.ly/k8dk1*）統計的 2012 年至 2023 年全球智慧型手機使用者數量（2023 年的預測用 * 標記）

您可能出於以下幾個功能性原因想要更新您的應用程式：

為使用者添加新功能

大多數應用程式都很快就發布，並且具有最少的可行功能集，以縮短上市時間。這允許頻繁的小型功能更新來為最終使用者增加有用的功能。

修復錯誤並提高應用程式的穩定性

更成熟的應用程式有很多更新，它們可以修復小錯誤、穩定性問題、和使用者體驗的改進。這些變更通常很小，而且可以經常發布。

修補安全漏洞或漏洞利用

行動應用程式通常具有較大的攻擊面，包括本地端安裝的應用程式、提供資料的後端、以及應用程式和雲端服務登入服務的使用者身分驗證工作流程。

此外，許多應用程式更新都是出於增加市場佔有率和提高使用者參與度的需求。一些有助於增加應用市場佔有率的更新範例包括：

與主要平台版本保持一致

每當平台的主要發布版本出現時，受新版本認證並會進行更新以利用新功能的那些應用程式的下載量都會增加。

提高您的應用程式在商店中的知名度

應用程式商店透過保留不同版本的使用者評分並突顯新版本來獎勵經常更新的應用。發布說明（release note）還讓您有機會增加商店中的可搜尋內容。相反的，如果您的應用程式停滯不前且沒有更新，它自然會在搜尋引擎優化（search engine optimization）方面吃虧。

向目前的使用者提醒您的應用程式以提高使用率

行動平台會提示使用者更新其現有應用程式，有時還會顯示徽章（badge）或其他提醒工具以增加參與度。

應用程式商店中的頂級應用程式都知道持續更新和頻繁更新的重要性。根據 Appbot（*https://oreil.ly/CdW2A*）的統計，在排名前 200 的免費應用程式中，距離上次更新的中位時間為 7.8 天！以這種更新速度，如果您不使用持續發布程序的話，您將無法跟上腳步。

Java 開發人員在建構行動應用程式方面有很多選擇。其中包括以行動為焦點的（mobile-focused）Web 開發，它具有可以適應受限裝置的響應式（responsive）Web 應用程式；其他選項包括用 Java 為 Android 裝置編寫的專用行動應用程式。最後，有幾種用於建構應用程式的跨平台選項可在 Android 和 iOS 裝置上執行，包括 Gluon Mobile 和 Electron。

本章主要關注 Android 應用程式開發。但是，所有相同的行動 DevOps 技術和注意事項都適用於這些基於 Java 的行動平台。

適用於行動裝置的快速 DevOps 工作流程

以下是您會從對行動 DevOps 進行投資這件事中獲得的一些商業利益：

更好的客戶體驗

　有了應用程式商店中簡單易用的評級系統，客戶體驗至上。透過能夠快速回應客戶問題並在各種裝置上進行測試，您將確保獲得最佳的客戶體驗。

更快的創新

　透過不斷發布到生產環境，您將能夠以比競爭對手更快的速度為您的客戶提供新特性和功能。

更高的軟體品質

　由於 Android 裝置數量眾多且碎片化（fragmentation）程度高，用手動方式來徹底測試您的應用程式是不可能的，但透過針對您的使用者群的關鍵裝置特徵進行的自動化行動測試策略，您將可以減少最終使用者所報告的問題數量。

降低風險

　現代的應用程式中的大多數可執行程式碼都具有開源依賴項，這些依賴項會將您暴露在已知的安全漏洞中。透過擁有一個讓您可以測試新版本的依賴項並進行頻繁更新的行動 DevOps 生產線，您將能夠在應用程式中的任何已知漏洞被利用之前快速地修復它們。

本書的其餘部分中所概述的相同原則和最佳實務也適用於行動應用程式開發，但被這個市場的規模和期望放大了 10 倍。在為 Android 裝置規劃行動 DevOps 生產線時，您需要考慮以下幾個階段：

1. 建構（build）

   Android 建構腳本通常用 Gradle 來編寫。因此，您可以使用您選擇的任何持續整合伺服器，包括 Jenkins、CircleCI、Travis CI 或 JFrog Pipelines。

2. 測試（test）

   單元測試（*unit test*）

   　Android 單元測試通常用 JUnit 來編寫，可以輕鬆地自動化。更高等級的 Android 單元測試通常會使用某種 UI 測試框架來編寫，例如 Espresso、Appium、Calabash 或 Robotium。

整合測試（*integration test*）

除了測試您自己的應用程式之外，使用 UI Automator 等工具來測試應用程式之間的互動也很重要，這些工具專注於整合測試並且可以跨多個 Android 應用程式進行測試。

功能測試（*functional test*）

整體應用的驗證很重要。您可以手動執行此操作，但自動化工具可以像前面所提到的 UI 自動化工具一樣來模擬使用者輸入。另一種選擇是執行機器人爬蟲工具（例如 Google 的 App Crawler）來檢視應用程式的使用者介面並自動地發出使用者的動作。

3. 封裝（package）

在封裝步驟中，您將聚合進行部署時所需的所有腳本、配置檔案和二進位檔。透過使用像 Artifactory 這樣的套件管理工具，您可以保留所有的建構和測試資訊，並且可以輕鬆追蹤依賴項以進行可追溯性和除錯。

4. 發布（relcase）

行動應用程式開發最棒的一件事是行動應用程式的發布只要提交到應用程式商店就可以了；最後部署到裝置會由 Google Play 的基礎架構來管理。具有挑戰性的部分是您必須準備建構以確保應用程式商店的提交會成功，如果您沒有完全自動化提交程序的話，您將因建構、測試、和封裝中的任何錯誤而受到上架延遲的懲罰。

如您所見，Android 開發的 DevOps 最大的不同在於測試。對 Android 應用程式的 UI 測試框架已經進行了大量投資，因為自動化測試是解決跨越高度碎片化的裝置生態系統進行測試這個問題的唯一解決方案。我們將在下一節中精確地瞭解 Android 裝置碎片化（fragmentation）的嚴重程度，並在本章後面討論緩解這種情況的方法。

Android 裝置碎片化

iOS 生態系統由 Apple 嚴格地控制，這限制了可以用的硬體型號的數量、螢幕尺寸的變化、以及手機上的硬體感測器和功能集。自 2007 年第一款 iPhone 面世以來，僅生產了 29 款不同的裝置，而目前只出售其中的 7 款。

相比之下，Android 生態系統對眾多裝置製造商開放，他們可以客製化從螢幕尺寸、解析度（resolution）到處理器和硬體感測器的所有內容，甚至生產可折疊螢幕等獨特的外形款式。有來自 1,300 家不同製造商的 24,000 多種不同裝置，其碎片化程度是 iOS 裝置的 1,000 倍。這使得 Android 平台的測試更加難以執行。

在碎片化方面，幾個關鍵差異使得統一性地測試不同的 Android 裝置變得困難：

Android 版本

Android 裝置製造商並不總是為舊裝置提供最新版的 Android 更新，因此使用者在購買新裝置之前，可能會停留在舊的 Android 作業系統版本上。舊 Android 版本的使用量的降低是漸進地，還有一些使用中的裝置仍在執行發布已超過 7 年的 Android 4.x 版本，包括 Jelly Bean 和 KitKat。

螢幕尺寸和解析度

Android 裝置具有多種外形尺寸和硬體配置，並且呈現出會具有更大、像素密度更高的顯示器的趨勢。一個設計良好的應用程式需要進行縮放才能在各種螢幕尺寸和解析度下正常工作。

3D 支援

特別是對於遊戲而言，瞭解您將在裝置上會獲得何種等級的 3D 支援（在 API 和效能方面）至關重要。

硬體功能

大多數 Android 裝置都帶有基本的硬體感測器（相機、加速度計、GPS），但對較新的硬體 API 的支援各不相同，例如近場通訊（near-field communication, NFC）、氣壓計、磁力計、鄰近和壓力感測器、溫度計等。

Android 作業系統碎片化

Android 版本碎片化在兩個層次上會影響裝置測試。第一個是主要的 Android 版本，它決定了您需要建構和測試的 Android API 版本的數量。第二個是原始設備製造商（original equipment manufacturer, OEM）為支援特定硬體配置而進行的作業系統客製化。

就 iOS 而言，由於 Apple 控制了硬體和作業系統，因此它能夠同時為所有受支援的裝置推出更新，這使得用於改善效能和安全修復的次要更新的採用等級能夠維持在較高等級。

蘋果還在主要版本中投入了大量的功能和行銷，以促使安裝軟體能夠快速地升級到最新版本。因此，Apple 在 iOS 14 的首次發布後僅七個月後就達成 86% 的採用率（*https://oreil.ly/3GYL8*）。

Android 的市場要複雜得多，因為 OEM 會為他們的裝置來修改和測試客製化版本的 Android 作業系統。此外，它們還仰賴單晶片系統（system-on-a-chip, SoC）製造商來為不同的硬體組件提供程式碼更新。這意味著主要供應商所建立的裝置可能只會收到幾個主要的作業系統版本更新，而較小供應商的裝置即使受到支援，也可能永遠不會看到作業系統的升級。

為了幫助您決定應該支援距現在多久的不同 Android 作業系統版本，Google 在 Android Studio 中提供了依據不同的 API 等級的裝置採用情況的資訊。截至 2021 年 8 月的使用者分佈如圖 9-2 所示。要達成能和最新的 iOS 版本 > 86% 的採用率相比，您至少要支援 2014 年發布的 Android 5.1 Lollipop。即便如此，您仍然會錯失了超過 5% 仍在使用基於 Android 4 的裝置的使用者。

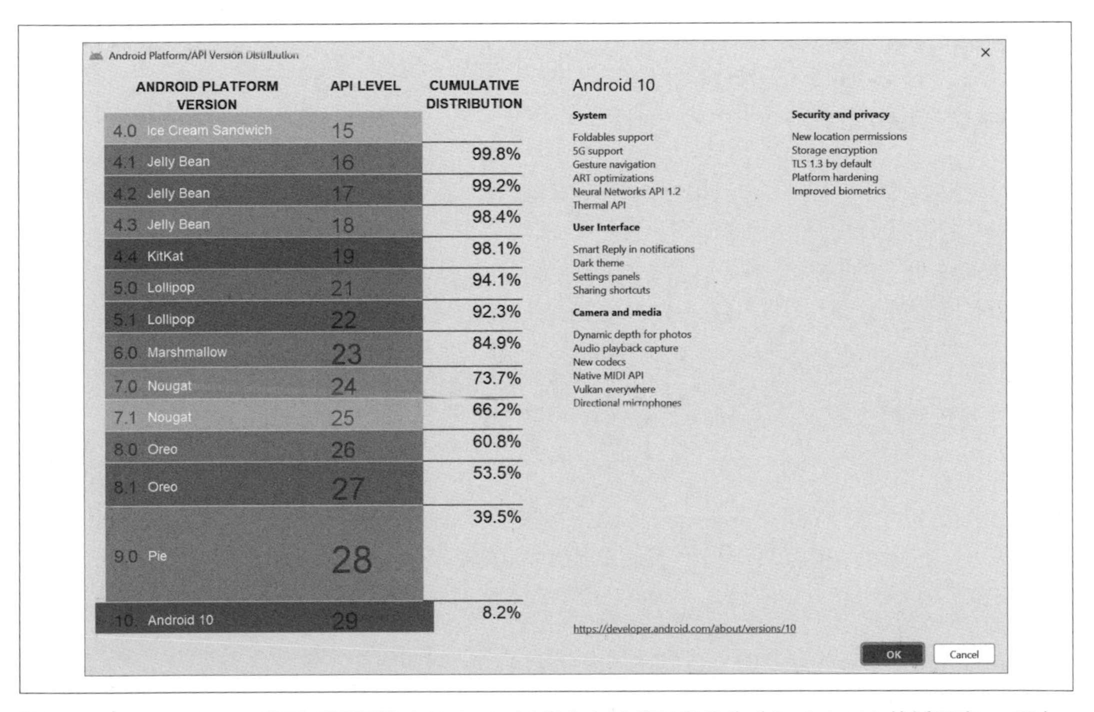

圖 9-2　Android Studio 顯示了不同版本的 Android 平台上的使用者分佈（Android 11 的採用率 < 1%）

讓情況更加複雜的是，每個 OEM 都會修改提供給他們的裝置的 Android 作業系統，因此對每個主要 Android 版本只測試一台裝置是不夠的，這是因為 Android 使用了 Linux 核心來存取硬體裝置的方式所造成的後果。

Linux 核心是作業系統的心臟，它提供低等級的裝置驅動程式程式碼來存取裝置上的攝影機、加速度計、顯示器和其他硬體。對於 Android 所依據的 Linux 核心，Google 添加了特定於 Android 的功能和修補程式、SoC 供應商添加了特定於硬體的支援、OEM 則進一步針對他們的特定裝置對其進行修改。因此，每個裝置在效能、安全性、以及潛在錯誤方面都有一定範圍的差異，當使用者在新裝置上執行應用程式時，這些錯誤可能會影響您的應用程式。

Google 致力於透過 Android 8.0 Oreo 來改善這種情況，其中包括一個新的硬體抽象層，以允許特定於裝置的程式碼在核心以外執行。這使得 OEM 無需等待 SoC 供應商更新裝置驅動程式就可以從 Google 來更新到新的 Android 核心版本，從而減少了作業系統升級所需的重新開發和測試的量能。然而，除了 Google 會負責處理作業系統更新的 Pixel 裝置之外，大多數的 Android 裝置的升級都掌握在 OEM 手中，它們在升級到新的 Android 版本的動作仍然很慢。

建構不同的螢幕

有鑑於硬體製造商的多樣性和超過 24,000 種機型，正如上一節所述，螢幕尺寸和解析度也存在著巨大差異也就不足為奇了。新的螢幕尺寸正不斷推出，例如巨大的 HP Slate 21，它使用 21.5 英寸的觸控螢幕，以及 Samsung Galaxy Fold，它具有垂直的 1680 × 720 掀蓋式螢幕，打開後可顯示解析度為 2152 × 1536 的雙倍寬度內螢幕。

除了螢幕尺寸的巨大變化外，在達到更高的像素密度（pixel density）方面也存在持續的戰鬥。更高的像素密度可以顯示更清晰的文字和更銳利的圖形，從而提供更好的觀看體驗。

目前像素密度的領先者是 Sony Xperia XZ，它在對角線尺寸僅為 5.2 英寸的螢幕中配備了 3840 × 2160 UHS-1 螢幕，這提供了每英寸 806.93 像素（pixels per inch, PPI）的密度，接近人眼可以分辨的最大解析度。

Applied Materials 公司是 LCD 和 OLED 顯示器的領先製造商之一，研究了人類對手持顯示器上像素密度的感知。他們發現，在距離眼睛 4 英寸的地方，具有 20/20 視力的人可以區分 876 PPI（*https://oreil.ly/OecRt*）。因此，智慧型手機螢幕正在迅速接近像素密度的理論極限；然而，其他形式的因素，例如虛擬實境頭盔，可能會進一步推動密度的提升。

為了處理像素密度的變化，Android 將螢幕分為以下的像素密度範圍：

ldpi，~120 dpi（*0.75* 倍縮放）

用於數量有限的極低解析度裝置，例如 HTC Tattoo、Motorola Flipout、和 Sony X10 Mini，所有這些裝置的螢幕解析度均為 240 × 320 像素。

mdpi，~160 dpi（*1* 倍縮放）

這是 HTC Hero 和 Motorola Droid 等 Android 裝置的原始螢幕解析度。

tvdpi，~213dpi（*1.33* 倍縮放）

適用於 Google Nexus 7 等電視的解析度，但不被視為「主要」密度群組。

hdpi, ~240dpi（*1.5* 倍縮放）

HTC Nexus One 和 Samsung Galaxy Ace 等第二代手機的解析度提高了 50%。

xhdpi, ~320dpi（*2* 倍縮放）

最早使用這種 2 倍解析度的手機之一是 Sony Xperia S，其次是 Samsung Galaxy S III 和 HTC One 等手機。

xxhdpi，~480dpi（*3* 倍縮放）

第一個 xxhdpi 裝置是 Google 的 Nexus 10，它只有 300 dpi，但因為它是平板電腦形式而需要大一點的圖示。

xxxhdpi，~640 dpi（*4* 倍縮放）

這是目前 Nexus 6 和三星 Galaxy S6 Edge 等裝置使用的最高解析度。

隨著顯示器的像素密度不斷增加，希望 Google 會為高解析度顯示器選擇一個更好的命名慣例，而不是僅僅添加更多的 *x*！

為了提供給您的最終使用者最佳的使用者體驗，讓您的應用程式的外觀和行為在所有可用的解析度範圍內都能夠保持一致是非常重要的。有鑑於螢幕解析度種類繁多，僅針對每種解析度對應用程式進行硬編碼（hardcode）是不夠的。

以下是一些最佳實務，可確保您的應用程式在所有解析度範圍內都能正常工作：

- 永遠使用與密度無關且可縮放的像素：

  與密度無關的像素（*density-independent pixel, dp*）

  會根據裝置的解析度而進行調整的像素單位。對於 mdpi 螢幕，1 像素（px） = 1 dp。對於其他的螢幕解析度，px = dp ×(dpi / 160)。

  可縮放像素（*scalable pixel, sp*）

  用於顯示文字或者其他的使用者可調整大小的元素的可縮放像素單位。從 1 sp = 1 dp 開始，並根據使用者定義的文字縮放值進行調整。

- 為所有可用解析度提供備用的點陣圖（bitmap）：

  — Android 允許您透過將它們放在名為 *drawable-?dpi* 的子資料夾中來提供不同解析度的備用點陣圖，其中 *?dpi* 是支援的密度範圍之一。

  — 這同樣適用於您的應用程式圖示，除了您應該使用名為 *mipmap-?dpi* 的子資料夾，以便在建構特定於密度的 APK 時不會刪除資源，因為應用程式的圖示通常會放大到超出裝置解析度。

- 更好的是，盡可能使用向量圖形：

  — Android Studio 提供了一個名為 Vector Asset Studio 的工具，可以將 SVG 或 PSD 轉換為 Android Vector 檔案，它可以在應用程式中被當作資源來使用，如圖 9-3 所示。

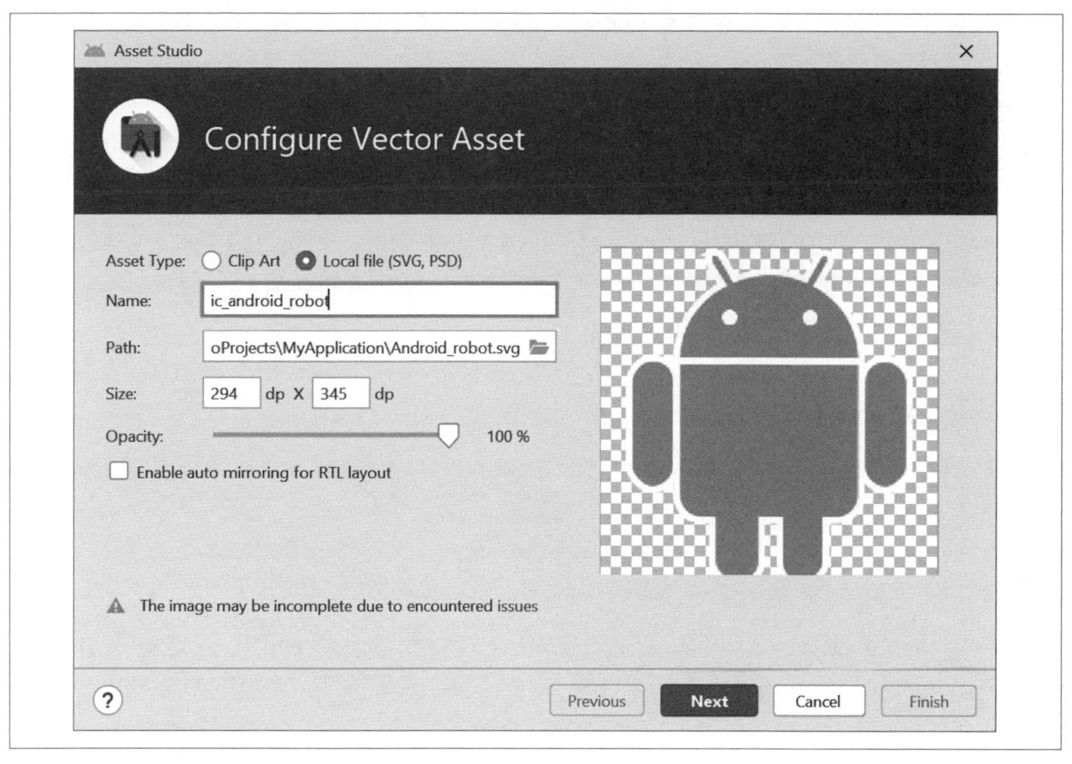

圖 9-3　將 SVG 檔案轉換為 Android Vector 格式

建構一個可以乾淨地縮放到不同螢幕尺寸和解析度的應用程式其實很難做到正確，並且也需要在具有不同解析度的裝置上進行測試。為了幫助您集中精力在測試上，Google 提供了有關不同裝置解析度的使用情況的使用者探勘資料（*https://oreil.ly/Aqw18*），如表 9-1 所示。

表 9-1　Android 螢幕尺寸和密度分佈

	ldpi	mdpi	tvdpi	hdpi	xdpi	xxhdpi	總計
小型	0.1%				0.1%		0.2%
正常		0.3%	0.3%	14.8%	41.3%	26.1%	82.8%
大型		1.7%	2.2%	0.8%	3.2%	2.0%	9.9%
超大型		4.2%	0.2%	2.3%	0.4%		7.1%
總計	0.1%	6.2%	2.7%	17.9%	45.0%	28.1%	

如您所見，某些解決方案並不普遍，除非您的應用程式是鎖定這些使用者或舊裝置類型，否則您可以從裝置測試矩陣中刪除它們。ldpi 密度僅用在一小部分 Android 裝置上，並且只有 0.1% 的市場佔有率——很少有應用程式會針對這種解析度非常小的螢幕進行優化。此外，tvdpi 是一個小眾的螢幕解析度，佔有率僅為 2.7%，因此也可以放心地忽略它，因為 Android 會自動縮小 hdpi 資產以適應此螢幕解析度。

這仍然為您留下了五種裝置密度需要支援，以及可能要測試的無數螢幕解析度和長寬比。我稍後會討論測試策略，但您可能會混合使用模擬裝置和實體裝置，以確保在碎片化的 Android 生態系統中提供最佳使用者體驗。

硬體和 3D 支援

第一個 Android 裝置是 HTC Dream（又名 T-Mobile G1），如圖 9-4 所示。它有一個 320 × 480 像素的中等密度觸控螢幕、一個硬體鍵盤、喇叭、麥克風、五個按鈕、一個可點擊的軌跡球、以及一個後置相機。雖然按照現代智慧型手機的標準來說它真的很原始，但它是一個發布 Android 的絕佳平台，當時它還缺乏對軟體鍵盤的支援。

與現代智慧型手機標準相比，這是一套適中的硬體。驅動 HTC Dream 的 Qualcomm MSM7201A 處理器是 528 MHz Arm11 處理器，僅支援 OpenGL ES 1.1。相比之下，Samsung Galaxy S21 Ultra 5G 的螢幕解析度為 3200 × 1440，且配備了以下的感測器：

- 2.9 GHz 8 核心處理器
- Arm Mali-G78 MP14 GPU，支援 Vulkan 1.1、OpenGL ES 3.2 和 OpenCL 2.0
- 五個相機（一個前置，四個後置）
- 三個麥克風（一個底部，兩個頂部）
- 立體聲喇叭
- 超音波指紋讀取器
- 加速度計
- 氣壓計
- 陀螺儀感測器（陀螺儀）
- 地磁感測器（磁力計）
- 霍爾（Hall）感測器

- 鄰近感測器
- 環境光線（ambient light）感測器
- NFC

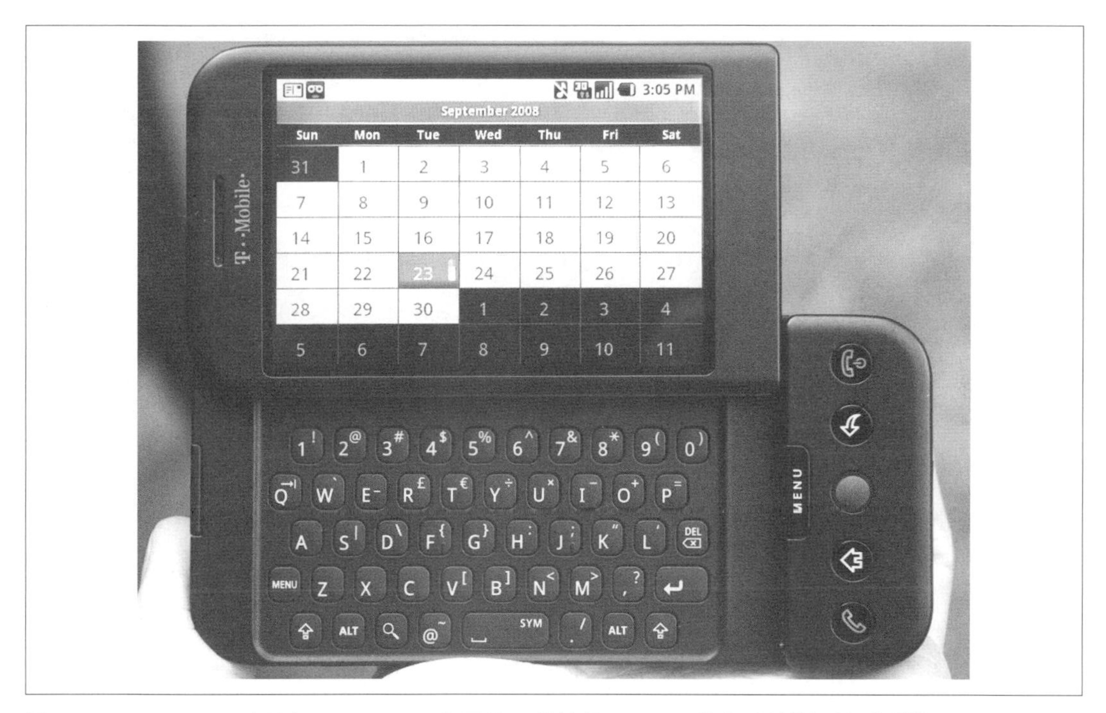

圖 9-4　T-Mobile G1（又名 HTC Dream）是第一款執行 Android 作業系統的智慧型手機（*https://oreil.ly/ijUOh*）（照片在創用 CC 授權下使用（*https://oreil.ly/GLSPZ*））

Samsung 的旗艦手機在硬體支援方面極為高檔，包含了幾乎所有受支援的感測器類型。較為大眾化手機可能會選擇使用功能較弱的晶片組，並且不使用感測器以降低成本。Android 使用了來自可用的實體感測器的資料以在應用程式所使用的軟體中建立「虛擬」感測器：

遊戲旋轉向量（*game rotation vector*）

　來自加速度計和陀螺儀的資料組合

重力（*gravity*）

　來自加速度計和陀螺儀（或磁力計，如果沒有陀螺儀時）的資料組合

地磁旋轉向量（*geomagnetic rotational vector*）

來自加速度計和磁力計的資料組合

直線加速度（*linear acceleration*）

來自加速度計和陀螺儀（或磁力計，如果沒有陀螺儀時）的資料組合

旋轉向量（*rotation vector*）

來自加速度計、磁力計和陀螺儀的資料組合

顯著運動（*significant motion*）

來自加速度計的資料（在低功耗模式下可能替代其他感測器資料）

步伐偵測器 / 計數器（*step detector/counter*）

來自加速度計的資料（在低功耗模式下可能替代其他感測器資料）

只有當存在足夠多的實體感測器時，這些虛擬感測器才可以使用。大多數手機都包含了加速度計，但可能會選擇省略陀螺儀、磁力計或兩者都省略，這會降低運動偵測的精確度並使得某些虛擬感測器無法使用。

硬體感測器是可以模擬的，但模擬真實世界的條件以進行測試要困難得多。此外，硬體晶片組和 SoC 供應商驅動程式的實作中發生了更多變化，因而產生了一個龐大的測試矩陣，需要在一系列裝置上驗證您的應用程式。

另一個對遊戲開發人員尤其重要（但也逐漸成為基本圖形堆疊和應用程式之預期效能的一部分）的硬體層面是對 3D API 支援。幾乎所有的行動處理器都支援一些基本的 3D API，包括第一款支援 OpenGL ES 1.1 的 Android 手機，那是 OpenGL 3D 標準的行動專用版本。現在的手機支援更高版本的 OpenGL ES 標準，包括 OpenGL ES 2.0、3.0、3.1、和現在的 3.2。

OpenGL ES 2.0 引入了程式設計模型的巨大轉變，從功能生產線切換到可程式化生產線，允許透過使用著色器（shader）來進行更直接的控制以建立複雜的效果。OpenGL ES 3.0 透過支援頂點陣列物件（vertex array object）、實例化渲染（instanced rendering）、和與裝置無關的壓縮格式（ETC2/EAC）等功能，進一步提高了 3D 圖形的效能和硬體的獨立性。

OpenGL ES 的採用速度相當快，所有現代裝置都至少支援 OpenGL ES 2.0。根據圖 9-5 所示的 Google 裝置資料，大部分（67.54%）的裝置都有支援 OpenGL ES 3.2，這是該標準於 2015 年 8 月發布的最新版本。

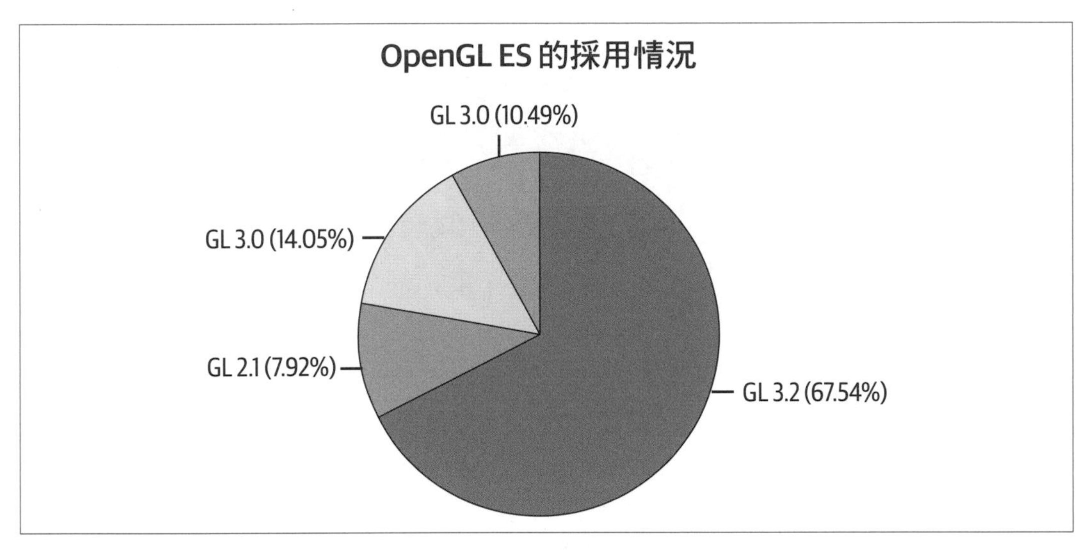

圖 9-5　採用不同版本的 OpenGL ES 的 Android 裝置百分比。
資料來自 Google Distribution Dashboard（*https://oreil.ly/18xDQ*）

Vulkan 是現代圖形晶片組會支援的較新的圖形 API。它具有可在桌面裝置和行動裝置之間進行移植的優勢，隨著計算平台的不斷收斂，桌面程式碼的移植變得更加容易。此外，它還允許對執行緒和記憶體管理進行更精細的控制，以及用於跨多個執行緒緩衝（buffering）和排列命令的非同步 API，從而將多核心處理器和高端硬體利用的更好。

由於 Vulkan 是比較新的 API，因此它的採用速度比不上 OpenGL ES；但是，64% 的 Android 裝置已經具有一定程度的 Vulkan 支援。根據圖 9-6 中視覺化的 Google 裝置統計資料，這可以切分成 Vulkan 1.1，它受到 42% 的裝置支援，還有其他 22% 的裝置僅支援 Vulkan 1.0.3 API 等級。

與硬體感測器測試類似，不同製造商實作了大量的各式 3D 晶片組。因此，要能可靠地測試應用程式中的錯誤和效能問題的唯一方法是在不同的手機型號上執行裝置測試，這將在下一節中介紹。

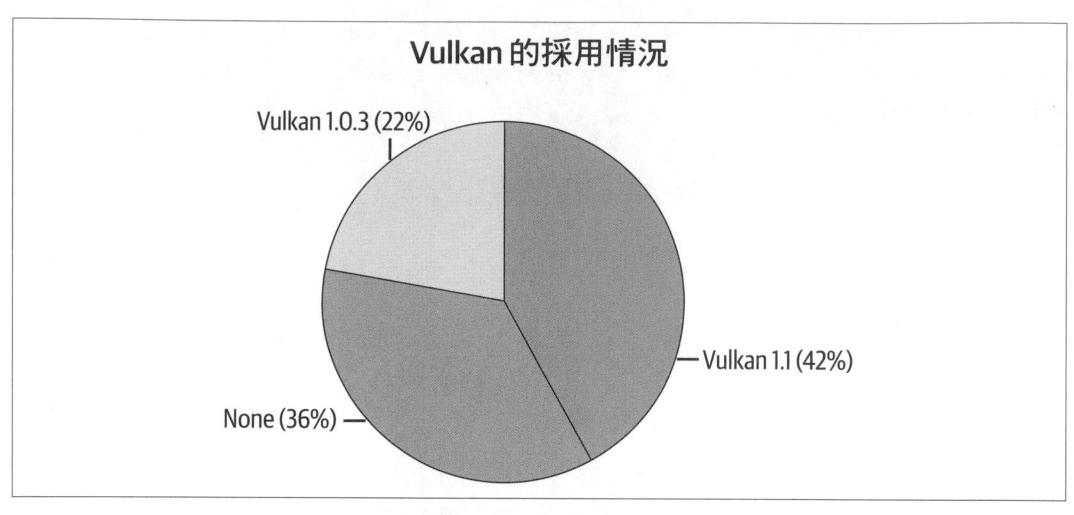

圖 9-6　採用不同版本的 Vulkan 的 Android 裝置百分比。
資料來自 Google Distribution Dashboard（*https://oreil.ly/K9FZd*）

平行裝置上的連續測試

上一節討論了 Android 裝置生態系統中的大量碎片化。這是由 Android 作業系統架構等技術因素，以及 OEM 和 SoC 供應商的複雜生態系統所造成的。此外，由 1,300 家製造商共生產了超過 24,000 台裝置所造成的 Android 平台的絕對普及化，帶來了持續測試和部署的挑戰。

裝置模擬器非常適合應用程式的開發和基本測試，但它無法模擬獨特的硬體配置、裝置驅動程式、客製化核心、和真實世界感測器行為之間的複雜互動。因此，需要對裝置進行高等級的手動和自動化測試，以確保最終使用者能夠獲得良好的體驗。

兩種基本方法被用在大規模硬體測試。首先是使用共享裝置來建立自己的裝置實驗室。這是開始進行測試時的一種實用方法，因為您可能擁有大量可用的 Android 裝置，可以透過適當的基礎架構和自動化來更好地使用這些裝置。但是，根據您想要支援的裝置配置的數量，這可能是一項相當大且昂貴的工作。此外，大型裝置農場的持續維護和保養可能在材料和勞動力方面都非常昂貴。

第二種選擇是將您的裝置測試外包給雲端服務。有鑑於 Android 裝置遠端控制和平台的穩定性的進步，您能夠方便地選擇您的裝置矩陣並在雲端中啟動您的自動化測試。大多數雲端服務都會提供詳細的螢幕截圖和診斷日誌，可用於追蹤建構失敗和以手動方式來控制裝置以進行除錯的能力。

建立裝置農場

建構您自己的裝置農場，即使它的規模很小，也是一個可以利用您現有的 Android 裝置、並增加它們對整個組織的實用性的好方法。一旦您在硬體上進行了前期投資，裝置農場可以大規模地顯著降低 Android 開發的執行速度成本。但請記住，經營大型裝置實驗室是一項全職工作，並且需要考慮持續成本。

用於管理 Android 裝置的流行開源程式庫是 Device Farmer（以前稱為 Open STF）。Device Farmer 允許您透過 Web 瀏覽器來遠端控制 Android 裝置，並即時查看裝置螢幕，如圖 9-7 所示。對於手動測試工作，您可以從桌面鍵盤鍵入並使用游標來輸入單點或多點觸控手勢。對於自動化測試來說，它提供的 REST API 允許您使用 Appium 等測試自動化框架。

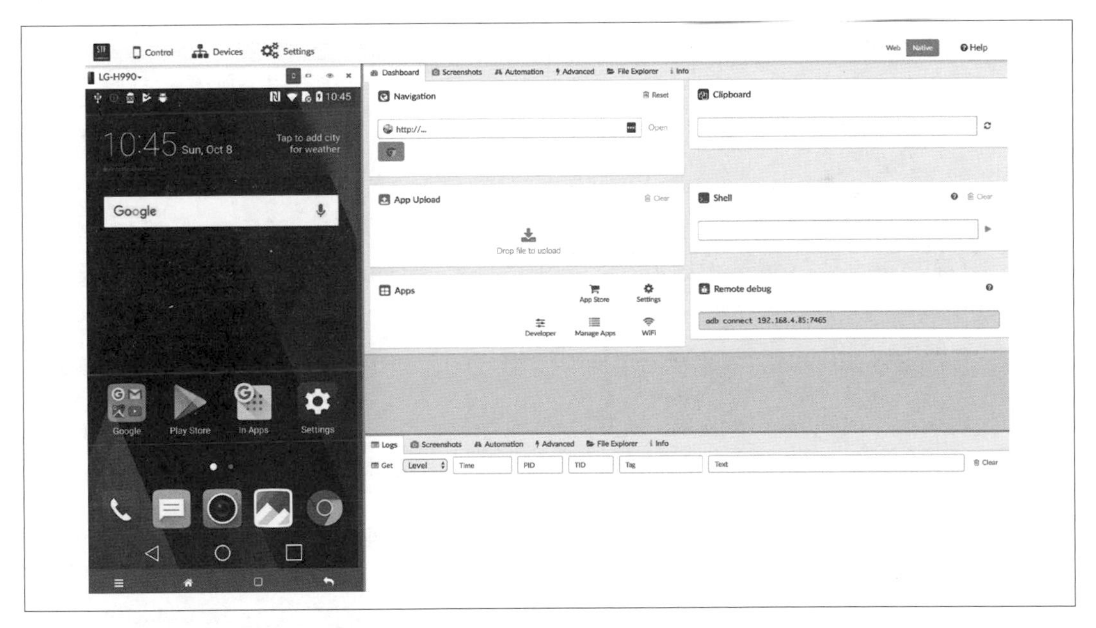

圖 9-7　Device Farmer 使用者介面（*https://oreil.ly/2MQpN*）
（照片在創用 CC（*https://oreil.ly/bPhIL*）授權下使用）

Device Farmer 還可以幫助您管理裝置的庫存，它可以向您顯示連接了哪些裝置、誰在使用哪個裝置、以及您的裝置的硬體規格，並有助於在大型實驗室中實體定位裝置。

最後，Device Farmer 還有一個用於預訂和劃分裝置群組的系統。您可以將裝置清單拆分為具有擁有者和相關屬性的不同群組，然後可以將這些群組永久配置給專案或組織使用，或者可以在特定時間段內進行預訂。

要設定裝置實驗室，您還需要能夠支援裝置的硬體。基本硬體設定包括以下內容：

驅動電腦

　儘管 Device Farmer 可以在任何作業系統上執行，但建議您在基於 Linux 的主機上執行它，以便於管理和獲得最佳穩定性。一個不錯的入門選擇是精簡但功能強大的電腦，例如 Intel NUC。

USB 集線器

　為了裝置連接和提供穩定的電源，建議使用有電源的 USB 集線器。使用可靠的 USB 集線器很重要，因為這會影響您實驗室的穩定性。

無線路由器

　裝置將從無線路由器獲得網路連接，因此這是裝置設定的重要組成部分。為您的裝置配備專用網路將提高可靠性並減少與網路上其他裝置的爭用。

Android 裝置

　當然，最重要的部分是有大量的 Android 裝置可供測試。從目標使用者群中最常見和最流行的裝置開始，然後添加裝置以達到所需的 Android 作業系統版本、螢幕尺寸和硬體支援的測試矩陣，如上一節所述。

大量的連接線

　您將需要比平時更長的連接線，以便對 USB 集線器的裝置進行有效的連接線管理。在各個裝置和硬體組件之間留出足夠的空間以避免過熱是很重要的。

透過一些工作，您將能夠建立一個類似於圖 9-8 的全自動裝置實驗室，這是在德國杜塞道夫（Düsseldorf）舉行的 Beyond Tellerrand 會議上展示的世界上第一個會議裝置實驗室。

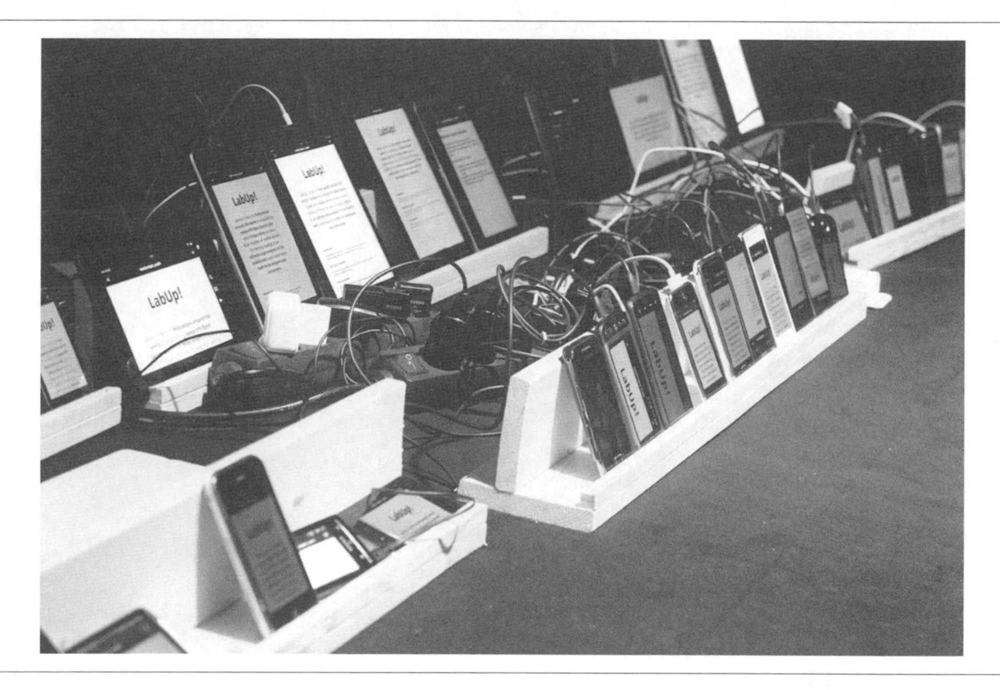

圖 9-8　在德國杜塞道夫舉行的 Beyond Tellerrand 會議上的開放裝置實驗室（*https://oreil.ly/QgEr9*）（照片在創用 CC（*https://oreil.ly/Xv18U*）授權下使用）

Device Farmer 被拆分為微服務，以允許將平台縮放到數千台裝置。它可以開箱即用地輕鬆支援 15 台裝置，之後您將遇到 Android Debug Bridge（ADB）的連接埠限制。這可以透過執行 Device Farmer ADB 和 Provider 服務的多個實例來進行縮放，一直到您的機器可以支援的 USB 裝置數量的限制為止。對於 Intel 架構，這將是 96 個端點（包括其他外圍裝置）；對於 AMD 來說，您最多可以獲得 254 個 USB 端點。透過使用多個 Device Farmer 伺服器，您可以縮放到數千台裝置，這足以支援企業級 Android 應用程式的行動測試和驗證。

大型行動裝置實驗室的一個例子是 Facebook 位於奧勒岡（Oregon）州 Prineville 資料中心的行動裝置實驗室，如圖 9-9 所示。該公司建造了一個客戶伺服器機架外箱，用於容納目的是在阻止 WiFi 信號的行動裝置，以防止資料中心裝置之間的干擾。每個機箱可支援 32 台裝置，並由連接到裝置的 4 台 OCP Leopard 伺服器來供電。這提供了穩定且可縮放的硬體設定，使公司能夠達到 2,000 台裝置的目標裝置農場規模。

圖 9-9　位於 Prineville 資料中心的 Facebook 行動裝置實驗室
（Antoine Reversat 攝（*https://oreil.ly/fbj35*））

執行大型裝置實驗室面臨著以下挑戰：

裝置維護

Android 裝置的設計並不是用於全年無休地執行自動化測試。因此，您可能會遇到高於正常裝置故障的情況，並且必須每兩年更換一次電池或整個裝置。讓裝置間保持距離並保持良好的冷卻環境將對此有所幫助。

WiFi 干擾 / 連接性

WiFi 網路（尤其是針對消費者的 WiFi 路由器）的穩定性並不高，特別是在裝置數量眾多的情況下。降低 WiFi 路由器的廣播信號功率並確保它們在非競爭網路頻段上可以減少干擾。

連接線佈線

在所有裝置和 USB 集線器或電腦之間鋪設連接線可能會造成混亂。除了難以維護之外，這還可能導致連接性和充電問題。請確保移除電纜中的所有迴路，並根據需要來使用屏蔽連接線和鐵氧體磁芯（ferrite core），以減少電磁干擾。

裝置可靠性

在消費型裝置上執行裝置實驗室要冒著消費型裝置並不可靠的這種一般風險。將自動化測試的執行限制在有限的持續時間將有助於防止測試在無回應的裝置上被卡住。在測試之間，一些用於刪除資料和釋放記憶體的內部處理將有助於提高效能和可靠性。最後，Android 裝置以及執行它們的伺服器也需要定期地重啟。

使用您已經擁有的裝置來開始進行小規模測試很容易，並且可以改善在更多種類的裝置上進行測試並且平行啟動自動化測試的能力。在大規模的情況下，這是解決在碎片化的 Android 生態系統進行測試的有效解決方案，但需要高昂的前期成本以及持續地支援和維護。

下一節將討論您現在可以在簡單的即用即付（pay-as-you-go）基礎上開始使用的裝置實驗室。

雲端的行動生產線

如果建立自己的裝置實驗室這樣的前景有點令人望之生畏，那麼開始在大量裝置上進行測試的一種簡單且廉價的方法，是使用在公共雲基礎架構上執行的裝置農場。行動裝置雲具有易於上手且不需最終使用者來維護的優勢，您只需選擇要用來執行測試的裝置，然後針對裝置池（device pool）來啟動應用程式的手動或自動測試就可以了。

一些行動裝置雲還支援自動機器人測試，這些測試將嘗試執行應用程式的所有可見的 UI 元素，以識別應用程式的效能或穩定性問題。執行測試後，您將獲得所有故障的完整報告、用於除錯的裝置日誌、以及用於追蹤問題的螢幕截圖。

有許多行動裝置雲可用，其中有一些可以追溯到功能性手機時代。然而，最流行和最現代的裝置雲最終都與三大雲端提供商——Amazon、Google、和 Microsoft 靠齊。它們都對行動測試基礎架構進行了大量投資，您可以用合理的價格來試用這些基礎架構，並擁有大量的模擬和真實裝置可供測試。

AWS 裝置農場

亞馬遜提供行動裝置雲作為其公共雲服務的一部分。使用 AWS Device Farm，您可以使用您的 AWS 帳戶在各種真實世界裝置上執行自動化測試。

建立新的 AWS Device Farm 測試的步驟如下：

1. **上傳您的 *APK* 檔案**：首先，上傳您編譯後的 APK 檔案，或從最近更新的檔案中進行選擇。

2. **配置您的測試自動化**：AWS Device Farm 支援多種測試框架，包括 Appium 測試（用 Java、Python、Node.js 或 Ruby 來編寫的）、Calabash、Espresso、Robotium 或 UI Automator。如果您沒有自動化測試，AWS 提供了兩個機器人應用程式測試器，稱為 Fuzz 和 Explorer。

3. **選擇要執行的裝置**：從使用者建立的裝置池或五個最受歡迎的裝置的預設池中選擇要執行測試的裝置，如圖 9-10 所示。

4. **設定裝置狀態**：在開始測試前設定裝置，可以指明要安裝的資料或其他依賴的應用程式、設定無線電狀態（WiFi、藍牙、GPS 和 NFC）、變更 GPS 坐標、變更語言環境，並設定網路配置檔案。

5. **執行測試**：最後，您可以在選定的裝置上執行測試，每個裝置的指定執行超時（time-out）時間最長為 150 分鐘。如果您的測試執行得更快時，這樣會提早完成，但這也為您的測試執行成本設定了最大上限。

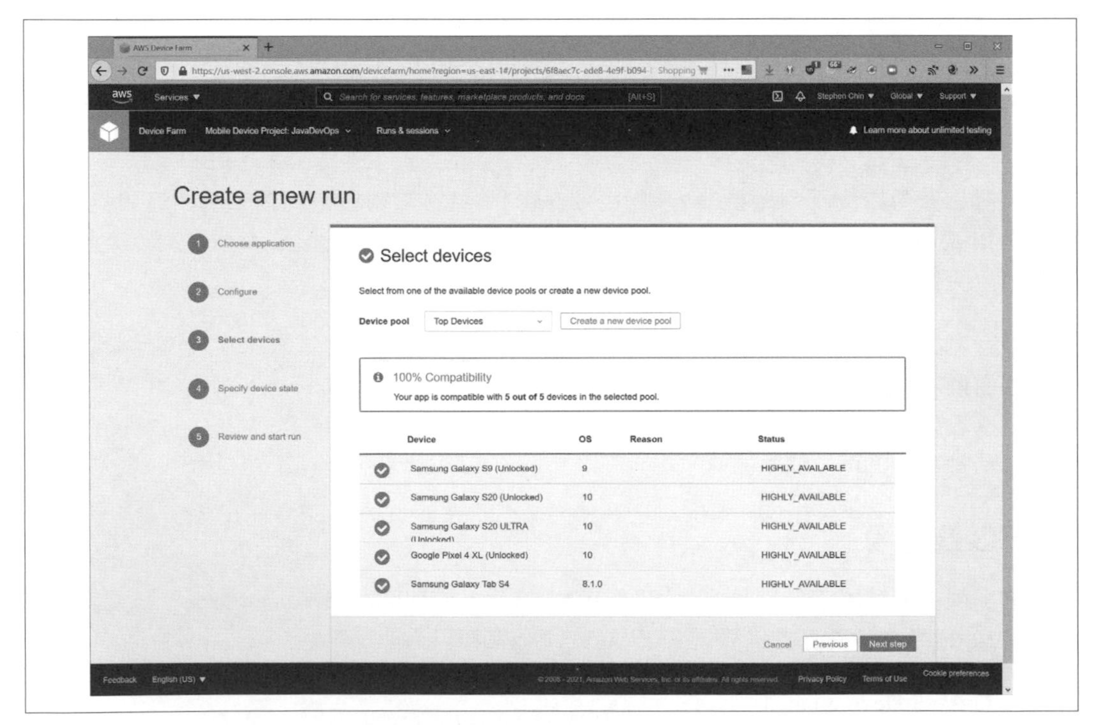

圖 9-10　在 AWS Device Farm 精靈中選擇要執行的裝置

AWS Device Farm 為個人開發人員提供免費配額以開始測試自動化、低價的額外裝置測試，以及一次能在多台裝置上進行平行測試的每月計費方案。所有這些方案都是在一個共享的裝置池上執行的，而在撰寫本文時它總共包含了 91 台裝置，其中 54 台是 Android 裝置，如圖 9-11 所示。但是，這些裝置中的大多數都是高度可用的，這表明它們有大量相同的裝置可以用來測試。這意味著您不太可能在佇列中被阻塞，或者沒有您需要用來測試的裝置。

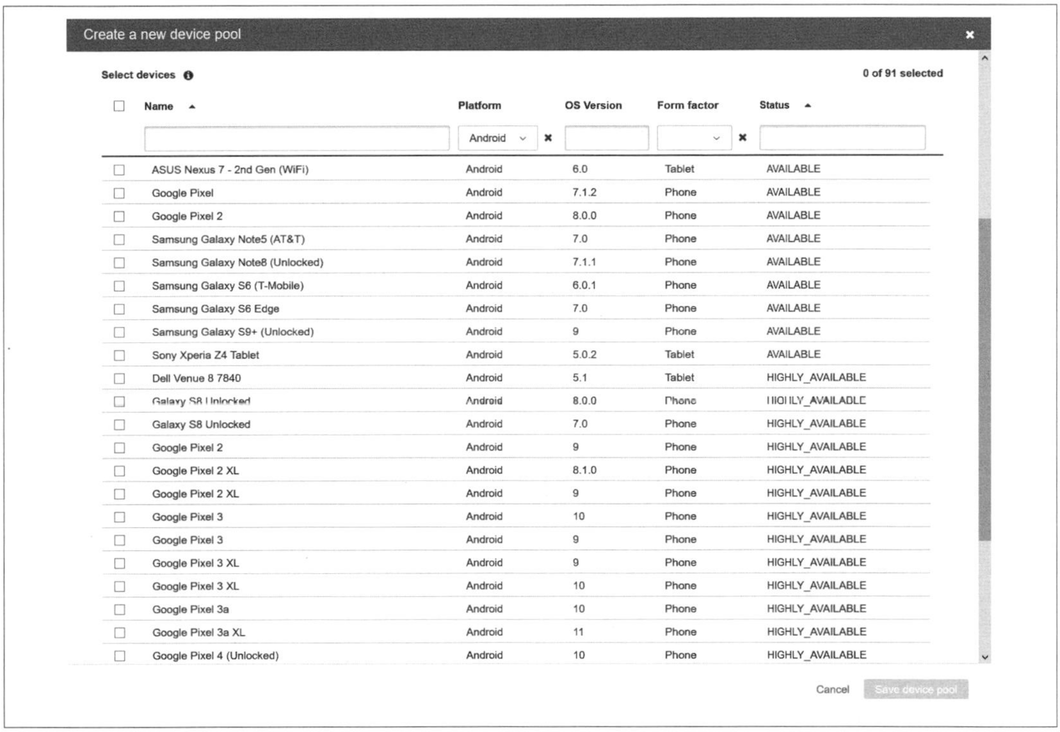

Create a new device pool

Select devices　　0 of 91 selected

Name	Platform	OS Version	Form factor	Status
ASUS Nexus 7 - 2nd Gen (WiFi)	Android	6.0	Tablet	AVAILABLE
Google Pixel	Android	7.1.2	Phone	AVAILABLE
Google Pixel 2	Android	8.0.0	Phone	AVAILABLE
Samsung Galaxy Note5 (AT&T)	Android	7.0	Phone	AVAILABLE
Samsung Galaxy Note8 (Unlocked)	Android	7.1.1	Phone	AVAILABLE
Samsung Galaxy S6 (T-Mobile)	Android	6.0.1	Phone	AVAILABLE
Samsung Galaxy S6 Edge	Android	7.0	Phone	AVAILABLE
Samsung Galaxy S9+ (Unlocked)	Android	9	Phone	AVAILABLE
Sony Xperia Z4 Tablet	Android	5.0.2	Tablet	AVAILABLE
Dell Venue 8 7840	Android	5.1	Tablet	HIGHLY_AVAILABLE
Galaxy S8 Unlocked	Android	8.0.0	Phone	HIGHLY_AVAILABLE
Galaxy S8 Unlocked	Android	7.0	Phone	HIGHLY_AVAILABLE
Google Pixel 2	Android	9	Phone	HIGHLY_AVAILABLE
Google Pixel 2 XL	Android	8.1.0	Phone	HIGHLY_AVAILABLE
Google Pixel 2 XL	Android	9	Phone	HIGHLY_AVAILABLE
Google Pixel 3	Android	10	Phone	HIGHLY_AVAILABLE
Google Pixel 3	Android	9	Phone	HIGHLY_AVAILABLE
Google Pixel 3 XL	Android	9	Phone	HIGHLY_AVAILABLE
Google Pixel 3 XL	Android	10	Phone	HIGHLY_AVAILABLE
Google Pixel 3a	Android	10	Phone	HIGHLY_AVAILABLE
Google Pixel 3a XL	Android	11	Phone	HIGHLY_AVAILABLE
Google Pixel 4 (Unlocked)	Android	10	Phone	HIGHLY_AVAILABLE

Cancel　Save device pool

圖 9-11　AWS Device Farm 中的可用裝置列表

最後，AWS Device Farm 提供了一些整合性來執行自動化測試。在 Android Studio 中，您可以使用它的 Gradle 外掛程式來在 AWS Device Farm 上執行測試。如果您想從您的持續整合系統來啟動 AWS Device Farm 測試的話，Amazon 提供了一個 Jenkins 外掛程式，您可以在使用它完成了本地端建構和測試自動化之後立即啟動裝置測試。

Google Firebase Test Lab

在 Google 收購 Firebase 之後，它一直在不斷擴展和改進產品。Firebase Test Lab 是它的行動裝置測試平台，提供與 AWS Device Farm 類似的功能。首先，Google 為開發人員提供了免費配額，讓他們每天執行有限數量的測試。除此之外，您還可以升級到按裝置小時（device hour）來收取固定費用的即用即付計劃。

Firebase Test Lab 提供了多種方式來啟動服務測試：

Android Studio

Firebase Test Lab 整合在 Android Studio 中，讓您可以像在本地端裝置上一樣輕鬆地在其行動裝置雲中執行測試。

Firebase 網頁介面

從 Firebase Web 控制台，您可以上傳您的 APK，然後在自動 Robo 測試中執行您的第一個應用程式，如圖 9-12 所示。此外，您還可以使用 Espresso、Robotium、或 UI Automator 來執行自己的自動化測試。遊戲開發人員可以選擇執行模擬了使用者場景的整合遊戲循環。

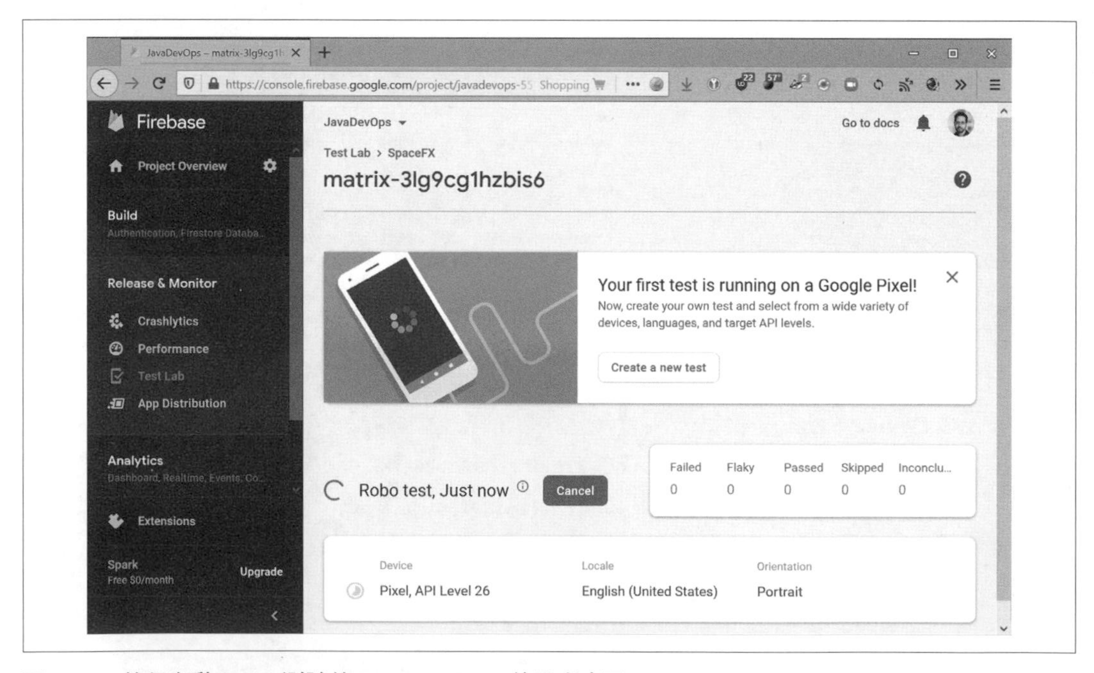

圖 9-12　執行自動 Robo 測試的 Firebase Web 使用者介面

自動化的命令行腳本

您可以使用它的命令行 API 輕鬆地將 Firebase Test Lab 整合到您的 CI 系統中。這允許您和 Jenkins、CircleCI、JFrog Pipelines、或您最喜歡的 CI/CD 系統整合。

在撰寫本文時，Firebase Test Lab 提供了比 AWS Device Farm 更多的 Android 裝置集合，其中支援了 109 種裝置，還有適用於常用裝置的多個 API 等級。有鑑於它和 Google 的 Android 工具的緊密整合以及對個人的慷慨免費配額，這是讓您的開發團隊開始建構測試自動化的簡單方法。

Microsoft Visual Studio App Center

Microsoft Visual Studio App Center（前身為 Xamarin Test Cloud）提供了在所有雲中最令人印象深刻的裝置列表，其中有 349 種 Android 裝置類型供您執行測試，如圖 9-13 所示。但是，與 AWS Device Farm 和 Firebase Test Lab 不同，它不提供開發人員免費套餐來使用該服務。Microsoft 提供了 30 天的試用期讓您使用單一實體裝置來執行測試，也提供了付費方案，您可以按您想要使用的並行裝置的數量來付費，這對大型企業來說十分合理。

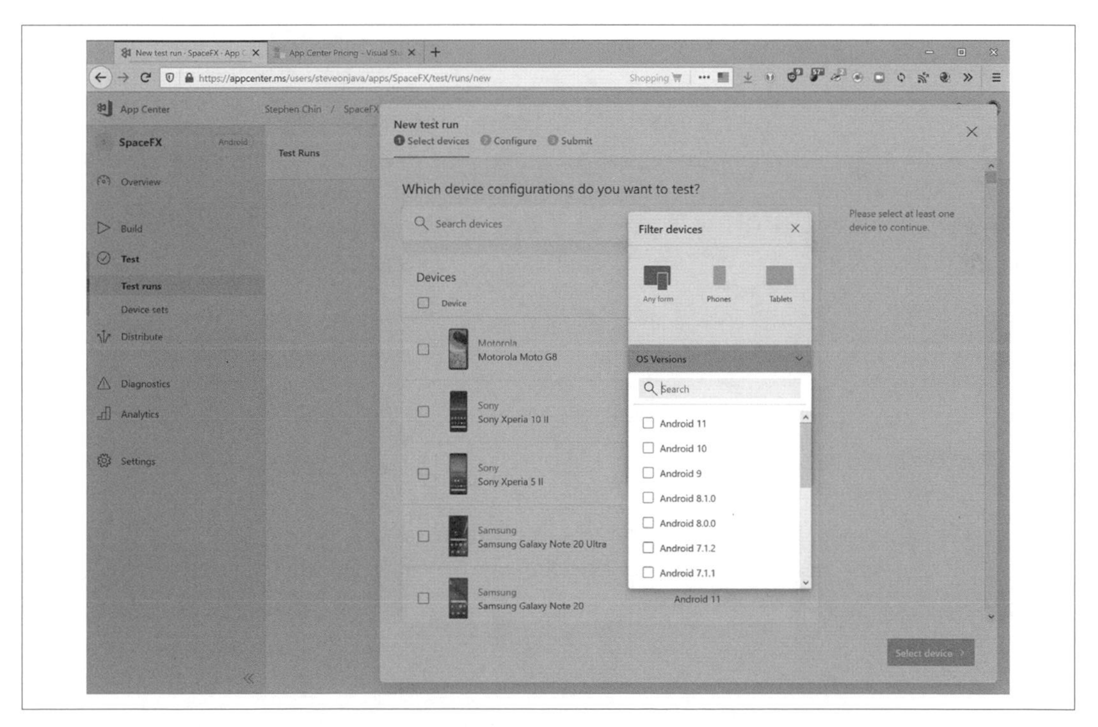

圖 9-13　Visual Studio App Center 裝置選擇畫面

Visual Studio App Center 還缺少一些對使用者友善的功能，例如機器人測試器和透過 Web 控制台來執行的簡單測試。相反的，它聚焦於與 App Center CLI 的命令行整合。從 App Center CLI 中，您可以使用 Appium、Calabash、Espresso 或 XamarainUITest 來輕鬆地啟動自動化測試。此外，這使得與 CI/CD 工具的整合也變得更簡單。

總體而言，Visual Studio App Center 勝在裝置的覆蓋率，並明確地專注於企業行動裝置測試。但是，對於獨立開發人員或較小的團隊來說，它不太容易親近並且前期成本較高，不過隨著您的擴展它會運作地很不錯。

規劃裝置測試策略

現在您已經瞭解了建立自己的裝置實驗室和利用雲端基礎架構的基礎知識，您應該更清楚瞭解這些要如何映射到您的行動裝置測試需求上。

以下是使用雲端服務的優勢：

低啟動成本

雲端方案通常為開發人員提供數量有限的免費裝置測試，並為裝置測試提供基於利用率的定價方式。在開始進行裝置測試時，這是開始探索手動和自動化裝置測試的最簡單且成本最低的方法。

大量的裝置選擇

由於雲端測試供應商支援了龐大的客戶群，他們有大量的現有和過時手機可供測試。這使得它們可以精確地定位使用者最可能擁有的裝置類型、配置檔案（profile）和配置。

快速擴展

應用程式開發就是病毒式行銷和快速擴展。雲端服務無需您預先投資昂貴的基礎架構，而是讓您在您的應用程式的規模和受歡迎程度需要更大的裝置測試矩陣時可以擴大測試規模。

減少資本支出

建立一個大型裝置實驗室是一項昂貴的前期資本支出。透過即用即付的雲端基礎架構，您可以延後成本支出，最大限度地提高您的資本效率。

全球存取

隨著遠端和分散式團隊成為常態，雲端設計允許整個團隊無論位於何處都能夠輕鬆地存取。

然而，即使考慮到這些好處，傳統的建立裝置實驗室的方法還是具有獨特的優勢。以下是您可能想要建立自己的裝置實驗室的一些原因：

大規模降低成本

擁有一個可以進行大規模執行和維護的裝置實驗室的總成本，遠低於來自於雲端供應商在裝置可用生命週期內的每月總成本。對於一個小團隊來說，這個門檻很難達到，但如果您屬於大型的行動公司，這樣可以節省很多。

快速且可預測的循環時間

透過對裝置農場的控制，您可以保證測試將平行執行並在可預測的時間範圍內完成，以啟用響應式建構（responsive build）。雲端供應商的裝置可用性有限，而且熱門的配置的排隊等待時間可能會限制您快速迭代的能力。

沒有通信期（*session*）限制

裝置雲通常對其服務的通信期設定了硬編碼的限制，以防止測試因測試或裝置的故障而掛掉。隨著測試套件的複雜性增加，30 分鐘的硬性限制可能成為完成複雜使用者流程測試的障礙。

監管要求

在金融和國防等某些受監管的產業中，安全性要求可能會限制或禁止在公司防火牆之外來部署應用程式和執行測試的能力。這類公司需要本地端裝置實驗室設定。

物聯網裝置整合

如果您的使用案例需要將行動裝置與物聯網裝置以及感測器整合，那麼這不是雲端供應商會作為開箱即用服務來提供的配置。您最好建立一個物聯網和行動配置與您的實際場景最匹配的裝置實驗室。

在某些情況下，同時進行雲端測試和本地端裝置實驗室測試也是有意義的。根據您對循環時間、維護成本、裝置擴展和法規要求的具體要求，這讓您可以充分利用兩種測試方法。

總結

Android 是這個星球上最受歡迎的行動平台，因為它擁有龐大的製造商和應用程式開發者生態系統。然而，這也是 Android 開發面臨的挑戰：一個非常碎片化的裝置市場，擁有成千上萬的製造商所生產的數以萬計的裝置。有鑑於這種碎片化和裝置不一致性的規模，擁有用於行動開發的全自動 DevOps 生產線是成功的必要條件。

相當於 DevOps 的 Web 應用程式開發所面對的將不再是只有三種主要瀏覽器，而是有數千種獨特的瀏覽器類型，您將被迫進行自動化以獲得任何等級的品質保證，這正是行動領域如此關注在真實裝置上執行的 UI 測試自動化的原因。

使用您在本章中所學到的工具和技術，再加上關於原始碼控制、建構升級，和安全性的整體 DevOps 知識，您應該在應對全球數百萬台裝置持續部署的挑戰中已經領先於行動 DevOps 的同行了。

第十章

持續部署樣式和反樣式

Stephen Chin
Baruch Sadogursky

> 要從別人的錯誤中學習，因為你不可能活到犯下所有的錯誤。
>
> —Eleanor Roosevelt

本章我們將為您提供在組織中成功實作 DevOps 最佳實務所需的持續部署樣式（pattern）。重要的是要瞭解持續更新（continuous update）的基本原理，以便能夠說服組織中的其他人來相信要改進部署程序時所需要進行的變更。

我們還將為您提供大量來自於沒有採用持續更新最佳實務的公司的反樣式（antipattern）。從其他人的失敗中學習是件好事，最近在高科技產業中存在著大量關於做了不該做的事、以及忽視最佳實務的後果的例子。

完成本章後，您將掌握七種持續更新最佳實務的知識，您可以立即開始使用這些最佳實務，以便加入軟體產業前 26% 的 DevOps「精英表現者（Elite Performers）」（*https://oreil.ly/9MMwZ*）。

為什麼每個人都需要持續更新

持續更新不再是軟體開發的可選部分，而是任何主要專案都可以採用的最佳實務。將更新進行持續交付的規劃和專案的功能要求一樣重要，並且需要高度自動化才能可靠地執行。

這件事並不是一直都是如此。從歷史上看，軟體交付的節奏要慢得多，並且只會收到關鍵的更新。此外，安裝更新通常是一個手動且容易出錯的過程，其中涉及了腳本調整、資料遷移、和大量停機時間。

在過去的十年裡，這一切都產生了變化。現在，最終使用者希望不斷添加新功能，這是由他們對消費性設備的體驗和不斷更新的應用程式而驅動的。此外，和延遲關鍵更新有關的業務風險也很大，因為安全性研究人員會不斷發現新的漏洞，而這些漏洞可以用來破壞您的系統，除非它被修補。最後，不斷更新的軟體已成為雲端時代的業務期望，因為整個基礎架構堆疊會不斷更新以提高安全性，通常要求您也要更新應用程式。

並非所有軟體專案都能夠迅速採用持續更新策略，尤其是在習慣於較長的技術採用週期的產業中。然而，通用硬體架構和開源技術的廣泛使用，意味著這些專案面臨同樣的關鍵漏洞風險。當它暴露時，這可能導致難以或不可能恢復的災難性故障。和任何其他軟體一樣，開源專案也存在著錯誤和安全漏洞，而且這些問題的修復和修補速度比專有（proprietary）專案更快，但如果組織不進行更新的話，這些修補程式又有什麼用呢？

在接下來的幾節中，我們將更詳細地探討持續更新的動機。如果您還沒有持續更新策略，本章中的材料將幫助您說服組織中的其他人採用該策略。如果您已經接受了持續更新，那麼您將會掌握了知識，從而獲得優於競爭對手的基礎架構和 DevOps 流程的商業利益。

使用者對持續更新的期望

在過去十年中，最終使用者對於新功能發布節奏的期望發生了巨大變化。這是由消費性裝置上的功能和更新交付方式的變化來推動的，但在其他軟體平台上也有類似的期望，甚至在企業中也是如此。強迫使用者等待較長的發布週期或執行昂貴的遷移以利用新的功能將會導致使用者不滿並使您處於競爭劣勢。

這種使用者期望的變化可以在包括手機在內的多個消費性產業中看到。當行動通信剛開始普及時，Nokia 是 2G 手機的主要硬體製造商之一。雖然按照今天的標準來看很原始，但這些電話具有出色的硬體設計、良好的語音品質、觸控按鈕、以及堅固的設計。

Nokia 6110 等小型移動裝置加速了蜂巢式技術（cellular technology）的採用，但這些裝置上的軟體以及使用者更新它們的能力都很差。這是早期消費性裝置公司的一個常見問題，因為它們會先認定自己是硬體公司，而且在軟體開發中採取現代實務做法的速度很慢。

和許多新興技術一樣，Nokia 手機附帶的軟體是準系統而且是有漏洞的，需要修補程式和更新才能保持可用。雖然 Nokia 提供了資料傳輸線，但這僅會用在把聯絡人從裝置傳輸到電腦等基本操作，不允許執行韌體更新等維護功能。要在手機上獲得包含了重要修補程式和關鍵任務功能（如貪食蛇遊戲）的功能更新，您需要將手機帶到服務中心來更新您的裝置。

直到 2007 年 iPhone 面世後，手機產業才開始採用軟體優先的手機設計方法。憑藉從連接的電腦來更新韌體和整個作業系統以及隨後的無線更新的能力，Apple 可以快速將新功能部署到現有裝置。

2008 年，Apple 發布了 App Store，它建立了一個充滿活力的應用程式生態系統，並為現代的商店功能奠定了基礎，例如安全性沙盒（security sandboxing）和自動應用程式更新，我們將在本章後面的一個更長的案例研究中回到這些功能。隨著 2011 年 iOS 5 的發布，Apple 接受了無線更新；您甚至不再需要電腦來安裝最新版本的作業系統。

現在，更新手機軟體的程序是無縫且自動化的，以至於大多數消費者不知道他們正在執行哪個版本的作業系統或個別應用程式。在此產業中，我們已經訓練大眾，讓他們知道持續更新不僅是預期會進行的，而且是功能性、生產力和安全性所必需的。

這種持續更新的樣式已經成為各類消費性裝置的常態，包括智慧電視、家庭助理、甚至較新的自我更新路由器。雖然汽車產業在採用持續更新策略方面進展緩慢，但 Tesla 正在透過每兩週一次在您的家庭網路上對您的車輛進行更新來推動該產業。您不再需要開車到車輛服務中心來進行召回或關鍵軟體更新。

安全漏洞是新的漏油事件

在過去的 50 年裡，石油洩漏對環境造成了極大的不利影響，並且仍然是一場持續的危機。當運作平穩時，石油鑽井平台的利潤豐厚，但當發生事故或自然災害時（尤其是在海上，那裡的環境破壞加劇），成本可能是巨大的。對於像 BP 這樣有能力支付或預留數百億美元用於罰款、法律和解、以及清理的大公司來說，石油洩漏只是做生意的成本。然而，對於小型公司的鑽井作業，一次漏油就可能引發財務災難並使公司破產，而且無法解決後續問題。

Taylor Energy 就是這種情況，該公司在 2004 年因 Ivan 颶風而失去了路易斯安那州（Louisiana）沿海的一個石油平台，每天洩漏了 300 至 700 桶石油（*https://oreil.ly/3LOtN*）。這場災難持續困擾著 Taylor Energy，該公司是圍繞漏油事件和正在進行的遏制工作的多起訴訟的被告和原告。Taylor Energy 已經花費了 4.35 億美元來減少美國歷史上最長的漏油事件中的原油洩漏，而此洩漏可能繼續到下個世紀。

這類似於軟體漏洞給技術產業所帶來的風險。軟體系統變得越來越複雜，這意味著對開源軟體和第三方程式庫的依賴越來越多，這是一件好事。問題是，老式的安全審計方法不再起作用，幾乎不可能保證系統沒有安全漏洞。

根據 Synopsis（*https://oreil.ly/TFcnJ*）的 2021 年〈開源安全性與風險分析報告〉（*Open Source Security and Risk Analysis Report*），99% 的企業專案使用了開源軟體，其中 84% 的專案包含至少一個已公開的漏洞，每個程式碼庫平均發現 158 個漏洞。

那麼這些困擾商業程式碼庫的漏洞有多嚴重呢？前 10 名的漏洞允許攻擊者獲取身分驗證符記（token）和使用者通信期 cookie 等敏感資訊、在客戶端瀏覽器中執行任意程式碼、並觸發阻斷服務（denial-of-service）條件。

組織對安全漏洞的反應可以分為三個獨立的步驟，這些步驟必須按順序進行才能做出回應：

1. 識別：首先，組織必須意識到存在著安全性問題，並且已經或可能被攻擊者利用。
2. 修復：一旦發現安全性問題，開發團隊必須完成軟體修復來修補問題。
3. 部署：最後一步是部署解決安全性問題的軟體修復程式，通常會部署到受漏洞影響的大量最終使用者或目標裝置。

回到 Taylor Energy 漏油事件，您可以看到這些步驟在實體世界中的難度：

1. 確定——6 年

   颶風發生在 2004 年，但直到 6 年後的 2010 年，研究人員才在 Taylor 的遺址觀察到持續存在的浮油，並讓它引起大眾的關注。

2. 修復——8 年

   Couvillion 集團在 2018 年標中了一個圍堵系統。

3. 部署——5 個月

   2019 年 4 月，Couvillion 集團部署了 200 噸的淺層鋼箱圍堵系統。雖然不是永久性修復，但這個圍堵系統每天會收集大約 1,000 加侖的可轉售石油，並減少了海洋表面的可見污染物。

和石油洩漏等實體災難相比，您會認為安全性漏洞相對容易識別、修復，還有部署。然而，正如我們將在以下案例研究中看到的那樣，軟體漏洞可能同樣具有破壞性和經濟成本，而且要普遍得多。

英國醫院勒索軟體

我們來看看另一個安全漏洞。2017 年，一場全球網路攻擊被發動（*https://oreil.ly/A7sPK*），駭客入侵電腦後，對電腦進行加密，並要求支付比特幣「贖金」來恢復資料。此攻擊是利用 Windows Server Message Block（SMB）服務上的 EternalBlue 漏洞，該漏洞之前已被美國國家安全局（National Security Agency, NSA）發現，並在攻擊前一年披露。

感染後，該病毒會試圖在網路上複製自己並加密關鍵檔案、阻止其存取，並顯示贖金畫面。微軟已經為受到這個漏洞影響的舊版本 Windows 發布了修補程式，但由於維護不善或需要全年無休地執行等因素，許多系統沒有進行更新。

因此勒索軟體攻擊而受到嚴重影響的其中一個組織是英國國家衛生服務（National Health Service, NHS）醫院系統，其網路上有多達 70,000 台裝置（*https://oreil.ly/J0NLy*）——包括電腦、核磁共振掃描儀、血液儲存冰箱、以及其他關鍵系統——受到了病毒的影響。這還涉及把要到醫院的緊急救護車服務進行轉移，以及至少 139 名因癌症緊急轉診的患者被取消。

WannaCry 勒索軟體攻擊導致了估計有 19,000 次預約被取消，並造成在攻擊後的幾週內，為了恢復系統和資料所支出的大約 1,900 萬英鎊的遺失輸出成本以及 7,300 萬英鎊的 IT 成本（*https://oreil.ly/hx7OW*），以便在攻擊後的幾週內恢復系統和資料。所有受影響的系統都是執行易受勒索軟體影響的未修補或不受支援的 Windows 版本。大多數都在 Windows 7 上，但也有許多在 Windows XP 上，它從 2014 年開始一直沒有受到支援——而這是在攻擊的整整三年前。

如果我們用我們的漏洞緩解步驟來建構它，我們會得到以下時間表和影響：

1. 確定——1 年

   漏洞的存在和可用的修補程式都在事件發生前一年就可使用。NHS 的 IT 人員直到攻擊在全球範圍內發起並影響到 NHS 時才意識到它的存在。

2. 修復——已存在

   由於修復只是使用現有的修復程式來升級或修補系統，因此在發現漏洞時立即可用。

3. 部署——多年

   雖然關鍵系統很快就恢復上線，但受影響的系統夠多，以至於 NHS 需要數年時間才能全面升級和修補受影響的系統，其中還經歷了多次失敗的安全性審計。

在這種情況下，安全性漏洞發生在作業系統等級。假設您遵循產業最佳實務，並保持您的作業系統處於受到維護的狀態並不斷地進行修補，您可能認為自己是安全的。但是應用程式等級的安全性漏洞呢？這是迄今為止最常見的安全性漏洞類型，並且同樣容易被攻擊者所利用——就像 Equifax 一樣。

Equifax 安全性漏洞

Equifax 安全性漏洞是應用程式等級的安全性漏洞怎麼對一家高科技公司造成巨大財務損失的教科書範例。從 2017 年 3 月到 7 月，駭客可以不受限制地存取 Equifax 的內部系統，並能夠萃取出美國總人口的一半，也就是 1.43 億消費者的個人信用資訊。

這有可能導致大規模的身分盜用，但被盜的 Equifax 個人資料並沒有出現在暗網上，而那是最直接的貨幣化策略。相反的，人們認為這些資料被中國政府用於國際間諜活動。2020 年 2 月，四名受中國支援的軍事駭客因與 Equifax 安全性漏洞有關而被起訴。

對信用機構而言，具有如此嚴重的安全性漏洞對其品牌、聲譽的損害難以計量。然而，眾所周知，Equifax 花費了 14 億美元的清理成本，另外還花費了 13.8 億美元來解決消費者的索賠。此外，事件發生後，Equifax 的所有高階管理人員都被迅速更換。

多個複雜的安全性漏洞導致了這種違規行為。第一個也是最令人震驚的是 Apache Struts 中的一個未修補的安全性漏洞，它允許駭客存取 Equifax 的爭議性入口網站，他們從這裡轉移到多個其他內部伺服器，以存取包含了數億筆個人資訊的資料庫。

第二個主要安全性漏洞是過期的公鑰憑證，它阻礙了檢查離開 Equifax 網路的加密流量的內部系統。該憑證在漏洞發生前約 10 個月過期，而僅在 7 月 29 日更新，此時 Equifax 立即意識到攻擊者正在使用混淆的有效負載來萃取敏感資料。以下是 Equifax 的時間表：

1. 確定——5 個月

   最初的安全性漏洞發生在 3 月 10 日，雖然攻擊者直到 5 月 13 日才開始積極利用此安全性漏洞，但在 Equifax 意識到資料洩露之前，他們已經存取了該系統近五個月。直到 7 月 29 日 Equifax 修復了其流量監控系統，才意識到違規行為。

2. 修復——已存在

   Apache Struts 安全漏洞（CVE-2017-5638）（*https://oreil.ly/FiWeh*）於 2017 年 3 月 10 日發布，並由 Apache Struts 2.3.32 修復，該漏洞在 3 月 6 日 CVE 披露前四天發布。

3. 部署——1 天

   該漏洞已於 7 月 30 日修復，也就是 Equifax 發現漏洞後的一天。

Equifax 漏洞特別可怕，因為它始於一個廣泛使用的 Java 程式庫中的漏洞，該漏洞影響了網路上的許多系統。即使在發現安全性漏洞一年後，SANS Internet Storm Center 的研究人員也發現了有人嘗試尋找未修補的伺服器或未保護的新部署的證據（*https://oreil.ly/ZCbXe*）。持續更新可以提供幫助。

廣泛的晶片組漏洞

即使您一直在關注應用程式和作業系統等級的安全性漏洞，另一類漏洞也會在晶片組和硬體等級影響您。最近最普遍的例子是 Google 安全性研究人員所發現的 Meltdown 和 Spectre 漏洞利用（*https://oreil.ly/z6E7i*）。

這些缺陷對於我們用來執行從雲端工作負載到行動裝置的所有硬體平台來說是如此重要，以至於安全性研究人員稱它們為災難性的。這兩種攻擊都利用了相同的潛在漏洞——也就是推測執行和快取是如何互動的——來存取應受保護的資料。

在 Meltdown 的情況下，惡意程式可以存取機器上不應存取的資料，包括具有管理權限的程序。這是一種更容易利用的攻擊，因為它不需要您想要攻擊的那個程式的知識，而且更容易在作業系統等級進行修補。

在發布 Meltdown 漏洞後，最新版本的 Linux、Windows、以及 Mac OS X 都已安裝了安全性修補程式，以防止 Meltdown 被利用而造成一些效能損失。2018 年 10 月，Intel 宣布對其較新的晶片（*https://oreil.ly/bvCuh*）（包括 Coffee Lake Refresh、Cascade Lake、以及 Whiskey Lake）進行硬體修復，以解決 Meltdown 的各種變體。

相比之下，利用 Spectre 漏洞需要有關受到攻擊的程序的特定資訊，使其成為更難利用的漏洞。但是，修補也更加棘手，這意味著基於此漏洞的新漏洞會不斷被發現。此外，在使用虛擬機器的雲端運算應用程式中它更危險，因為它可以用來誘導管理程式（hypervisor）向在它上面執行的客戶作業系統提供特權資料。

結果是 Meltdown，尤其是 Spectre，開闢了一類新的安全性漏洞，這些漏洞破壞了軟體安全性的原則。假設您建構的系統具有適當的安全保護，並且可以完全驗證原始碼和依賴項庫的正確性，那麼該系統應該是安全的。這些漏洞透過暴露隱藏在 CPU 和底層硬體中的旁路（side-channel）攻擊而打破了這一假設，這些攻擊需要進一步的分析以及軟體和 / 或硬體修復來緩解。

回到我們對晶片組旁路攻擊的一般類別的分析，以下是時間軸：

1. 識別——盡快

   雖然有針對 Meltdown 和 Spectre 的通用修復存在，但根據應用程式的體系結構，漏洞可能隨時會發生。

2. 修復——盡快

   Spectre 的軟體修復通常涉及特製程式碼，以避免在錯誤推測中存取或洩漏資訊。

3. 部署——盡快

   將修復程式快速投入生產是減輕損害的唯一方法。

在這三個變數中，最容易縮短的是部署時間。如果您還沒有持續更新的策略，那麼建立一個策略可望為您提供動力，開始規劃更快、更頻繁的部署。

讓使用者更新

現在，我們希望讓您相信，從功能 / 競爭的角度以及安全性漏洞緩解的角度來看，持續更新是一件好事。但是，即使您提供頻繁的更新，最終使用者會接受並安裝它們嗎？

圖 10-1 模擬了用來決定是接受還是拒絕更新的使用者流程。

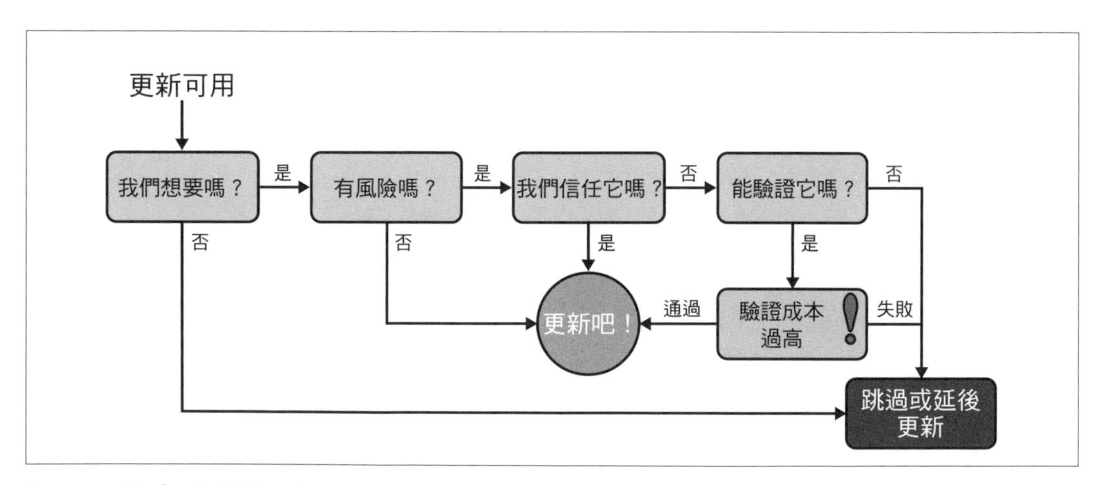

圖 10-1　接受更新的使用者模型

使用者的第一個問題是他們是否真的想要基於功能和 / 或安全性修復的更新。有時，接受更新與否的模型並不是一個二元決策，因為可以選擇使用安全性修補來進行維護，但延後安裝提供了更多功能但風險更大的重大升級。這是 Canonical 用於 Ubuntu 發布時所用的模型：長期支援（long-term support, LTS）版本每兩年發布一次，同時提供公開支援五年。如果您更喜歡風險更高但更頻繁的更新，則臨時版本每六個月發布一次，但支援期間較短。

第二個問題是，更新的風險有多大？對於安全性修補程式或小升級而言，答案通常是透過最少的測試來投入生產會是低風險和安全的。通常，這些變更很小，專門設計成不涉及任何外部甚至內部 API，並經過測試以確保它們解決了安全性問題且在發布前不會產生不良副作用。執行本地端回滾的能力（本章稍後會詳細介紹）降低了風險。

當發布升級的一方驗證它是安全的升級時，升級也可能是安全的，如圖 10-1 的第三個決策框所示。這是作業系統（例如 iOS）升級的模型，在此模型中重大變更無法單獨驗證為非破壞性的。作業系統供應商必須花費大量時間來測試硬體組合、與應用程式供應商合作修復相容性問題或幫助他們升級應用程式、並執行使用者試驗以查看升級過程中所發生的問題。

最後，如果既存在著風險、又無法驗證安全性時，則由升級的接受者來進行驗證測試。除非它可以完全自動化，否則這幾乎一定是一個既困難且成本高昂的程序。如果無法證明升級是安全且沒有錯誤的，那麼發布可能會被延遲或簡單地跳過，並希望以後的版本會更穩定。

讓我們看一些現實世界的使用案例，看看它們的持續更新策略。

案例研究：Java 六個月的發布節奏

Java 歷來在主要版本之間有很長的發布週期，平均為一到三年。但是，發布頻率不穩定且經常延遲，例如 Java 7，它花了將近五年的時間才發布。由於安全性問題以及執行和自動化驗收測試的難度等幾個因素，隨著平台的發展發布的節奏持續下降。

從 2017 年 9 月的 Java 9 開始，Oracle 將功能發布週期大幅提升為 6 個月。這些版本可以包含新功能並刪除已棄用的功能，但創新性這個總體步伐維持不變。這意味著每個後續發布版本都應該包含更少的功能和更少的風險，從而更容易採用。每個 JDK 版本的實際採用數量如圖 10-2 所示。

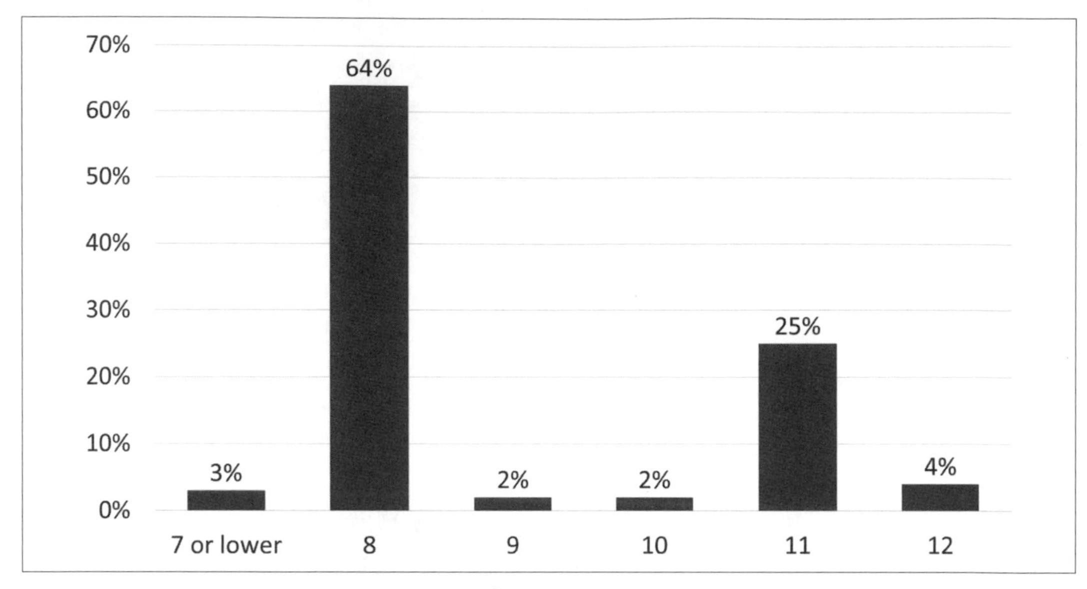

圖 10-2　開發人員所採用的最近的 Java 版本[1]

有鑑於 67% 的 Java 開發人員從未使用超過 2014 年發布的 Java 8 版本，新的發布模型顯然有問題！然而，有些議題隱藏在此資料下。

首先，Java 生態系統無法處理六個月的發布。正如我們在第 6 章中所瞭解的，幾乎所有的 Java 專案都依賴於一個龐大的程式庫和依賴項生態系統。為了升級到新的 Java 版本，所有這些依賴項都需要針對新的 Java 版本進行更新和測試。對於大型開源程式庫和複雜的應用程式伺服器來說，這幾乎不可能在六個月的時間內完成。

更複雜的是，OpenJDK 支援模型只為 Java 發布版本提供六個月的公開支援，直到下一個功能版本發布為止。即使您可以每六個月升級一次，您也將得不到關鍵支援和安全性修補程式，正如 Stephen Colebourne 的部落格（*https://oreil.ly/Axfki*）中所述。

唯一的例外是 LTS 版本，它從 Java 11 開始每三年發布一次。這些版本將獲得來自商業性 JDK 供應商（如 Oracle、Red Hat、Azul、BellSoft、SAP 等）的安全性修補程式和支援。AdoptOpenJDK 和 Amazon Corretto 等免費發布版承諾會免費提供 Java 版本和安全性修補程式。這就是為什麼 Java 11 是繼 Java 8 之後最受歡迎的版本，而其他六個月的版本都沒有任何吸引力。

1　Brian Vermeer, "JVM Ecosystem Report 2020," Snyk, 2020, *https://oreil.ly/4fN74*.

然而，和 Java 8 相比，Java 11 並沒有獲得顯著的吸引力。在 Java 11 於 2018 年 9 月發布大約兩年後，使用 Java 11 的開發人員數量為 25%。相比之下，在 Java 8 發布兩年後的採用率則為 64%，如圖 10-3 所示。這種比較也偏向於 Java 11，因為任何採用 Java 9 或 10 的人都可能升級到 Java 11，導致整整三年的採用率增長。

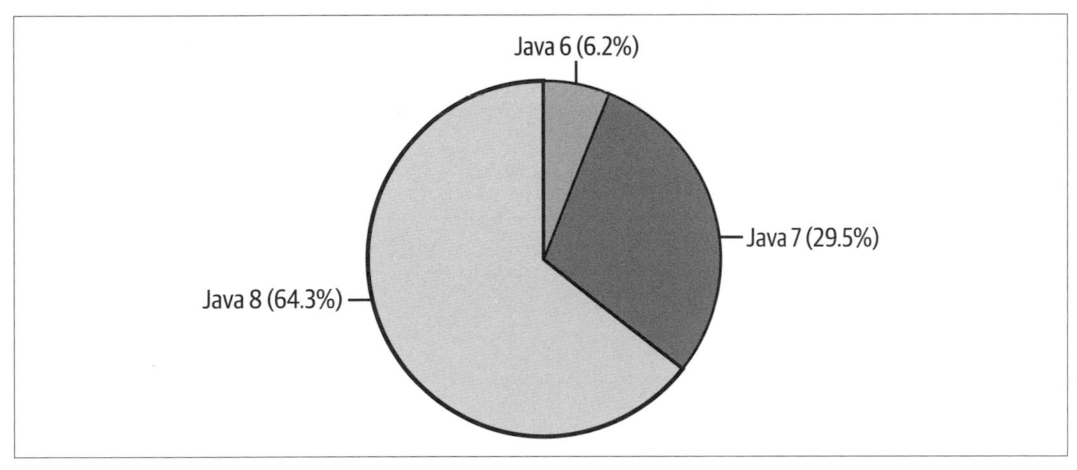

圖 10-3 開發人員在 Java 8 發布兩年後的採用狀況 [2]

這帶給我們 Java 9 以及更高版本為何應用不佳的第二個原因，也就是價值 / 成本的取捨表現不佳。Java 9 的主要特點是引入了新的模組系統。模組化 Java 平台的想法最早由 Mark Reinhold 於 2008 年提出（*https://oreil.ly/22YFR*），並花了 9 年時間才在 Java 9 的發布中完成。

由於此變更的複雜性和破壞性，它被延遲了幾次，錯過了將 Java 7 和 Java 8 作為初始標的的機會。Java 9 在發布時也備受爭議，因為它最初與 OSGi 不相容，OSGi 是 Eclipse 基金會所發布的針對企業應用程式的模組系統競爭者。

但也許模組化更大的問題是沒有人真正地要求過它。模組化有很多好處，包括更好的程式庫封裝、更容易的依賴項管理、和更小的封裝後應用程式。但是，要完全實現這些好處，您需要花費大量工作來重寫您的應用程式以完全模組化。其次，您需要將所有依賴項封裝為模組，這需要一段時間才能讓開源專案接受。最後，它對大多數企業應用程式的實際好處很小，因此即使在升級到啟用模組的版本之後，通常的做法是禁用模組化並回到 Java 8 和更早版本的類別路徑（classpath）模型。圖 10-4 顯示了簡化後的開發人員升級到 Java 9 及更高版本的思考過程。

2 Eugen Paraschiv, "Java 8 Adoption in March 2016," last modified March 11, 2022, *https://oreil.ly/ab5Vv*.

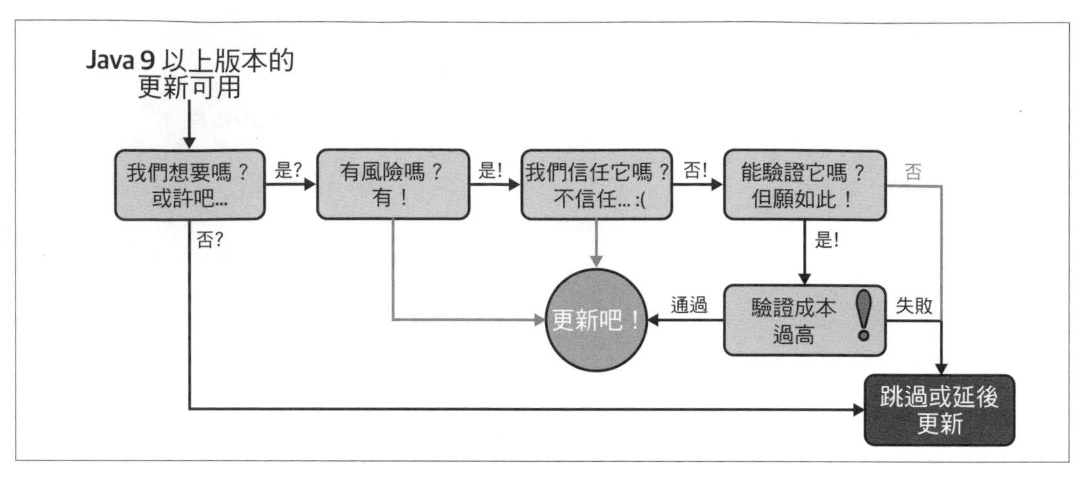

圖 10-4　接受 Java 發布版本的使用者模型

顯然的，選擇是否升級歸究為去比較模組化或其他新引入的功能以及升級的成本這兩者對您的價值何者較高。升級成本在很大程度上取決於升級後去測試應用程式的難度，這將我們帶到我們的第一個持續更新最佳實務。

持續更新最佳實務

- 自動化測試
  - 問題：手動測試是軟體交付程序中的主要瓶頸。此測試通常在軟體編寫完成後開始，而且耗時且容易出錯。
  - 解決方案：自動化、自動化、自動化。您擁有的自動化測試越多，測試執行得越快，您就能夠越快安全地採用新功能，並將其發布到生產環境中。

案例研究：iOS App Store

自 1990 年以來，隨著 Tim Berners-Lee 建立了第一個名為 WorldWideWeb 的 Web 瀏覽器之後，我們就擁有了一種非常不同的內容更新模型。使用主從式（client-server）模型，我們可以動態檢索並不斷更新內容。隨著 JavaScript 和 CSS 技術的成熟，這變成了一個可行的應用程式交付平台，用於持續進行更新的應用程式。

相比之下，雖然桌面客戶端應用程式相對複雜且使用者介面功能眾多，但它們的更新並不頻繁且需要手動操作。這在 2000 年代中期造成了一種情況，也就是必須要在現場難以更新的豐富客戶端（rich client）應用程式，或可以不斷更新以添加新功能或修補安全性漏洞的簡單的 Web 應用程式之間進行選擇。如果您是一個持續更新的粉絲（您現在應該是囉），您知道哪一個會贏。

然而，Apple 在 2008 年透過 iPhone 上的 App Store 改變了這一切，這改變了將豐富客戶端應用程式部署到手機和其他裝置的遊戲規則。以下是 App Store 提供的內容：

一鍵更新

更新桌面應用程式需要退出正在執行的版本，遵循某種引導式精靈來完成一系列看似令人眼花瞭亂的常見選擇（例如，桌面捷徑、開始功能表、可選套件），並且通常在安裝後要重新啟動電腦。Apple 將其簡化為一鍵更新，並且在有許多更新的情況下，一次更新全部的批次選項。下載應用程式更新、退出您的行動應用程式、和安裝應用程式，所有這些動作都在後台進行，使用者不會被中斷。

只有一個版本：最新版

您知道您執行的是哪個版本的 Microsoft Office 嗎？直到 2011 年發布 Office 365 時，您必須升級，並且可能在過去三到五年（或更長時間）內沒有升級。Apple 透過只在應用程式商店中提供最新版本來改變這一切，因此完全無需選擇要升級到哪個版本。此外，它甚至沒有提供可供參考的版本號碼，您只知道自己版本是最新的，而開發人員就您所獲得的內容提供了一些註釋。最後，一旦您擁有了一個應用程式之後，升級就不會再產生任何費用，因此完全消除了付費桌面應用程式所普遍存在的升級財務障礙。

內建安全性

雖然安全性漏洞是安裝修補程式的首要原因，但安全性問題也是不升級的首要原因。如果發現新軟體中的漏洞，率先升級會使您面臨風險，這就是為什麼公司的 IT 政策通常會禁止最終使用者在一段時間內升級他們的桌面應用程式。然而，Apple 透過整合沙盒模型而解決了這個問題，在該模型中，安裝的應用程式在未經明確許可的情況下去存取資料、聯絡人、照片、位置、相機和許多其他功能的能力會受到限制。再加上 Apple 為開發者在商店提交時制定的嚴格的應用程式審查流程，導致惡意軟體和應用程式病毒減少到一般來說消費者在升級應用程式時幾乎不需要擔心安全性的程度。

低風險的簡單升級的存在使得進行更新的決策變得簡單。再加上發布是由受信任的權威機構來驗證的，因此使用者幾乎總是會做出要進行升級的決定，如圖 10-5 所示。

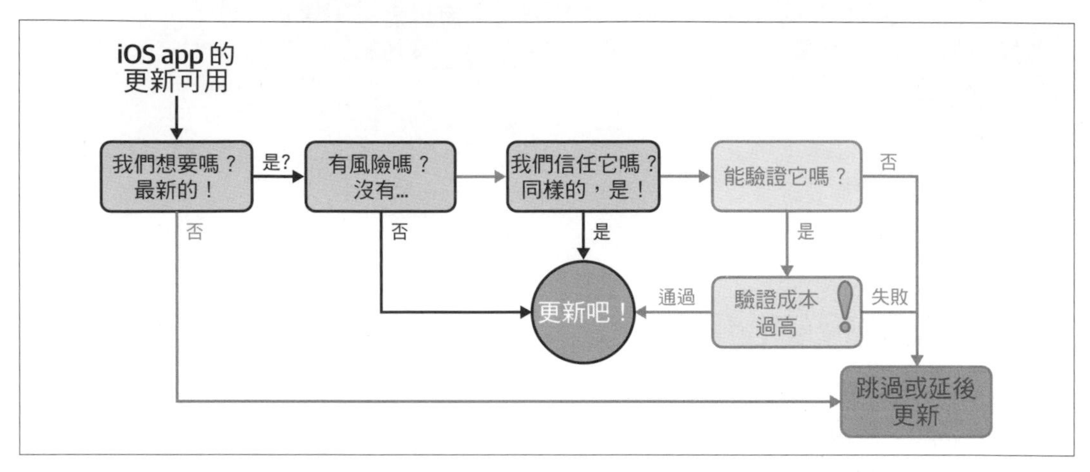

圖 10-5 接受 iOS 應用更新的使用者模型

Apple App Store 樣式不僅適用於行動裝置，而且適用於桌面應用程式安裝。Google 在 2008 年為其 Android 作業系統提供了類似的模型，Apple 和 Microsoft 都在 2011 年推出了桌面應用程式商店。其中許多應用程式商店不僅使升級到最新版本變得簡單，而且還提供自動升級的選項。

因此，由於一些基本的持續更新最佳實務，自我更新應用程式現在已成為行動裝置上的常態，並且在桌上型電腦上再度復活。

持續更新最佳實務

- 自動更新
  - 問題：由於風險或只是評估風險所涉及的時間因素，通常會跳過或延遲手動更新。
  - 解決方案：最好的更新類型是不需要與使用者互動並且會自動（且安全地）發生的更新。如果更新是低風險且受信任的，這將消除有關功能是否值得的這種決策問題，因為它可以在沒有人為介入的情況下發生。

- 頻繁更新
  - 問題：大量的小型而低風險的更新比一個對最終使用者有風險的大型且不頻繁的更新要好。
  - 解決方案：經常提供更新，並進行小的、低風險的變更。商店模型會透過讓小型更新更容易獲得驗證和發布，以及透過作業系統來展示可提高參與度的更新後應用程式來鼓勵這一點。

持續正常執行時間

在雲端時代，業務成功的最重要衡量標準之一是服務正常執行時間（uptime）。許多公司不僅提供軟體，還轉向軟體即服務（software-as-a-service, SaaS）樣式，在這種樣式下，它們還負責運行軟體的基礎設施。意外性的服務中斷可能會造成極其高昂的代價，無論是在違反服務水準協議、還是在客戶滿意度和留客率都是如此。

雖然正常執行時間對於所有由企業所提供的網際網路服務都很重要，但在那些建構和支援網際網路所依賴的基礎架構的公司中，正常執行時間是最重要的。讓我們更深入地瞭解一家網際網路巨頭，它執行著全球超過 10% 的網站的全球基礎架構，以及我們每天會依賴的無數個應用程式和服務。

案例研究：Cloudflare

隨著網際網路使用量的爆炸式成長，對內容交付網路（content delivery network, CDN）等高度可靠、散佈於全球、且集中管理的基礎架構的需求也在激增。Cloudflare 的業務正在為世界各地的企業提供高度可靠的內容交付基礎架構，並承諾它可以比您自己的基礎架構或雲端運算伺服器來更快、更可靠地交付內容。這也意味著 Cloudflare 有一件工作要做，那就是永不停止服務。

儘管 Cloudflare 多年來遇到了許多生產問題，涉及了 DNS 中斷、緩衝區溢出資料洩漏、以及安全性漏洞，但隨著其業務的增長，問題的規模和所造成的損失也在增加。其中有五次中斷發生在全球，佔據了越來越多的網際網路。雖然許多人可能會因為連續更新失敗而暗中樂於從網際網路上休息 30 分鐘（然後我們會立即在 Twitter 上抱怨這件事），但失去對網際網路上數億台伺服器的存取，可能會對企業造成重大干擾和巨大的經濟損失。

我們會重點關注最近的三次全球 Cloudflare 中斷、其中發生了什麼事、以及如何透過持續更新的最佳實務來防止它們。

2013 Cloudflare 路由器規則中斷

2013 年，Cloudflare 在 14 個國家 / 地區擁有 23 個資料中心，為 785,000 個網站和每月超過 1,000 億的網頁瀏覽量提供服務。3 月 3 日 9 點 47 分時，Cloudflare 發生了系統範圍的中斷，影響了它所有的資料中心，因為它實際上從網際網路上離線了。

中斷開始後，診斷問題大約需要 30 分鐘，並且花了整整一個小時，直到 10:49 UTC 才恢復所有服務。中斷是由部署到位在它所有的資料中心邊緣的 Juniper 路由器上的錯誤規則（*https://oreil.ly/oQ2LF*）所引起的，如範例 10-1 所示。它的目標在於防止正在進行的分散式阻斷服務（distributed denial-of-service, DDos）攻擊，該攻擊具有大小介於 99,971 到 99,985 個位元組之間的異常大的封包（packet）。技術上，封包在到達網路後會被丟棄，因為被允許的最大封包大小是 4,470，但此規則的目標是在攻擊影響了其他服務之前就在邊緣地帶阻止它。

範例 *10-1* 導致 *Cloudflare* 的路由器崩潰的規則

```
+    route 173.X.X.X/32-DNS-DROP {
+        match {
+            destination 173.X.X.X/32;
+            port 53;
+            packet-length [ 99971 99985 ];
+        }
+        then discard;
+    }
```

此規則導致 Juniper 邊緣路由器消耗掉所有的 RAM，直到路由器崩潰。刪除掉違規規則解決了問題，但許多路由器是處於無法自動重啟並需要手動重啟電源的狀態。

雖然 Cloudflare 指責 Juniper 網路以及它在大型路由器叢集中部署規則的 FlowSpec 系統，但 Cloudflare 還是那家將未經測試的規則部署到其硬體的公司，並且在發生故障時無法進行故障轉移或回滾。

持續更新最佳實務

- 漸進式交付
  - 問題：在分散式系統中，同時將新程式碼部署到所有生產節點（在本例中為路由器）也將會讓它們同時被破壞。
  - 解決方案：使用金絲雀發布設計樣式（*https://oreil.ly/atq3W*），您可以先將變更部署到幾個節點並測試問題，然後再繼續更新。如果出現問題，只需回滾受影響的節點並以離線方式進行除錯即可。
- 本地端回滾
  - 問題：重新配置邊緣裝置可能會導致它們失去網際網路連接，從而難以或無法重置它們。在這種情況下，需要額外花費 30 分鐘的停機時間來手動重置 23 個資料中心和 14 個國家 / 地區的路由器。
  - 解決方案：設計邊緣裝置以儲存最後一個已知的良好配置，並在更新失敗的情況下回復到該配置。這為後續的網路修復保留了網路連接。

2019 Cloudflare 正規表達式（regex）中斷

到 2019 年，Cloudflare 已經發展到託管 1,600 萬個網際網路資產，提供 10 億個 IP 地址，並且總共為 Fortune 1000（財星雜誌 1000 強）公司中的 10% 提供服務。該公司在 7 月 2 日 13:42 UTC 之前的 6 年間執行良好且沒有發生全球性中斷，不過那時 Cloudflare 代理的網域開始傳回 502 Bad Gateway 錯誤，並維持停機 27 分鐘。

這次的根本原因是錯誤的正規表達式（regular expression, regex）（*https://oreil.ly/5Myhx*），如範例 10-2 所示。當將此新規則部署到 Cloudflare Web 應用程式防火牆（WAF）時，它會導致用來處理全球 HTTP/HTTPS 流量的所有核心 CPU 使用率飆升。

範例 *10-2* 導致 *Cloudflare* 中斷的正規表達式

```
(?:(?:\"|'|\]|\}|\\|\d|(?:nan|infinity|true|false|null|undefined|symbol|math)
|\`|\-|\+)+[)]*;?((?:\s|-|~|!|{}|\|\||\+)*.*(?:.*=.*)))
```

就像任何好的正規表達式一樣，沒有人能夠閱讀和理解這一系列難以理解的符號，當然也沒有機會從視覺上驗證其正確性。回想起來，很明顯正規表達式的錯誤部分是 `.\\*(?:.*=.\*)`。由於其中一部分是非捕獲群組，因此出於此錯誤的目的，可以將其簡化為 `.*.\*=.*`。眾所周知，使用雙非可選萬用字符（wildcard）（``.*``）是正規表達式的效能問題，因為它們必須執行回溯，隨著要匹配的輸入長度的增加，這種回溯的難度會變得超線性（super linear）。

有鑑於要手動地驗證部署到全球基礎架構的錯誤很困難，您可能會認為 Cloudflare 會從 2013 年的中斷中吸取教訓並實作漸進式交付。事實上，它已經實作了一個複雜的漸進式交付系統，其中包括三個階段：

DOG 存在點

僅會由 Cloudflare 員工使用的新變更的第一道防線。首先在此處部署變更，因此員工可以在進入真實世界之前偵測到問題。

PIG 存在點

用於一小部分客戶流量的 Cloudflare 環境；可以在不影響付費客戶的情況下測試新程式碼。

金絲雀存在點

三個全球金絲雀環境，會在變更傳到全球之前，將部份的全球流量作為最後一道防線。

不幸的是，WAF 主要用於快速威脅反應，因此它繞過了所有這些金絲雀環境（如金絲雀發布設計樣式中所定義的）並直接投入生產。在這種情況下，正規表達式僅會透過一系列的單元測試來執行，這些單元測試在將其推送到生產環境之前不會檢查 CPU 是否耗盡。此特定變更不是緊急修復，因此可以在前面的程序之後進行分階段推出。

問題和後續修復的確切時間軸如下：

1. 13:31—經同儕審查的正規表達式的程式碼簽入。
2. 13:37—CI 伺服器建構此程式碼並執行測試，而結果是通過的。好吧，顯然這些都不是很好。¯_(ツ)_/¯
3. 13:42—錯誤的正規表達式被部署到生產中的 WAF。
4. 14:00—有攻擊者的可能性被排除，WAF 被確定為根本原因。
5. 14:02—決定進行全球性的 WAF 刪除。
6. 14:07—在存取內部系統所造成的延遲後最終執行了刪除。
7. 14:09—恢復來為客戶服務。

讓我們回顧一下可能幫助 Cloudflare 避免另一次全球中斷的持續更新最佳實務。

> **持續更新最佳實務**
>
> - 漸進式交付
>   - 問題：金絲雀部署現已實作，但沒有用於 WAF，因為它是用於快速威脅反應。
>   - 解決方案：此特定規則不是緊急情況，可以遵循金絲雀部署程序。
> - 可觀察性
>   - 問題：僅依靠使用者回饋很難追蹤某些問題。
>   - 解決方案：在生產中實作追蹤、監控、和日誌記錄。Cloudflare 實際上已經專門實作了一個生產看門狗，旨在防止正規表達式過度使用 CPU，而它是透過使用了會發現這個問題的正規表達式。然而，幾週前，該程式碼被刪除以優化 WAF 來使用更少的 CPU。

2020 年 Cloudflare 骨幹中斷

在上一次 Cloudflare 中斷一年後，您的作者 Stephen 正坐下來寫下 2019 年的中斷事件，當時發生了兩件特別的事情：

1. 下午 2 點 12 分左右 PST（21:12 UTC），家庭的 Discord 頻道停止放送，這是因為 Cloudflare 中斷而關閉，而我變得異常地有效率。
2. 幾個小時後，我對 Cloudflare 中斷資訊的所有搜尋結果都開始顯示有關最近 DNS 問題的資訊，而不是去年的文章。

Cloudflare 的好心人清楚地認知到，好的案例研究應該分成三部分，因此還為本章提供了另一種反樣式。2020 年 7 月 18 日，Cloudflare 再次發生 27 分鐘的生產中斷，影響了其總體網路的 50%。

這次問題出在 Cloudflare 骨幹上，該骨幹用於在主要地區之間對其網路上的大部分流量進行路由。要瞭解骨幹網路的工作原理，瞭解網際網路的拓撲結構會有幫助。網際網路並不是真正的點對點結構，而是依靠互相連接的資料中心的複雜網路來傳輸資訊。

Cloudflare 在聖荷西、亞特蘭大、法蘭克福、巴黎、聖保羅和全球其他城市設有多個中心。這些資料中心透過直接、高速連接的全球骨幹而連接，使它們能夠繞過網際網路的擁塞並提高主要市場之間的服務品質。

這次中斷的原因是 Cloudflare 骨幹。骨幹被設計成會對故障具有抗性，例如 UTC 時間 20:25 在紐瓦克和芝加哥之間發生的故障。但是，這次中斷導致亞特蘭大和華盛頓特區之間的擁塞加劇，嘗試的解決方法是透過執行範例 10-3 中的路由變更來消除亞特蘭大的一些流量。

範例 *10-3*　導致 *Cloudflare* 網路中斷的路由變更

```
{master}[edit]
atl01# show | compare
[edit policy-options policy-statement 6-BBONE-OUT term 6-SITE-LOCAL from]
!       inactive: prefix-list 6-SITE-LOCAL { ... }
```

此路由變更使期間腳本（term script）的一行無效，如範例 10-4 所示。

範例 *10-4*　進行變更的完整期間

```
from {
    prefix-list 6-SITE-LOCAL;
}
then {
    local-preference 200;
    community add SITE-LOCAL-ROUTE;
    community add ATL01;
    community add NORTH-AMERICA;
    accept;
}
```

正確的變更是要停用整個期間。但是，透過刪除 `prefix-list` 那一行，結果是將此路由發送到所有其他骨幹路由器。這會將 `local-preference` 變更為 200，這使亞特蘭大優先於被設定為 100 的其他路由。結果是，亞特蘭大並沒有減少流量，而是開始吸引來自骨幹網的流量，從而增加了網路擁塞。一半的 Cloudflare 網路的網際網路服務因而中斷。

關於可能會破壞整個業務的配置變更我們有很多東西可以討論，這裡問題的核心是 Cloudflare 沒有將骨幹路由器的配置視為應該要經過適當同儕審查、單元測試、和金絲雀部署的程式碼。

持續更新最佳實務

- 自動化測試
  - — 問題：如果您的程式碼和配置沒有自動化的話，人為錯誤將進入生產環境而沒有被捕獲。
  - — 解決方案：所有程式碼（包括配置）都需要以自動化方式來進行測試，以便可重複執行。
- 可觀察性
  - — 問題：透過觀察到的行為來偵測錯誤很容易出錯且非常耗時，這在分秒必爭的環境下會造成災難。Cloudflare 花了 27 分鐘來確定問題並將其追溯到亞特蘭大路由器。
  - — 解決方案：在生產環境中實作追蹤、監控、和日誌記錄，尤其是要針對您的關鍵資產，例如網際網路的骨幹。

手動更新的隱藏成本

實作持續更新最佳實務並不是免費的，而且延後自動化並持續手動處理通常看起來更具成本效益。特別是，進行自動化測試、將配置視為程式碼、以及自動化部署都很重要，但實作起來也都很昂貴。

但是，不進行自動化部署的隱藏成本是什麼？手動部署充滿了錯誤和失誤，當它們對客戶產生負面影響時，必需要花費時間和精力來進行故障排除並造成業務損失。當員工被派來對即時系統上的問題進行故障排除前，持續了數小時的生產錯誤的成本是多少呢？

在 Knight Capital 的案例中，答案是每分鐘的系統故障的成本是 1,000 萬美元，您還會相信手動更新嗎？

案例研究：Knight Capital

Knight Capital 是一個極端案例，軟體錯誤沒有被發現，導致生產出現問題，並造成巨大的經濟損失。然而，這個臭蟲（bug）的有趣之處在於，它的核心問題是在部署程序中犯了錯誤，而這種錯誤既不常見又是手動的。如果 Knight Capital 實行持續部署，它本來可以避免最終導致其損失 4.4 億美元的錯誤，並且能繼續掌握公司的控制權。

Knight Capital Group 是一家專門從事大宗交易的造市商（market maker），在 2011 年和 2012 年期間，它佔了美國股票交易量約 10%。該公司有幾個交易處理的內部系統，其中一個稱為智慧型市場存取路由系統（Smart Market Access Routing System, SMARS）。SMARS 充當經紀人，會從其他內部系統獲取交易請求並在市場上執行。

為了支援將於 2012 年 8 月 1 日啟動的新零售流動性計劃（Retail Liquidity Program, RLP），Knight Capital 升級了其 SMARS 系統以添加新的交易功能。它決定將 API 旗標重用於名為 Power Peg 的已棄用函數，該函數僅會用於內部測試。在 RLP 啟動前的一週內，這一變更被認為已成功部署到所有八台生產伺服器上。

美國東部標準時間上午 8 點 01 分，8 月 1 日早上開始有一些可疑但可惜被忽略的電子郵件警告，這些警告是關於參照 SMARS 的盤前交易訂單錯誤，並發出警告說「Power Peg 已禁用」。一旦交易於美國東部標準時間上午 9:30 開始，SMARS 立即開始執行大量可疑交易，這些交易會反覆買高（賣方報價）和賣低（買方出價），因而立即損失價差。數以百萬計的此類交易以 10 毫秒的間隔排隊，因此即使金額很小（每對交易 15 美分），損失也迅速增加（*https://oreil.ly/w1a6K*）。

在一個幾秒鐘可能代價高昂、幾分鐘就可以消滅數週收入、一小時就能造成公司關門的企業中，Knight Capital 缺乏緊急應變計劃。在這 45 分鐘的時間裡，它執行了 400 萬筆訂單，交易了 154 檔股票的 3.97 億股。這使該公司的淨多頭頭寸為 34 億美元，淨空頭頭寸為 31.5 億美元。在將 154 檔股票中的 6 檔反轉並賣出剩餘頭寸後，其淨虧損約為 4.68 億美元。對於 Knight Capital 來說，這是一段非常艱難的時期。

回溯到這個問題的根本原因，八台生產伺服器中只有七台使用新的 RLP 程式碼來正確升級。最後一台伺服器在同一個 API 旗標上啟用了舊的 Power Peg 邏輯，這解釋了早上稍早的電子郵件警告。對於到達第八台伺服器的每個請求，都會執行一種為了內部測試而設計的演算法，該演算法會執行數百萬次的低效率交易，目標是在快速地提高股票價格。

然而，在找出這個問題的錯誤時，技術團隊錯誤地認為新部署的 RLP 邏輯存在著臭蟲，並復原了其他七台伺服器上的程式碼，實質上是中斷了 100% 的交易並加劇了問題。

雖然 Knight Capital 並沒有因此徹底破產，但它不得不放棄對公司 70% 的控制權，以獲得 4 億美元的公司頭寸救助。在當年底之前，這件事演變成了競爭對手 Getco LLC 的收購，以及執行長 Thomas Joyce 的辭職。

那麼，Knight Capital 到底怎麼了，又該如何避免這樣的災難呢？請參閱下一頁的專欄，瞭解一些額外的持續更新最佳實務。

持續更新最佳實務

- 頻繁更新
  - 問題：如果您只是偶爾更新您的系統，很可能是因為您在這方面並不是很擅長（或效率不高）而且會犯錯。Knight Capital 沒有適當的自動化或控制檢查來可靠地進行生產變更，而且是一場等待著發生的持續更新災難。
  - 解決方案：經常更新並始終以自動化方式進行。這將建立組織的肌肉記憶，讓簡單的更新成為例行公事、讓複雜的更新是安全的。
- 狀態感知
  - 問題：目標狀態（例如在 Knight Capital 範例中的旗標）會影響更新程序（以及任何後續的回滾）。
  - 解決方案：在更新時要能瞭解並考慮目標狀態，恢復時可能需要恢復狀態。

持續更新最佳實務

既然您已經看到了不採用來自技術產業中不同領域的多家公司的持續更新最佳實務的危險，那麼您應該開始實作或繼續改進持續部署基礎架構的原因應該很明顯了。

以下是所有持續更新最佳實務的列表以及更詳細的案例研究：

- 頻繁更新
  - 擅長更新的唯一方法就是經常更新。
  - 案例研究：iOS App Store、Knight Capital。
- 自動更新
  - 如果您經常更新，自動化會變得較便宜，且較不容易出錯。
  - 案例研究：iOS App Store。
- 自動化測試
  - 確保部署品質的唯一方法是在每次變更時測試所有內容。
  - 案例研究：Java 六個月的發布節奏，2020 年 Cloudflare 骨幹中斷。

- 漸進式交付
  - 透過帶有回滾計畫的部署到一小部分的生產環境來避免災難性故障。
  - 案例研究：2013 年 Cloudflare 路由器規則中斷，2019 年 Cloudflare 正規表達式中斷。
- 狀態感知
  - 不要假設程式碼是唯一需要測試的東西；狀態存在著並且可以對生產造成嚴重破壞。
  - 案例研究：Knight Capital。
- 可觀察性
  - 不要讓您的客戶通知您您失敗了！
  - 案例研究：2019 年 Cloudflare 正規表達式中斷、2020 年 Cloudflare 骨幹中斷。
- 本地端回滾
  - Edge 裝置通常數量眾多，並且在出現錯誤更新後難以修復，因此始終設計成進行本地端回滾。
  - 案例研究：2013 Cloudflare 路由器規則中斷。

既然您已經掌握了知識，現在是時候開始說服您的同事採用最佳實務了，在您成為高科技產業的下一個 Knight Capital「Knightmare」之前。成為頭條新聞很棒，但請發生在成為 DevOps 產業的精英表現者而不是在 The Register 的頭版上。不用試圖煮沸整個海洋，但小的持續改進計劃最終將使您的組織能夠持續更新。祝您好運！

索引

※ 提醒您：由於翻譯書排版的關係，部份索引名詞的對應頁碼會和實際頁碼有一頁之差。

A

B

C

D

E

F

G

H

I

J

K

L

M

machine learning in RASP（RASP 中的機器學習）, 176
Manifesto for Software Craftsmanship, 6
manifests in Kubernetes from Dekorate（來自 Dekorate 的中 Kubernetes 的清單）, 208-212
manual update hidden costs（手動更新隱藏成本）, 297
  case study: Knight Capital（案例研究：Knight Capital）, 297
Marin-Perez, Abraham, ix
Markdown in README.md, 22-24
Martin, Robert（"Uncle Bob"）, 193
Maven（Apache）, 117-120
  archetype for FaaS setup（用於 FaaS 設定之原型）, 100
  artifact publication（工作發布）
    about（關於）, 160
    Maven Central, 129, 160, 162-165
    Maven Central rules guide（Maven Central 規則指南）, 162
    Maven Local, 160-162
  dependency management（依賴項管理）, 140-153
    about the dragons（關於惡龍）, 140
    artifact publication（工件發布）, 160-164
  documentation online（線上說明文件）, 117
    Maven in 5 Minutes guide（Maven in 5 Minutes 指南）, 4, 4, 120
  Fabric8 plug-in（Fabric8 外掛程式）, 202
  Git plug-ins（Git 外掛程式）, 133
  Jib for building container images（用於建構容器映像之 Jib）, 200
  metadata（元資料）
    capturing（獲取）, 133-134
    writing（編寫）, 135-137
  migrating to Gradle（遷移至 Gradle）, 120
  POM file（POM 檔）, 117-120
    Ant build file from（Ant 建構檔案來自於）, 120
    dependency metadata（依賴項元資料）, 140-153
    Eclipse JKube plug-in（Eclipse JKube 外掛程式）, 203
  terminology（術語）, 117
Maven Central, 129, 160, 162-165
  rules guide（規則指南）, 162
Maven Local, 160-162
megaservice antipattern（巨服務反樣式）, 78
Mell, Peter, 76
Meltdown vulnerability exploit（Meltdown 漏洞利用）, 282
memory resource limit specification（記憶體資源限制規範）, 228
Mercurial, 17
merge（Git command）（merge（Git 命令））, 29
metadata（元資料）
  about（關於）, 130
  capturing（獲取）, 133-135
  CVE value（CVE 值）, 186
  CVSS value（CVSS 值）, 186
  dependency management（依賴項管理）, 140-160
  determining（決定）, 133
  insightful metadata（有洞見的元資料）, 130
  issues to consider（要考慮的議題）, 131
  published artifacts in repositories（在儲存庫中發布工件）, 160
  tracing to capture（追蹤以獲取）, 238
  writing（寫入）, 135-140
meters as metrics（meter 作為度量）, 234
metrics（度量）, 234
  about observability（關於可觀察性）, 232
  best practices（最佳實務）, 237
  libraries and tools（程式庫與工具）, 235
  logging（記錄）, 237
  monitoring（監控）, 234-237
  rate, errors, duration（RED）（速率、錯誤、期間（RED））, 242
  uptime（正常執行時間）, 291
metrics server（Kubernetes）（量度伺服器（Kubernetes））, 229

N

O

P

Q

R

S

T

U

W

關於作者

Stephen Chin

Stephen Chin（*@steveonjava*）是 JFrog 開發人員關係副總裁，也是 *The Definitive Guide to Modern Java Clients with JavaFX 17*、*Raspberry Pi with Java* 和 *Pro JavaFX Platform* 的共同作者。他在世界各地的眾多 Java 會議上發表了主題演講，包括 Devoxx、JNation、JavaOne、Joker、以及 Open Source India。Stephen 是一名狂熱的摩托車手，曾在歐洲、日本和巴西進行佈道之旅，並在駭客的自然棲所採訪駭客。不旅行時，他喜歡和十幾歲的女兒一起教孩子們如何進行嵌入式和機器人程式設計。

Melissa McKay

Melissa McKay（*@melissajmckay*）是一名開發人員 / 軟體工程師，後來成為國際演講者，並且是 JFrog 開發人員關係團隊的開發人員倡導者，共同致力於透過 DevOps 方法來改善開發人員體驗。她是一位母親、軟體開發人員、Java Champion、Docker Captain、Java unconferences 的大力推動者，並且活躍於開發人員社群。由於她對教學、分享和啟發同儕的熱情，您很可能會在國際會議巡迴中與她相遇——無論是在線上還是真實世界中。

Ixchel Ruiz

Ixchel Ruiz（*@ixchelruiz*）是 JFrog 開發者關係團隊的開發者倡導者。自 2000 年以來，她一直在開發軟體應用程式和工具。她的研究興趣包括 Java、動態語言、客戶端技術、DevOps 和測試。Ixchel 是 Java Champion、Oracle Groundbreaker Ambassador、SuperFrog、Hackergarten 愛好者、開源倡導者、公眾演講者和導師。她時常環遊世界（有時是虛擬的），因為分享知識是她生活中的主要動力之一！

Baruch Sadogursky

Baruch Sadogursky（*@jbaruch*）在 Java 有泛型之前就在做 Java 了、在有 Docker 之前就在做 DevOps 了、在 DevRel 被命名之前就在做 DevRel 了。現在 Baruch 在幫助工程師解決問題，更幫助企業來幫助工程師解決問題。

他是 *Liquid Software* 的共同作者、在多個會議議程委員會服務、並定期在眾多著名的產業會議上發表演講，包括 Kubecon、JavaOne、Devoxx、QCon、DevRelCon、DevOpsDays（全部）、DevOops（這不是錯字）等。

Ana-Maria Mihalceanu

Ana-Maria Mihalceanu（*@ammbra1508*）是 Java Champion、認證架構師、Bucharest Software Craftsmanship Community 的聯合創始人，並且經常涉獵基於 Java 的框架和多個雲端供應商的具有挑戰性的技術場景。她透過架構、Java 和 DevOps 方面的知識共享來積極支持技術社群的發展，並喜歡作為議程委員會成員來為會議策劃內容。Ana 認為，每個技術問題都有不同的解決方案，每個解決方案都有優點和缺點，只要我們對工作充滿熱情，我們就可以修正任何錯誤。

Sven Ruppert

Sven Ruppert（*@SvenRuppert*）自 1996 年以來一直在工業專案中使用 Java 來進行程式設計，並擔任 JFrog 的開發人員倡導者，專注於安全性和 DevSecOps。他連續在全球會議中演講，並以領域專家的身分為 IT 期刊和技術入口網站做出貢獻。Sven 已在全球汽車、太空、保險和銀行業以及聯合國和世界銀行擔任顧問超過 15 年。除了在 DevSecOps 方面的主要專業知識外，Sven 還是 Web 應用程式突變測試、分散式單元測試、核心 Java、還有 Kotlin 的公認專家。

出版記事

本書封面上的動物是縞獴（banded mongoose, 學名為 Mungos mungo）。這些小型食肉動物分佈在非洲撒哈拉以南的大部分地區，除了剛果和西非的部分地區之外。牠們可以生活在各種棲息地，例如草原、灌木叢和林地，但會避開沙漠和半沙漠等更乾旱的氣候。

縞獴可以長到 12 到 18 英寸長——不包括 6 到 12 英寸的尾巴！——且通常重 3 到 5 磅。深色的條紋從尾巴底部穿過背部而中斷牠們粗糙的灰棕色皮毛是縞獴的顯著特徵，牠們有小而尖的臉、逐漸變細的濃密尾巴、前腳上有長而彎曲的爪子，可以用來抓撓和挖掘。縞獴主要是吃昆蟲，但牠們也可能以螃蟹、蚯蚓、水果、鳥類、雞蛋、囓齒動物、蠍子、蝸牛、甚至蛇為食。牠們佔有欲很強，不會分享食物，每天可以移動超過五英里來覓食。

縞獴比其他獴科物種更具社會性，通常以 10 到 20 隻為一群。這些群體將一起狩獵、一起撫養牠們的幼崽、甚至會透過聚集在一起並進行群體移動來創造出一個大型動物的外觀來對抗掠食者。雄性縞獴會把尾巴高高盤旋來向雌性求愛。牠們不是一夫一妻制的，有時可能會同步繁殖，以使群中的所有雌性大約在同一時間分娩。縞獴生產時每窩有 2 到 6 隻幼崽，而且牠們在 10 天左右開始睜眼之前是看不見的。幼崽可能會在短時間內離開巢穴，並在四到五週後開始陪伴成獴覓食。縞獴被 IUCN 視為「無危（least concern）」的物種；牠們在棲息地廣泛分佈，沒有面臨重大威脅。O'Reilly 書籍封面上的許多動物都面臨瀕臨絕種的危機；牠們都是這個世界重要的一份子。

封面插圖由 Karen Montgomery 創作，基於 Lydekker 的 *The Royal Natural History* 中的黑白版畫。

Java 開發者的 DevOps 工具

作　　者：Stephen Chin, Melissa McKay, Ixchel Ruiz, Baruch Sadogursky
譯　　者：楊新章
企劃編輯：蔡彤孟
文字編輯：王雅雯
設計裝幀：陶相騰
發 行 人：廖文良

發 行 所：碁峰資訊股份有限公司
地　　址：台北市南港區三重路 66 號 7 樓之 6
電　　話：(02)2788-2408
傳　　真：(02)8192-4433
網　　站：www.gotop.com.tw
書　　號：A704
版　　次：2022 年 12 月初版
建議售價：NT$580

國家圖書館出版品預行編目資料

Java 開發者的 DevOps 工具 / Stephen Chin, Melissa McKay, Ixchel Ruiz, Baruch Sadogursky 原著；楊新章譯. -- 初版. -- 臺北市：碁峰資訊, 2022.12
面；　公分
譯自：DevOps Tools for Java Developers
ISBN 978-626-324-380-4(平裝)
1.CST：Java(電腦程式語言) 2.CST：軟體研發 3.CST：電腦程式設計
312.32J3　　111020303

讀者服務

- 感謝您購買碁峰圖書，如果您對本書的內容或表達上有不清楚的地方或其他建議，請至碁峰網站：「聯絡我們」\「圖書問題」留下您所購買之書籍及問題。（請註明購買書籍之書號及書名，以及問題頁數，以便能儘快為您處理）
  http://www.gotop.com.tw
- 售後服務僅限書籍本身內容，若是軟、硬體問題，請您直接與軟體廠商聯絡。
- 若於購買書籍後發現有破損、缺頁、裝訂錯誤之問題，請直接將書寄回更換，並註明您的姓名、連絡電話及地址，將有專人與您連絡補寄商品。